세상에서 가장 재미있는 미적분
THE CARTOON GUIDE TO CALCULUS

THE CARTOON GUIDE TO CALCULUS

Copyright © 2012 Larry Gonick
Published by arrangement with HarperCollins Publishers. All rights reserved.
Korean translation copyright © 2012 by Kungree Press
Korean translation rights arranged with HarperCollins Publishers,
through EYA(Eric Yang Agency).

이 책의 한국어판 저작권은 EYA를 통하여
HarperCollins Publishers사와 독점 계약한 '궁리출판'이 소유합니다.
저작권법에 의해 한국 내에서 보호를 받는 저작물이므로 무단 전재와 복제를 금합니다.

세상에서 가장 재미있는
미적분

THE CARTOON GUIDE TO CALCULUS

래리 고닉 글·그림 | 전영택 옮김

궁리
KungRee

래리 고닉과 그의 책에 쏟아진 찬사들 ★★

"이 책은 미적분학의 개념을 새롭고도 흥미롭게 그려내며, 우리가 다소 어렵게만 생각했던 미적분에 한 걸음 더 가까이 다가서는 즐거움과 기쁨을 선사한다. 아마 이 책을 다 읽을 무렵 여러분은 미적분에 대한 자신감을 가지게 될 것이다."
— 이동훈(전국수학교사모임 회장/ 하나고등학교 수학교사)

"고닉은 특별한 사람이다." —《디스커버 매거진》

"고닉의 책은, 재치 있는 디자인과 그림으로 복잡한 개념을 놀라울 만큼 명쾌하게 이해시킨다." —《뉴욕타임스》

"어떻게 하면 미적분법에 인간미를 가미해서 그 방정식과 개념에 활기를 불어넣을 수 있을까? 래리 고닉이 재치 있고 유쾌한 해답을 내놓았다. 만화 캐릭터들의 대화, 주장, 농담을 통해 방정식과 여러 개념을 정확하게 이해시키고, 미적분법의 유용성을 보여주고 있다. 정말 놀라운 성과이며, 아주 재미있다."
— 리사 랜들(하버드대학 물리학과 교수/ Knocking on Heaven's Door의 저자)

"뉴턴과 라이프니츠가 미적분에 정통하듯이 고닉은 어려운 내용을 그림을 이용하여 설명하는 데 정통하다. 차이는 고닉에게는 대적할 만한 사람이 없다는 것이다." — 샤오리 멍(하버드대학 통계학과 교수이자 학과장)

"래리 고닉의 재치 있고 창의적인 그림은 수백 개에 이르는 미적분 공식들을 하나하나 생생하게 묘사하고 있다. 뒤편에서 농담을 건네는 캐릭터조차도 이 책의 내용을 돋보이게 한다."
— 데이비드 멈포드(브라운대학 응용수학과 명예교수/ 미국 과학상 수상자)

"중요한 것은 도함수의 설명에 있어서 어디서도 모방한 내용이 없이 독특하다는 사실이다. 도구를 가지고 다니는 델타 와 이라는 씩씩한 여걸조차도 다음 세대의 완벽한 롤 모델이 될 듯하다." — 수전 홈스(스탠포드대학 통계학과 교수)

"오래된 개념이자 많은 사람들이 어렵게 여기는 미적분법에 대한 독창적인 생각! 고닉의 만화와 재치 있는 유머는 독자들을 즐겁게 만든다." — 에이미 랭빌(찰스턴대학 연구자상 수상자/ 사우스캐롤라이나대학 올해의 교수에 선정)

"시종일관 위트와 재치가 넘치는 내용이어서 독자가 이 책을 읽는 과정에서 탄탄한 기초를 쌓아나가고 있다는 것조차 알아차리지 못할 지경이다." —《옴니 매거진》

멘토이자 후원자이며 친구인

데이비드 멈포드에게

들어가며

CONTENTS

래리 고닉과 그의 책에 쏟아진 찬사들 · 4
들어가며 · 6

Chapter -1	속력, 속도, 변화	반드시 알아야 할 기본개념	9
Chapter 0	함수와의 만남	관계에 대해 배울 거야	19
Chapter 1	극한	극소와 관련된 중요한 개념	61
Chapter 2	도함수	속력, 구하기	85
Chapter 3	연쇄, 연쇄, 연쇄	합성함수들, 코끼리들, 생쥐들 그리고 벼룩들	109
Chapter 4	도함수의 활용: 상대적 비율	이 장에서는 실생활에 관한 얘길 할 거야	125
Chapter 5	도함수의 활용, 두 번째: 최적화	함수가 바닥(또는 꼭대기)을 칠 때	133
Chapter 6	국소적 거동	직선을 따라갈 거야	153
Chapter 7	평균값 정리	격렬한, 마지막, 이론적, 싸움	163
Chapter 8	적분 소개	둘과 둘과 둘과 둘을 합치기	169
Chapter 9	원시함수	더하기 상수!	177
Chapter 10	정적분	위 또는 아래의 면적!	185
Chapter 11	기본적으로…	여기선 모든 것이 합쳐져	195
Chapter 12	여러 가지 적분법	원시함수를 찾는 또 다른 방법들	203
Chapter 13	적분의 활용	이 장의 내용은 정말 쓰임새가 있어, 알지?	213
Chapter 14	다음은?		237

옮긴이의 말 · 241
찾아보기 · 245

Chapter -1
속력, 속도, 변화
반드시 알아야 할 기본개념

미적분법은 변화를 다루는 수학이며, 변화는 신기하다.
어떤 것은 부지불식간에 자라고… 어떤 것은 달린다…
머리카락은 서서히 자라다가 갑자기 잘리고, 온도는 오르락내리락한다…
연기는 공기 중에서 소용돌이치고… 행성들은 우주공간에서 선회한다…
그리고 시간, 시간은 절대 멈추지 않는다…

변화에 대해 깊이 생각해봐. 좀 엉뚱하고 이상한 결론에 도달할 수도 있어. 일례로, 고대 그리스 **엘레아학파의 제논**은 **운동이 불가능하다는** 걸 증명하는 논증을 제시했어. 그는 다음과 같이 추론했어.

> 운동은 시간에 따른 위치의 변화야.

> 그런데 어느 한 순간에서만 보면, 위치의 변화는 일어나지 않아.

> 그러므로 어느 한 순간에는 운동이 일어나지 않아.

> 그런데 시간은 이런 순간들의 연속이잖아.

> 따라서 운동은 절대 일어나지 않아!

> 어라! 내가 어떻게 여기로 왔지?

아이작 뉴턴과 고트프리트 라이프니츠는 이렇게 생각했어. '날아가는 대포알을 어느 한 순간에 보면 움직이지 않지만, 운동을 나타내는 **뭔가**를 여전히 갖고 있다.'

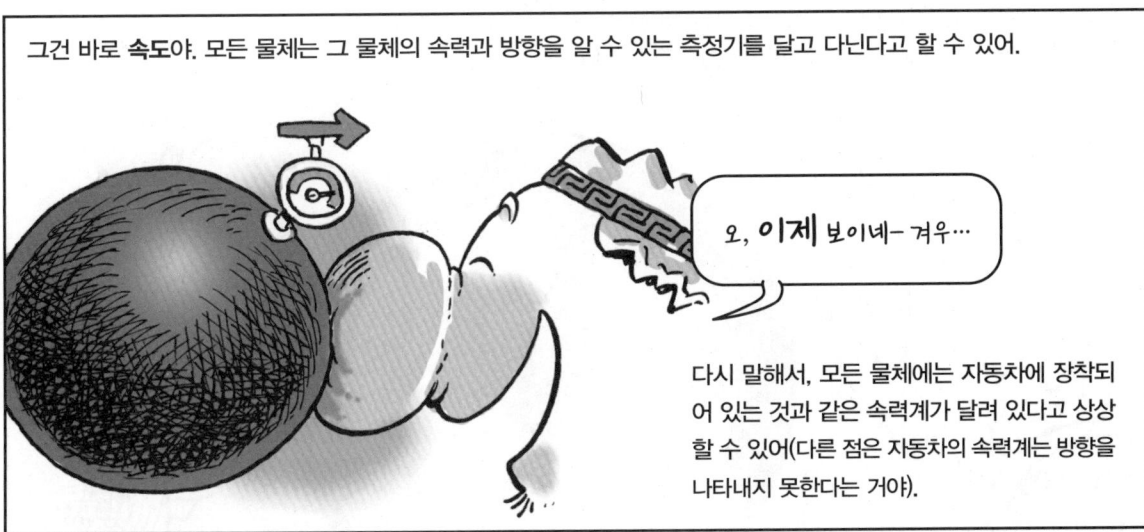

200년이나 지나서야 속력계가 발명된 사실을 생각하면, 그건 아주 예리한 생각이었어.

속력계가 뭐야?

자동차는 또 뭐지?

뉴턴과 라이프니츠는 어떻게 그런 생각을 하게 됐을까? 자동차의 속력계를 이용해서 그 답을 찾아보자.

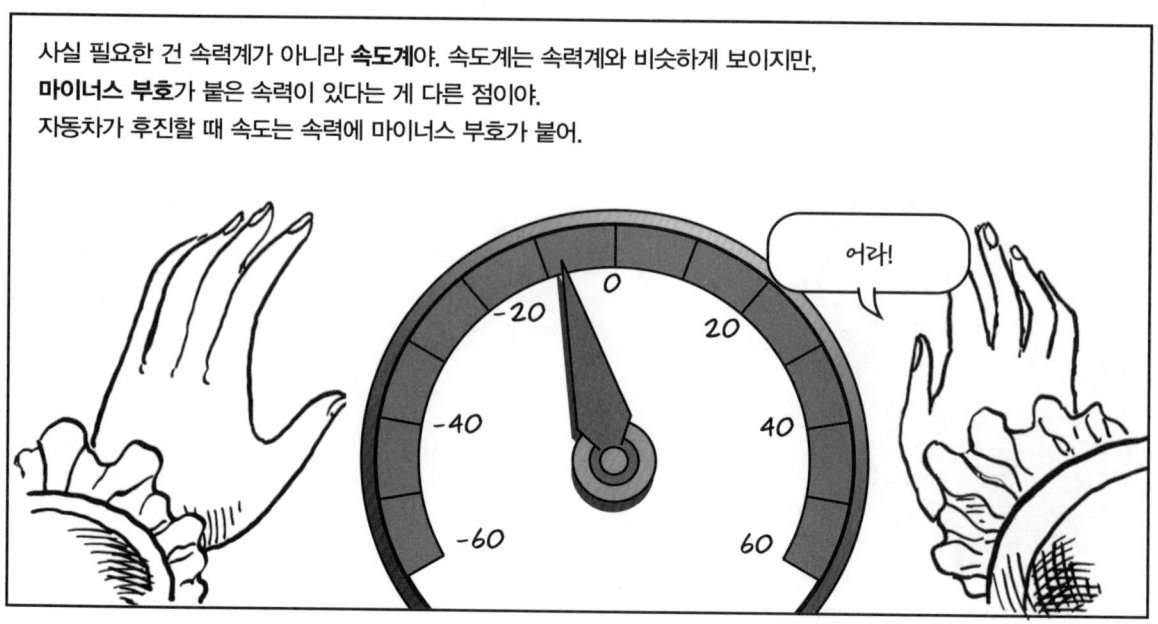

사실 필요한 건 속력계가 아니라 **속도계**야. 속도계는 속력계와 비슷하게 보이지만, **마이너스 부호**가 붙은 속력이 있다는 게 다른 점이야.
자동차가 후진할 때 속도는 속력에 마이너스 부호가 붙어.

어라!

속도와 속력의 차이를 알아보기 위해, 자동차가 시속 50km/h로 1시간 전진한 다음, 뒤로 돌아서('음의 방향'으로) 같은 속력으로 1시간을 달린다고 생각해보자.

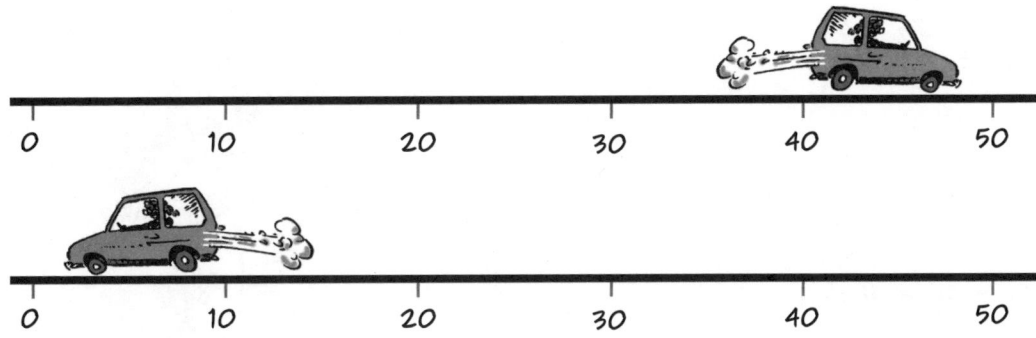

어느 방향이든 **속력**은 50km/h이고, 자동차의 **총 이동거리**는 100km이다. 50km는 전진하고 50km는 뒤로 간 거리야. 이동거리는 속력과 경과시간의 곱이지.

총 이동거리 = 속력 · 경과시간
= (50km/h)·(2시간)
= 100km

평균속력은 총 이동거리를 시간으로 나눈 거야.

$$평균속력 = \frac{총 이동거리}{경과시간}$$

$$= \frac{100km}{2시간} = 50 km/h$$

그러나 **속도**로 보면, 자동차는 50km/h로 1시간을 달린 다음 -50km/h로 또 1시간을 달렸어. 그래서 **위치의 총 변화는 0이야**. 자동차는 최종적으로 출발지점에서 멈췄어!

어이, 도대체 운전을 어디서 배운 거야?

자네한테 배웠지.

평균속도는 위치의 변화를 경과시간으로 나눈 거야.

$$평균속도 = \frac{위치의 변화}{경과시간}$$

이 경우에는,

$$v_{AV} = \frac{0 km}{2시간} = 0 \, km/h$$

완전히 다르네!

수식으로 나타내면, 임의의 시간 t_1, t_2에 대해 어떤 물체가 t_1에 s_1, t_2에 s_2에 있다면, t_1과 t_2 사이에서 그 물체의 **평균속도**(v_{AV})는

$$v_{AV} = \frac{s_2 - s_1}{t_2 - t_1}$$

또는

$$s_2 - s_1 = v_{AV}(t_2 - t_1)$$

이제 더 좋은 운전자(가속 페달을 일정하게 밟을 수 있는 사람)가 필요해. 그러니 내 친구 **델타 와이**를 운전석에 앉히자….

야호!

델타의 속도계가 $100km/h$를 나타내는 건 무엇을 뜻할까? 그건 그녀가 속도를 **완전히 일정하게** 유지한다면 1시간에 $100km$를 가게 될 거라는 의미야, 맞지? (델타는 정확성을 기하기 위해 자동차 지붕에 시계를 장착했어.)

정오에 여기서 출발하면…

1시에 여기 도착하지!

그리고 2시간에는 $200km$를 가고, 30분에는 $50km$, t시간에는 $100t\,km$를 간다. 이 공식은 **짧은 시간구간**에도 성립해. 속도가 $100km/h$로 완전히 일정하면, 델타는 0.01시간(36초)에 $1km$, 0.001시간(3.6초)에 $0.1km$, 0.00001시간(0.036초)에 $0.001km(1m)$를 간다.

어… 놀라적인 것 같군.

$t_2 - t_1$ (시간)	$s_2 - s_1$ (km)
10	1000
9	900
5	500
1	100
0.5	50
0.1	10
0.01	1
0.001	0.1
0.0001	0.01
0.0000001	0.00001

속도가 완전히 일정하다면 그렇게 돼…. 그러나 실제로는, 자동차가 감속되거나 가속되기 때문에 속도가 변하지. 그렇다면 속도계의 수치는 무엇을 뜻할까? (이제 그녀는 자동차 지붕에 속도계도 장착했어.)

그 답은 좀 미묘해. **아주 짧은 시간 동안에는** 속력계가 **크게 변하지 않는다**는 걸 여러분도 분명히 알고 있을 거야. 가속 페달을 힘껏 밟아도, 가령 500분의 1초 사이에는 속도 v가 거의 일정하지. 노출시간을 짧게 해서 사진을 찍으면, 속도계가 선명히 찍힐 거야.

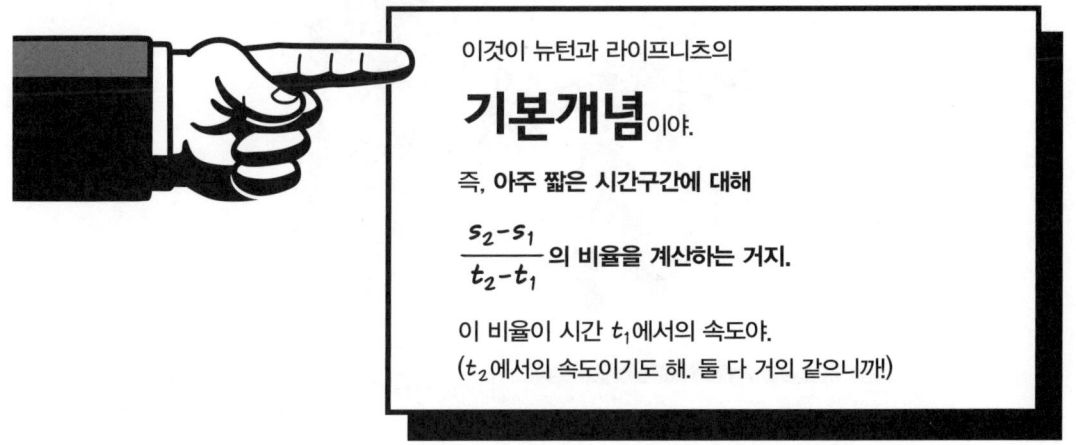

이것이 뉴턴과 라이프니츠의

기본개념 이야.

즉, 아주 짧은 시간구간에 대해

$$\frac{s_2 - s_1}{t_2 - t_1}$$ 의 비율을 계산하는 거지.

이 비율이 시간 t_1에서의 속도야.
(t_2에서의 속도이기도 해. 둘 다 거의 같으니까!)

달리 말하자면, t_2-t_1이 작을 때 어떤 물체의 **순간속도**는 $(s_2-s_1)/(t_2-t_1)$으로 **근사된다**는 거야.
(뉴턴과 라이프니츠가 가령 0.00001초 사이의 위치변화를 어떻게 측정하려고 생각했는지 궁금할 거야.
하지만 그런 건 신경 쓰지 매!)

그러나 뉴턴과 라이프니츠는 근사값에 만족하지 못했어. 그들은 속도의 **정확한 값**을 원했어….
그리고 **그걸 얻는** 방법을 밝혀냈어! 측정에 대해선 잊어버려. 그들은 이 목적을 위해
특별히 고안한 **수학**을 사용했어.

우리는 그걸 **미분법**이라고 하지.

만일 물체의 **위치**가 어떤 수식이 정하는 대로 시간에 따라 변한다면, 미적분법은 어느 순간의 **속도**를 정확하게 구하는 새로운 수식을 만들어낸다.

이것은 마치 마술 같아. 그래서 적지 않은 사람들이 의심스럽고… 기묘하고… 이상하고 근거 없는 가정이 바탕이 된… 어쩐지… 틀린 것 같다고 생각했어….

[라이프니츠의 접근방식은 특히 이상했어. 그는 작은 양(量)은 물론이고 0은 아니지만 '무한히 작은' 양으로 어떤 것을 나누기를 즐겼지. 그 의미가 뭐든 간에.]

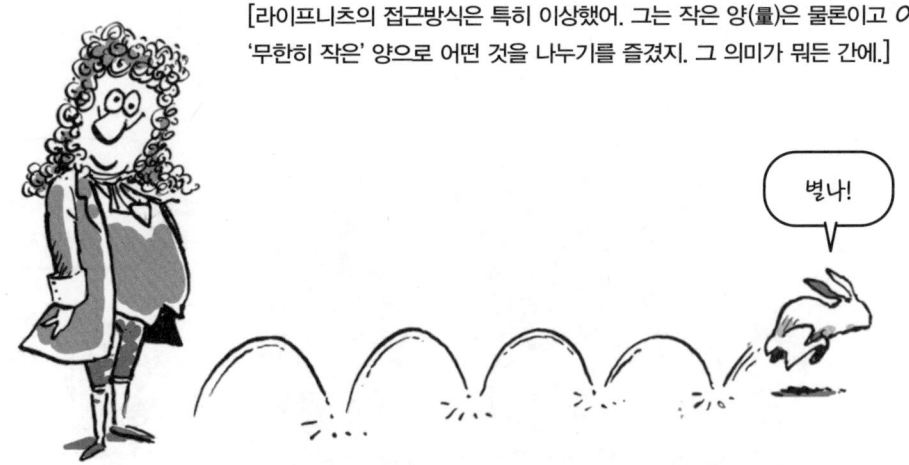

어쨌든, 미적분법은 작동했어. 그것도 멋지게 작동했어.
놀라울 정도로 효과가 있었어. 많은 성과들이 쏟아져나왔지!

> 많아, 많아, 많아, 성과가…

> 워워!

사람들은 속도뿐만 아니라 모든 종류의 변하는
양의 변화율을 계산할 때 미적분법을 사용하고 있어.
이제 미적분법은 어디에서나 사용되고 있어!

> 천문학, 통신학, 전기학, 생물학, 화학, 역학, 통계학, 컴퓨터공학, 심리학, 경제학…

> 인구동역학…

나중에 그들은 미적분법의 기초를 다소 수정했어. 불행히도, 여기서는 이 과정과 미적분법에서 제기된
골치 아픈 문제들을 전부 설명할 공간이 부족해…. 다만, 제논이 제기한 문제의 일부가
지금도 미해결 상태로 남아 있다고만 언급하기로 하자구….

> 헤이, 자넨 걱정이 너무 많아!

> 그래, 맞아요! 작동되면 그만이지….

Chapter 0
함수와의 만남
관계에 대해 배울 거야

현대 수학에서 가장 아름답고 유용한 개념 중 하나인 **함수**에서부터 시작하자.
이 책의 모든 내용은 함수와 관련이 있어.
그렇다면… 함수란 뭘까?

함수는 **입력-출력 장치** 또는 **숫자처리기**의 일종이야. 함수(f라고 한다)는 특정 방식으로 숫자를 먹고 뱉어낸다. 먹은 각각의 숫자(x라고 한다)에 대해, f는 하나의 숫자 f(x)('에프 엑스'라고 읽어)를 내놓는다. f는 x를 f(x)로 변환하는 규칙 같은 거지. x가 들어가면, f(x)가 나오는 거야.

출력물이 구린내처럼 공중에 떠다니는 걸 원치 않으면, 숫자가 수직선에 놓여 있다고 생각하면 돼. 이 경우 함수 f는 한 수직선상의 숫자를 먹고, 다른 수직선상의 대응하는 출력값을 **가리킨다**고 생각할 수 있어.

예를 들어 자동차의 위치는 시간 t의 함수야. 여러분은 s를 시간선상의 시간을 읽어(또는 입력물로 먹어) 도로 위의 자동차 위치 $s(t)$를 가리키는 것으로 생각할 수 있어.

함수의 또 다른 예들:

대기압은 고도에 따라 달라. 고도 A에서의 기압이 $P(A)$이면, 함수 P는 고도를 먹고 기압을 내놓는 거지.

둥근 풍선을 불 때, 부피는 반지름의 함수야. 반지름 r에 의해, 단 하나의 부피 $V(r)$이 결정돼.

곧은 등산로에서 고도는 등산로상 위치의 함수야.
각각의 위치 x에서, 단 하나의 고도 $A(x)$가 결정돼.

앞에서 본 둥근 풍선의 경우, 부피함수 V는 다음 **공식**을 통해 반지름 r로부터 계산된다.

$$V(r) = \frac{4\pi r^3}{3}$$

특정 반지름, 말하자면 r = 10에서의 부피를 계산하려면, r 대신에 그 숫자를 입력, 즉 **대입**하면 돼.

$$V(10) = \frac{4\pi(10)^3}{3} = \frac{4000}{3}\pi$$

$$\approx 4{,}188.79...$$

(부호 '≈'는 '거의 같다'는 의미야.)

중요: 함수와 변수로 어떤 문자를 사용하느냐는 중요하지 않아!
아래의 세 공식은 주어진 입력값에 대해 같은 결과가 나오므로, 모두 같은 함수야.
세 공식 모두 동일한 규칙을 나타내고 있거든.

$$V(r) = \frac{4\pi r^3}{3}$$

$$f(t) = \frac{4\pi t^3}{3}$$

$$g(u) = \frac{4\pi u^3}{3}$$

약간 복잡한 예를 하나 들게.
다음 공식으로 주어진 h를 생각해보자.

$$h(x) = \sqrt{x^2 - 1}$$

몇 개의 값을 계산하면,

$$h(1) = \sqrt{1^2 - 1} = 0$$
$$h(2) = \sqrt{2^2 - 1} = \sqrt{3}$$
$$h(\sqrt{5}) = \sqrt{5 - 1} = 2$$
...

그리고 작은 표를 만들어봐.
사이사이에 빠져 있는 값은
여러분이 계산해서 채울 수 있어.

x	$h(x)$
-3	$\sqrt{8}$
-2.9	$\sqrt{7.41}$
-2.8	$\sqrt{6.84}$
-2	$\sqrt{3}$
-1	0
1	0
2	$\sqrt{3}$
$\sqrt{5}$	2
3	$\sqrt{8}$
...	

x가 -1과 1 사이의 값이면, 제곱근 부호 안의 식은 음수가 돼. 즉 $x^2 - 1 < 0$.
이 경우 음수는 (실수인) 제곱근을 갖지 않기 때문에 $h(x)$는 정의될 수 없어.
h가 받아들이는 입력값은 ≥1 또는 ≤-1인 값이어야 해. 그 밖의 것은 허용되지 않아!

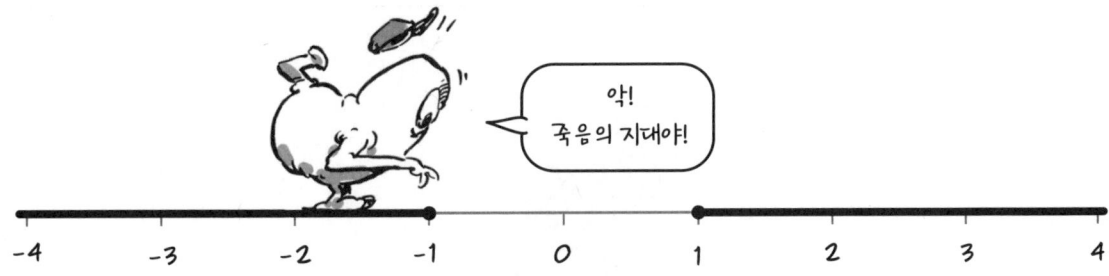

주어진 어떤 함수에 대해, 그 함수가 정의되는 모든 수의 집합을 **정의역**이라고 해. f는 오직 정의역에서만 입력값을 취할 수 있어.

함수의 정의역은 통상 숫자의 **구간**으로 나타낸다. $a<b$인 두 수 a, b에 대해 다음과 같은 기호를 써.

(a, b)는 a와 b 사이의 **개(開)**구간으로서, 경계점인 a와 b를 제외한 a와 b 사이의 모든 수를 의미해.

$[a, b]$는 a와 b 사이의 **폐(閉)**구간으로서, 경계점인 a와 b를 포함하여 a와 b 사이의 모든 수를 의미해.

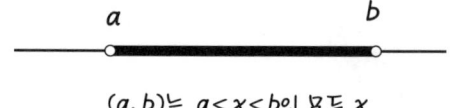

(a, b)는 $a<x<b$인 모든 x

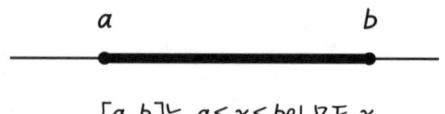

$[a, b]$는 $a \leq x \leq b$인 모든 x

'**무한구간**'은 어떤 수 c보다 큰 모든 수를 포함하는 구간을 말해. c가 포함되면 $[c, \infty)$로 쓰고, 포함되지 않으면 (c, ∞)로 써. 반대의 경우에도 이와 비슷하게 $(-\infty, d\,]$, $(-\infty, d)$로 쓴다. 무한대 기호 ∞는 어떤 수를 나타내는 게 아냐. 이런 경우를 편리하게 나타내기 위해 사용되는 기호이고, 수가 아니기 때문에 어떤 구간에도 포함되지 않아!

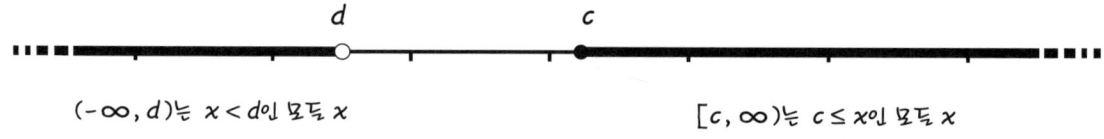

$(-\infty, d)$는 $x<d$인 모든 x $\qquad$ $[c, \infty)$는 $c \leq x$인 모든 x

그래서 $h(x)=\sqrt{x^2-1}$의 정의역을 구간으로 나타내면 구간 $(-1, 1)$ **밖의** 모든 수야.

$g(x)=\dfrac{1}{x}$의 정의역은 $x \neq 0$인 모든 수야.
(0으로 나누는 것은 금지되어 있어.)

$P(x)=x^2+3$의 정의역은
아무런 제한 없이 모든 실수야.

이제 한 수직선에서 입력값을 선택해서, 다른 수직선상의 출력값을 가리키는 함수의 이미지로 되돌아가자.

그림에서 함수를 나타내는 만화캐릭터를 없애면, 화살표의 **가리키는** 모양에만 집중할 수 있어.

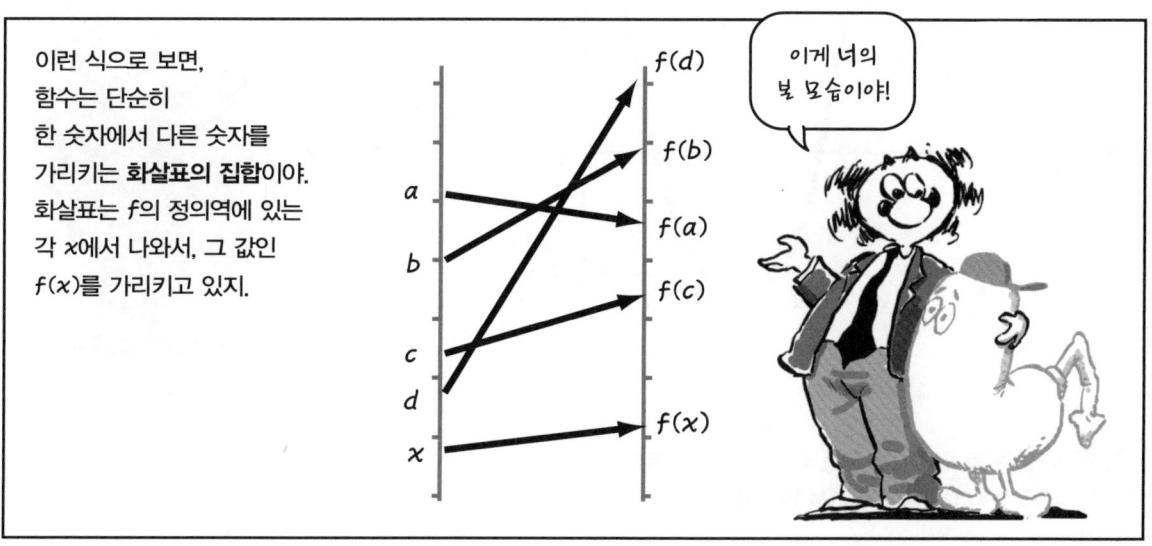

이런 식으로 보면, 함수는 단순히 한 숫자에서 다른 숫자를 가리키는 **화살표의 집합**이야. 화살표는 f의 정의역에 있는 각 x에서 나와서, 그 값인 $f(x)$를 가리키고 있지.

이게 너의 본 모습이야!

자, 이제 이 화살표들을 가지고 놀아볼까?

첫 번째 수직선(또는 축)을 눕히면, 함수를 **그래프** 형태로 볼 수가 있어. 입력값인 x는 수평축에, 출력값인 y는 수직축에 둬. 그리고 어떤 점 a와 a에서의 함수 f의 값에 해당하는 y좌표를 가지고, 점 a의 위쪽(또는 아래쪽)에 점 $(a, f(a))$의 위치를 정하면 돼.

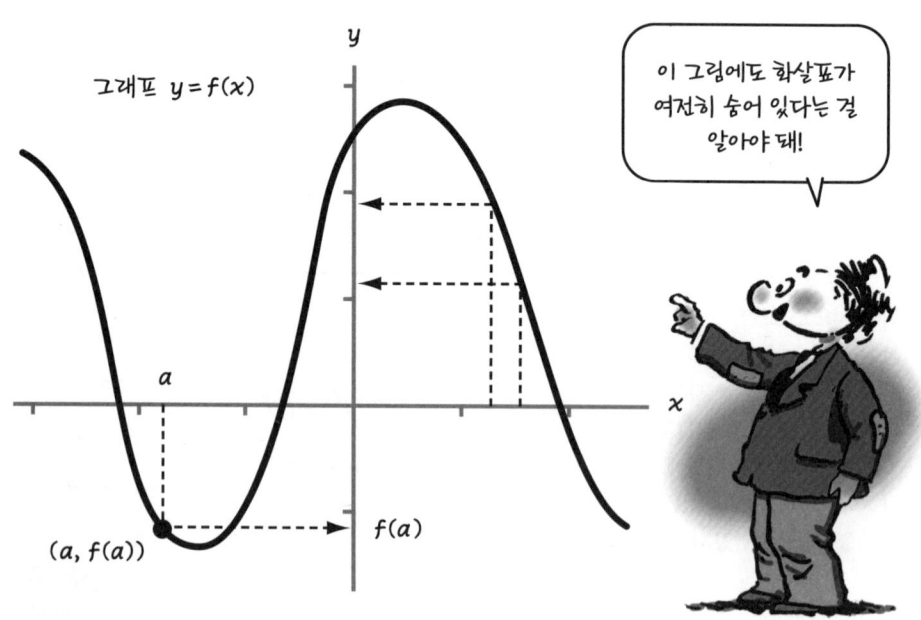

곡선은 $y = f(x)$로 결정되는 모든 점 (x, y)로 이루어져 있고, 이걸 '그래프 $y = f(x)$'라고 줄여서 말하지.

간단한 예를 몇 개 보여줄게.

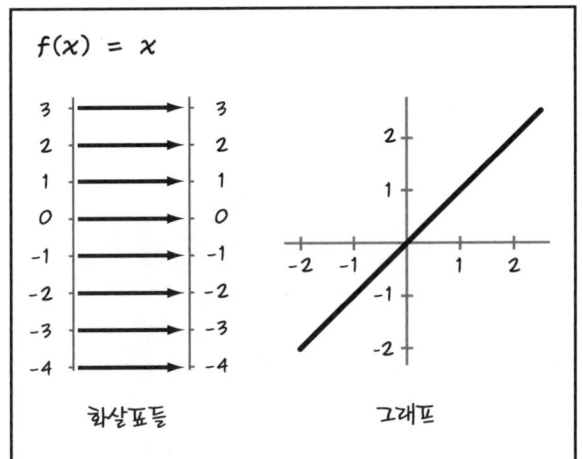

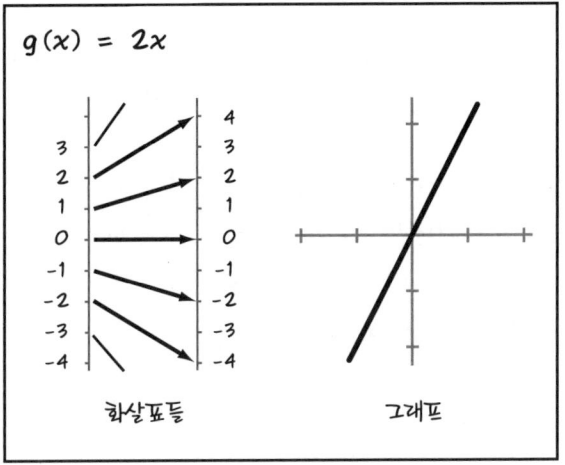

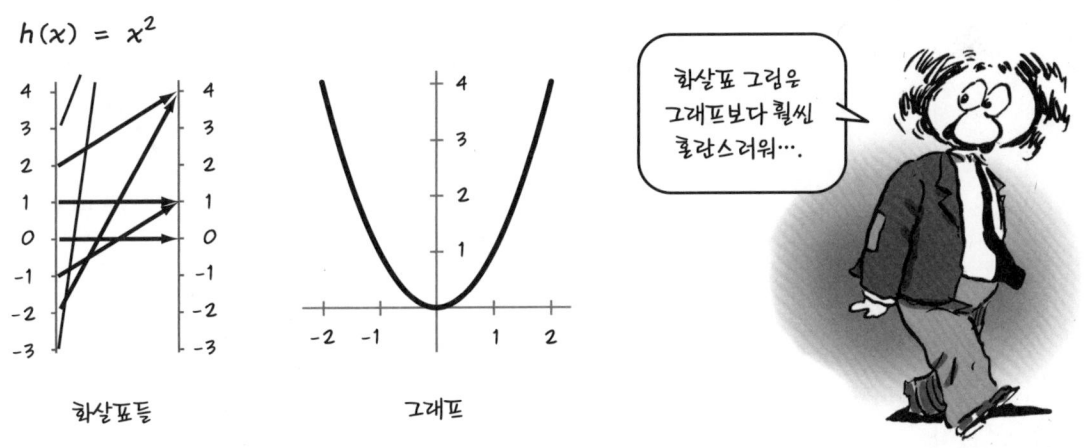

더하기, 곱하기, 나누기

숫자처럼 함수도 여러 방법으로 결합될 수 있어. f와 g의 정의역이 겹치면, 두 함수 모두 정의되는 곳에서는 서로 더하고, 곱하고, 나눌 수 있어. 그러면 새로운 함수 $f+g$, fg, f/g가 만들어져(0으로 나누는 일이 없도록 조심해야 해).

$$(f + g)(x) = f(x) + g(x)$$
$$(fg)(x) = f(x)g(x)$$
$$(f/g)(x) = f(x)/g(x)$$

단, $g(x) \neq 0$

$f+g$의 그래프는, f와 g의 그래프에서 정의역의 공통부분에 있는 각 x점에서의 y좌표를 서로 더해서 만들 수 있어.

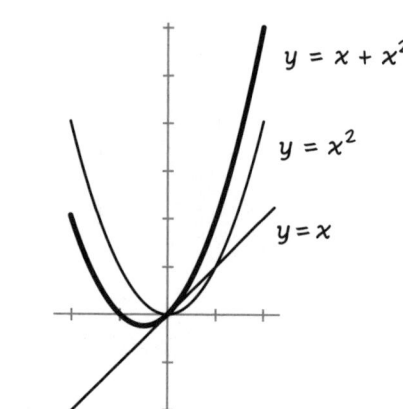

두 함수의 차는, 시각적으로, 두 함수의 그래프 사이의 거리로 표시할 수 있어.

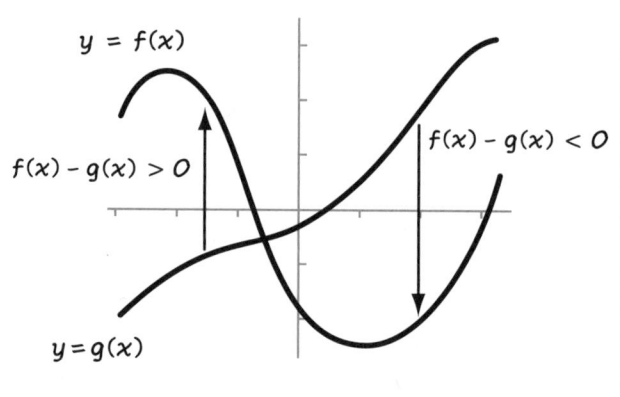

일반적으로, 곱 fg와 몫 f/g의 그래프는 f와 g로 나타내기가 쉽지 않아. 통상 점 하나하나를 계산해야 해.

초등함수들

함수에 대한 기본개념들을 알아봤으니, 이제 이 책에서 계속 거론될 일반적인 함수의 사례를 몇 개 살펴보자.

이 함수들은 화학원소들처럼 끝없이 다양한 방식으로 결합될 수 있기 때문에, **초등함수**라고 부른다.

절대값

미적분법은 근사를 다루는 것이고, **절대값함수**는 어떤 수가 다른 수와 얼마나 가깝게 근사되는지를 측정하는 함수야.

x의 절대값은, $|x|$라고 쓰고, 이렇게 정의해.

$$|x| = x \quad (x \geq 0)$$
$$|x| = -x \quad (x \leq 0)$$

이 함수는 절대 음의 값을 가질 수 없고, 임의의 수 a에 대해 $|a| = |-a|$야.

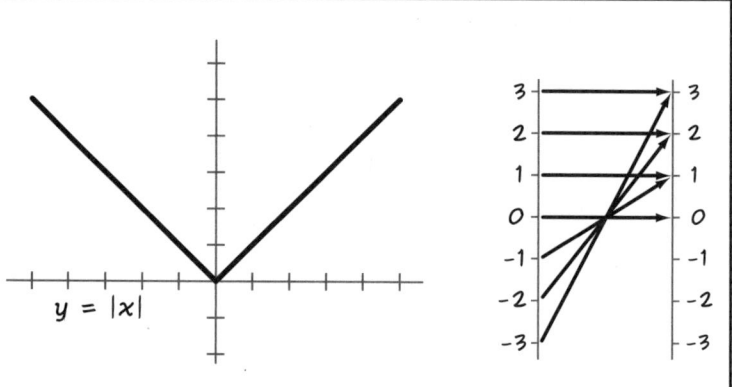

$|a|$는 수직선에서 0부터 a까지의 거리로 생각할 수 있어.
$|a-b| = |b-a|$는 a와 b **사이의 거리**가 되지.

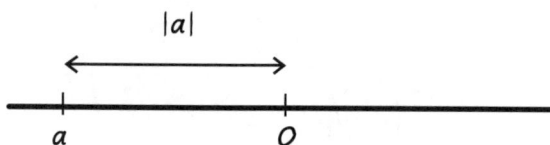

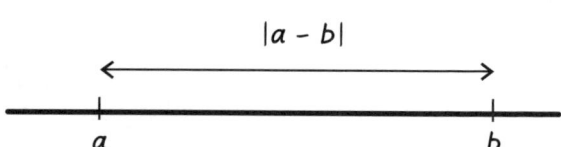

c가 임의의 수이고 $r>0$일 때, $|x-c| \leq r$인 모든 x는 c를 중심으로 '반경'이 r인 구간이야.

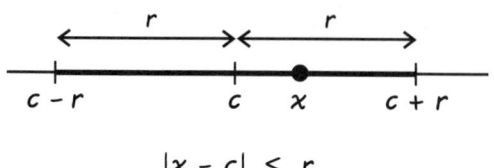

$$|x - c| \leq r$$

임의의 두 수 a와 b에 대해, 다음 식이 성립하는 건 어렵지 않게 알 수 있어.

$$|a + b| \leq |a| + |b|$$

여기에 $b = c-a$를 대입하면 다음 식이 돼.

$$|c - a| \geq |c| - |a|$$

여기서 a와 c는 임의의 두 수야.

상수함수

C가 고정된 수일 때, $f(x)=C$로 정의되는 아주 단순한 함수 f를 생각할 수 있어.
여러분은 함수 같지도 않다고 말할지 몰라. 하지만 분명히 함수야!
이 함수의 그래프는 수평선인 $y=C$야. 평행축 그림에서는, 모든 화살표가 같은 수를 가리키지.

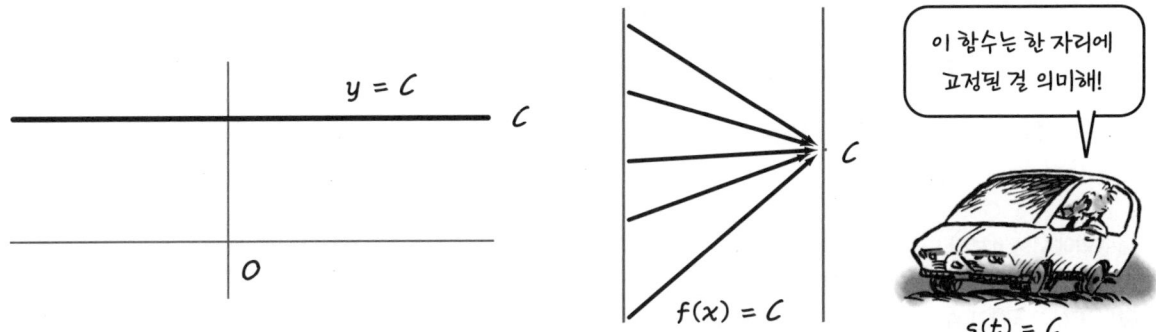

거듭제곱함수

이것은 x, x^2, x^3, $\cdots$, x^{17}, $\cdots x^n \cdots$과 같은 형태의 함수들이야. 여기서 n은 양수야.
n이 짝수면, 이 함수들은 모두 사발모양의 그래프를 가져. $(-x)^n = x^n$이기 때문이야.
양수나 음수 모두 같은 곳에 '착륙'하는 거지. n이 홀수면, $(-x)^n = -(x^n)$이니까,
그래프는 왼쪽 아래로 휘어져.

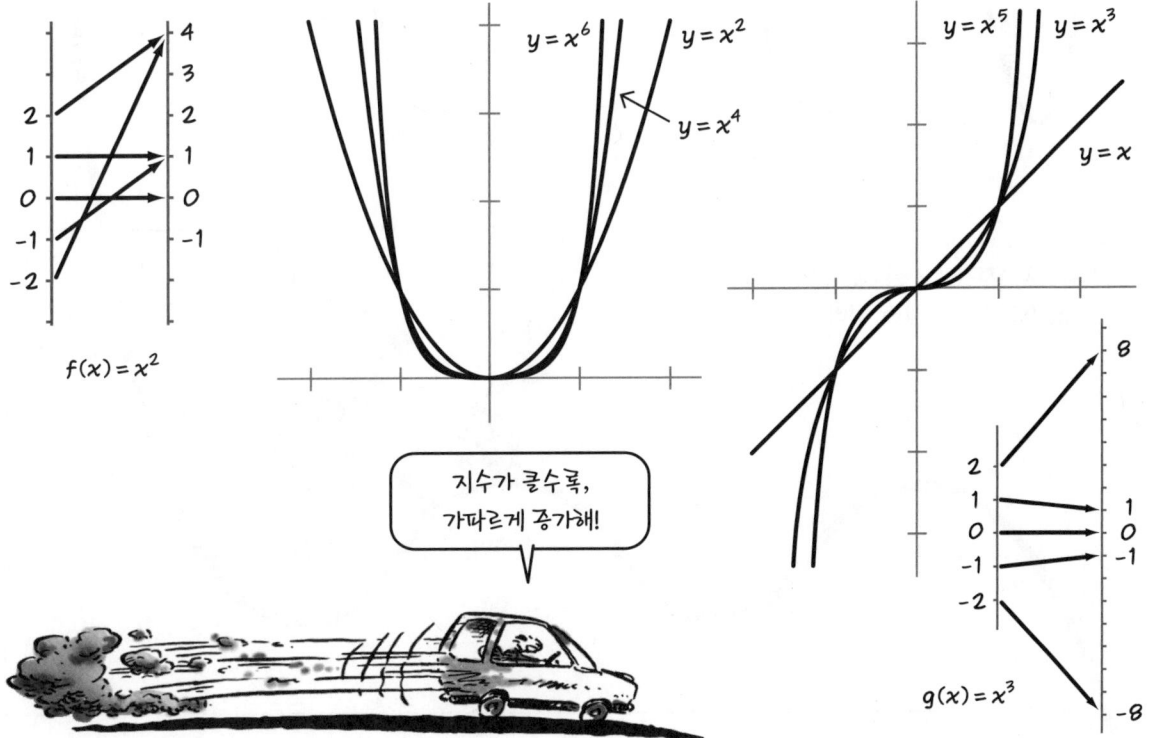

다항함수

상수와 거듭제곱함수의 곱들을 더하면 **다항함수**가 되는데,
$2x^2+x+41$ 또는 $x^{15}-x^{14}-9x$와 같은 꼴이야. 각 항의 상수부분을 **계수**라고 하고,
0이 아닌 계수를 가진 x의 가장 큰 지수를 다항함수의 **차수**라고 해.

$$P(x) = 7x^{10} + 395x^4 + x^3 + 11 \quad \text{차수는 } 10$$

$$Q(x) = -x + 9 \quad \text{차수는 } 1$$

대수학에서는 n차의 다항함수 P는
최대한 n개의 **근**을 갖는다고 가르친다.
근은 $P(x_i) = 0$인 수 $x_1, x_2, \cdots x_m$을 의미해.

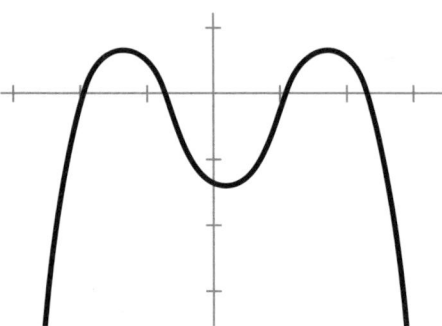

이 말은 n차 다항함수의 그래프와
x축의 교점이 n개보다 적다는 뜻이야.
실제로 그래프가 증가하다가 감소하거나,
그 반대로 감소하다가 증가하는
'변곡점'이 최대 $n-1$개라는 걸
알 수 있어.

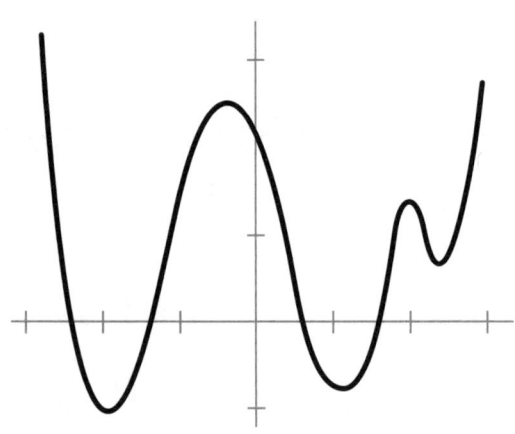

또한 x가 작아지거나 커질 때, 다항식의 그래프는
무한대(양 또는 음의 방향)로 달리는 걸 알 수 있어.

무한대
'로'?

그래, 어쨌든,
모든 것에서 멀어져.

음의 거듭제곱

이건 다음과 같은 함수들이야.

$$f(x) = \frac{1}{x^n}, \quad n = 1, 2, 3, \ldots$$

또는,

$$f(x) = x^{-n}$$

이 함수들은 $x \neq 0$인 모든 x에 대해 정의되며, 양의 지수와 마찬가지로 n이 짝수냐, 홀수냐에 따라 그래프의 모양이 달라져.

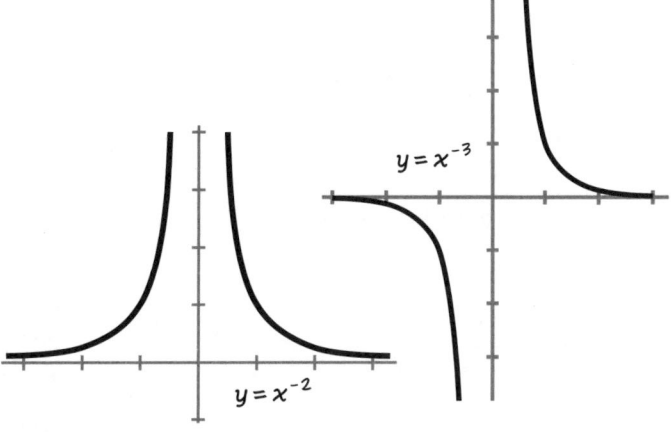

분수인 거듭제곱

n이 양수이면, $x^{\frac{1}{n}}$은 x의 n제곱근, 즉 $\sqrt[n]{x}$을 의미한다. 지수의 분수 표시는 다음과 같은 계산에서 사용된다.

$$(x^{\frac{1}{n}})^n = x^{\frac{1}{n} \cdot n} = x$$

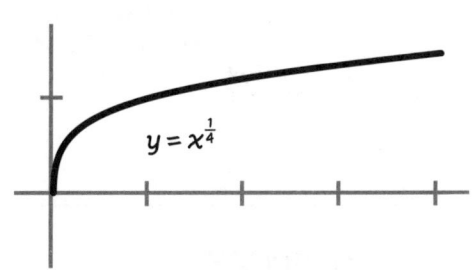

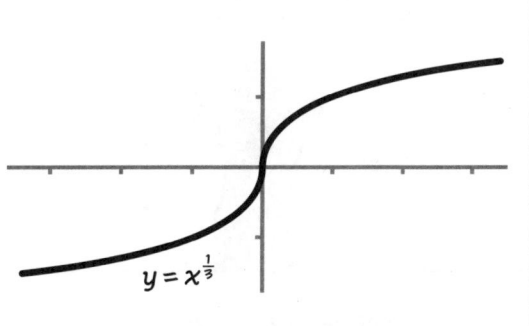

n이 짝수: $x^{\frac{1}{n}}$의 정의역은 $x \geq 0$

n이 홀수: $x^{\frac{1}{n}}$의 정의역은 모든 실수

음의 분수지수도 당연히 있어.

넌 다른 어떤 수 못지않게 좋은 수야….

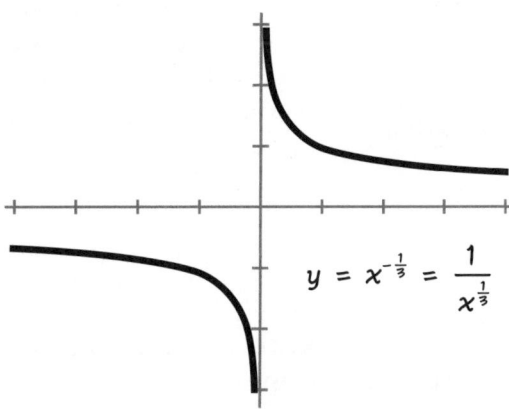

유리함수

이 함수들은 다항식의 비(比)의 형태로 되어 있어.

$$R(x) = \frac{P(x)}{Q(x)}$$

이들은 $Q(x) \neq 0$인 영역에서 정의된다. 예를 들어,

$$R(x) = \frac{3x^2 + 9x + 1}{x^3 + 16}, \quad x \neq \sqrt[3]{-16}$$

$$T(x) = \frac{x}{x^2 - 1}, \quad x \neq \pm 1$$

$$y = \frac{x}{x^2 - 1}$$

유리함수에 대해서는 세 가지를 알아둬야 해. 첫째는 원하지 않으면 본문 37쪽으로 건너뛰어도 된다는 것이고….

둘째, P는 Q보다 차수가 작다고 가정할 수 있어. 그렇지 않은 경우에는 **긴 나눗셈(장제법)***으로 P/Q를 아래와 같이 만들 수 있어.

$$P_1(x) + \frac{R(x)}{Q(x)}$$

여기서 P_1은 다항식이고, 나머지인 R은 Q보다 차수가 낮은 다항식이야.

---

* 다항식의 긴 나눗셈을 해본 적이 없더라도 걱정할 것 없어. 그건 숫자의 경우보다 오히려 쉬워. 어디서든 한번 찾아봐, 좋아하게 될 거야!

셋째, 어떤 유리함수도 다음과 같이 간단한 두 종류의 '부분분수'의 합으로 나타낼 수 있어.

$$\frac{a}{(x+p)^n} \quad \text{또는} \quad \frac{bx+c}{(x^2+qx+r)^m}$$

여기서 a, b, c, p, q, r은 계수이고, n과 m은 양수이다. 다시 말하면, 분모는 1차식 또는 2차식의 거듭제곱함수야.

실제로는 이 계수들을 구하기가 번잡할 수 있어 ($Q(x)$를 인수분해해야 한다). 하지만 계산과정을 보여주기 위해 예를 두 개 들어보자.

예제:

$$F(x) = \frac{x}{(x-1)^2}$$

이것을 다시 쓰면,

$$\left(\frac{x}{x-1}\right)\left(\frac{1}{x-1}\right)$$

첫 번째 인수는 나눗셈을 하여 다음과 같이 쓸 수 있어.

$$\left(\frac{x}{x-1}\right) = \frac{1}{x-1} + 1$$

이것을 본 식에 대입하여 전개하면,

$$\left(\frac{1}{x-1} + 1\right)\left(\frac{1}{x-1}\right) = \frac{1}{(x-1)^2} + \frac{1}{x-1}$$

앞에서 말한 대로, 분모는 $(x+p)^n$ 형태이고, 분자에는 상수만 나타난다.

예제:

$$R(x) = \frac{-2x^2 + 7x - 3}{x^3 + 1}$$

첫 단계는 항상 분모를 인수분해하는 거지. 인수분해하면,

$$x^3 + 1 = (x + 1)(x^2 - x + 1)$$

이제, 답이 있다고 가정하는 거야.

그러면 아래와 같이 될 거야.

$$\frac{-2x^2+7x-3}{x^3+1} = \frac{Ax+B}{(x^2-x+1)} + \frac{C}{x+1}$$

A, B와 C를 구하기 위해, 오른쪽 분수를 통분하면 분자가 다음과 같아.

$$(A + C)x^2 + (A + B - C)x + (B + C)$$

이것은 원래의 분수의 분자와 같아야 해. 그래서,

$$A + C = -2$$
$$A + B - C = 7$$
$$B + C = -3$$

이건 미지수가 세 개인 세 개의 방정식이야. 약간 계산을 하면, 이렇게 돼…

$$A = 2, B = 1, C = -4, \text{ 그래서}$$

$$R(x) = \frac{2x + 1}{x^2 - x + 1} + \frac{-4}{x + 1}$$

답이 맞는지 검산해봐. 오른쪽의 두 분수를 통분해서 원래의 분수가 되는 걸 확인할 수 있을 거야.

자, 이 다음은 여러분이 놓치고 싶지 않을 함수들이야… 정말 맘에 들 거야….

지수함수

는 아래와 같은 형태의 함수야.

$$f(x) = a^x$$

여기서 '밑'인 a는 상수이고,
지수 x는 변수야.
관례에 따라 $a>1$라고 가정해.
이 함수는 어떤 종류의 성장 현상
(예를 들면 인구 증가)을 기술하지.

가능한 모든 a 중에서, 수학자들은 특별히 '자연스러운' 것 하나를 뽑아냈지.
이 수는 e로 알려져 있는데, 아래와 같이 소수점 이하가 계속되는 수야.

2.7182818284590452353602874713526624977572470936999595749669676277240766303535475945713821785251664274274663919320030599218174135966290435729003342952605956307381323286279434907632333829880753195251019011573834187930702154089149934884167509244761460668082264800168477411853742345442437107539077744992069551702761838606261331384583000752044933826560297606737113200709328709127443747047230696977209310141692836819025515108657463772111252389784425069536967708544996969679468644549059879316368892300987931277361782154249992295763514822082698951936680331825288693984964651058209392398294887933203625094431170123819706841614039701983767932068328237646480429531180232878250981945581530175671736133206981125099618188159304169035159888851934580727386673858942287922849989208680582574927961048419844436346324496847560233624827041978623209002160990235304369941849146314093431738143640546253152096183690888707016768396424378140592714563549061038375051011574770417189861068739696552126715468895703503540212340321068170121005627880235193033224745015853904730419957777093503650416997329725088687696640355570716226844716256079882651787134195124665201030592123667719432527867539855894489697096409754591856956380236370162112047742722836489613422516445078182442352948636372141740238893441 24796357 437026375529444833799801612549227850925778256209262264 83262779 3338566481627725164019105900491644982893150566047258 027786318641 5519565324425869829469593080191529872117255634754639644 47910145904 090586298496791287406870504895858671747985466775757320 05681288459 20541334053922000113786300945566888167400169842055804 4033637...

복리를 생각하면 'e가 자연스럽다'는 이유를 알 수 있어. 어떤 관대한 은행(!)이 여러분의 계좌에 매년 **100%**의 이자를 넣어준다고 상상해봐.

처음에 여러분 계좌에 1달러가 들어 있었다면, 그해 말에는 2달러로 두 배가 될 거야. 꽤 괜찮지!

$$\$1 + 100\% \cdot (\$1) = \$2$$

그러나 충분치 않아. 여러분은 이렇게 불평할 거야. 복리이자 **지급횟수를** 늘려달라고. 그래서 은행에 복리이자를 6개월마다 50%씩 지급해달라고 요청했어. 이렇게 하면 그해 말 총액은,

$$(1 + \tfrac{1}{2}) + \tfrac{1}{2}(1 + \tfrac{1}{2}) = 2.25$$

훨씬 낫군!

이제 이 식을 약간 정리해봐. 다음처럼 되는 걸 알 수 있을 거야.

$$(1 + \tfrac{1}{2}) + \tfrac{1}{2}(1 + \tfrac{1}{2}) = (1 + \tfrac{1}{2})^2$$

그 다음번 이자가 지급되면, 여러분의 계좌잔고 총액은 $(1+\tfrac{1}{2})^3$이 될 거고, 그 다음번에는 $(1+\tfrac{1}{2})^4$, 그 다음번에는 $(1+\tfrac{1}{2})^5$…

아, 수학!

이와 유사하게, 연간 복리이자 100%를 1년에 $\tfrac{1}{3}$씩 세 번 나누어 받는다면, 1년 후 총액은

$$\$(1 + \tfrac{1}{3})^3$$

만일 1년에 n번 나누어 받는다면, 연말의 총액은 다음처럼 될 거야.

$$\$(1 + \tfrac{1}{n})^n$$

이제 여러분은 이 돈이 얼마나 되는지 계산해보고 싶을 거야. 표를 봐!

연간 지급횟수	1년 후 총액	
1	$(1+1)^1$	$= \$2$
2	$(1+\tfrac{1}{2})^2$	$= \$2.25$
3	$(1+\tfrac{1}{3})^3$	$\approx \$2.37$
4	$(1+\tfrac{1}{4})^4$	$\approx \$2.44$
5	$(1+\tfrac{1}{5})^5$	$\approx \$2.49$
…		
100	$(1+\tfrac{1}{100})^{100}$	$\approx \$2.705…$
1000	$(1+\tfrac{1}{1000})^{1000}$	$\approx \$2.718…$
…		

총액은 e달러에 근접하고 있어.

n이 아주아주 큰 수이면, 여러분의 돈은 **매순간 연속**으로 복리이자를 받는다고 생각할 수 있어.
이 경우 1년 후 여러분의 계좌에 들어 있는 돈의 총액은 **정확하게 e달러**가 될 거야.

연속적인 복리이자는 결국 특정 시간과는 무관해졌어.
그 점에서 자연스러운 현상이라 할 수 있고, 숫자 e 또한 마찬가지야.

또한 e는 1달러에서 출발해서 이자율 100%로 1년 만에 만들 수 있는 최대 금액이라는 것도 알 수 있어.

$(1+\frac{1}{n})^n$을 이용해서 e를 계산할 수도 있어. 대수학에서 배운 대로 이 식은 다음과 같이 전개할 수 있어.

$$1 + n\left(\frac{1}{n}\right) + \frac{n(n-1)}{2} \cdot \frac{1}{n^2} + \frac{n(n-1)(n-2)}{1 \cdot 2 \cdot 3} \cdot \frac{1}{n^3} + \frac{n(n-1)(n-2)(n-3)}{1 \cdot 2 \cdot 3 \cdot 4} \cdot \frac{1}{n^4} + \cdots + \frac{1}{n^n}$$

n이 아주 클 때, 분수 $(n-1)/n$, $(n-2)/n$ 등등은 1과 거의 같게 돼. 그래서 위 식의 항들은 다음 식에 아주 가까워져.

$$1 + 1 + \frac{1}{2} + \frac{1}{3!} + \frac{1}{4!} + \frac{1}{5!} + \cdots$$

여기서 m이 자연수이면, $m!$은 $1 \cdot 2 \cdot 3 \cdots \cdot m$을 의미해.

그리고 n이 '∞로' 커진다고 생각하면, e는 아래와 같이 **무한히** 많은 항들의 합이라고 할 수 있어.

$$e = 1 + 1 + \frac{1}{2} + \frac{1}{3!} + \frac{1}{4!} + \frac{1}{5!} + \cdots + \frac{1}{n!} + \cdots$$

아니, 사실, 진짜 그렇게 돼.

이 수는 특별하고, 자연스러운 수이기 때문에, 지금부터 함수 exp를 다음과 같은 지수 함수로 정의할 거야.

$$exp(x) = e^x$$

e^x은 여러분이 1달러를 연이율 100%로 복리이자를 연속적으로 받을 경우, x년 이후에 여러분이 얻게 될 돈의 총액이야.

지수함수는 x를 따라 급격하게 증가해. 예를 들어 $f(x) = 2^x$은 x가 1 증가할 때마다 두 배가 돼.

$$f(x+1) = 2^{x+1} = 2^x 2^1 = 2(2^x) = 2f(x)$$

계산을 통해 쉽게 알 수 있듯이, e^x은 그보다 훨씬 빨리 증가해. 거듭제곱함수 $g(x) = x^2$은 e^x보다 한참 아래에 있어.

x	e^x	x^2
0	1.0	0
1	2.7183...	1
2	7.389...	4
3	20.085...	9
4	54.60...	16
5	148.41...	25
6	403.43...	36
7	1096.63...	49
8	2980.94...	64

a가 $e^a = 2$인 수(계산기로 계산하면 $a \approx 0.693$)라면, e^x은 x가 a만큼 증가할 때마다 두 배가 된다.

$$e^{(x+a)} = e^x e^a = 2e^x$$

그리고 특히,

$$e^{na} = (e^a)^n = 2^n$$

$y = e^x$

$y = x^2$

r이 임의의 양수일 경우, 함수 $h(x)=e^{rx}$은 다음과 같이 쓸 수 있으므로 지수함수야.

$$e^{rx} = (e^r)^x$$

이 함수의 밑은 e^r이야($e^r > 1$).
이 함수는 $r>1$일 때는
$exp(x)$보다 빨리 증가하고,
$r<1$일 때는 느리게 증가해.

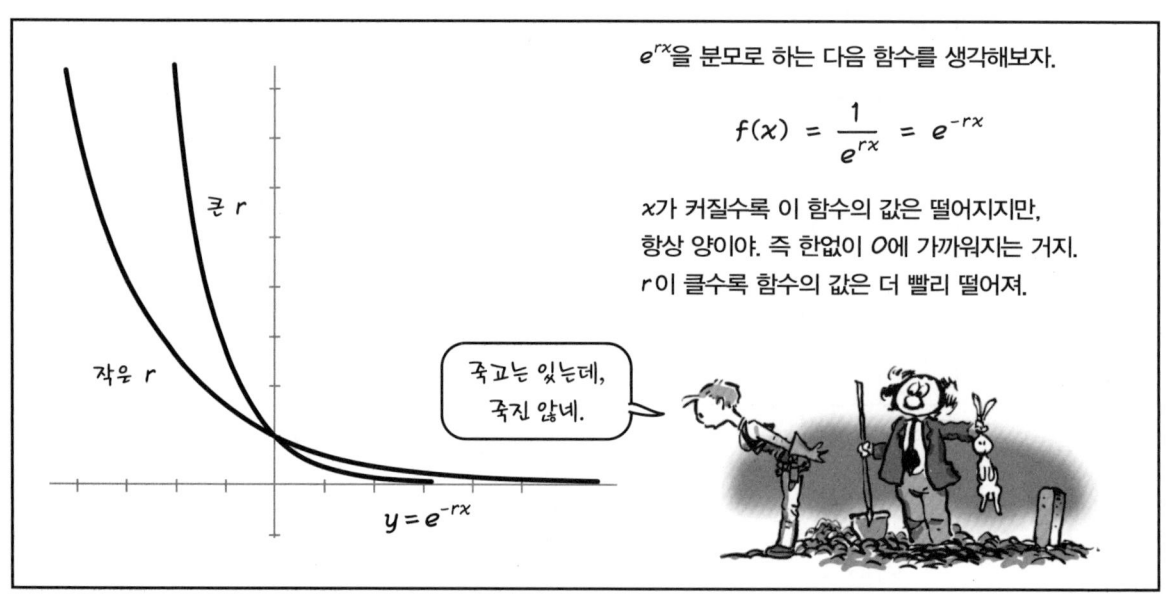

e^{rx}을 분모로 하는 다음 함수를 생각해보자.

$$f(x) = \frac{1}{e^{rx}} = e^{-rx}$$

x가 커질수록 이 함수의 값은 떨어지지만, 항상 양이야. 즉 한없이 0에 가까워지는 거지. r이 클수록 함수의 값은 더 빨리 떨어져.

e^{-rx}은
방사성 붕괴와 같은 현상을
기술하는 데 사용돼.
이 경우 방사능의 감소는
방사성 물질의 잔존량에
비례해.
앞에서 살펴본
복리이자의 경우와는
반대지.

원함수

마지막으로 소개할 기본함수는
원함수, 또는 **삼각함수**야.
sin, cos, tan, sec 등이지.
삼각함수는 조수와 요요처럼 앞뒤로,
위아래로, 안팎으로 움직이는 과정을
기술하는 함수들이야.

이 함수들은 원이나 직각삼각형에서 나왔어. 원점을 중심으로 하는 반지름 1인 원이 있다고 하자.
점 $P = (x_P, y_P)$는 축상의 $(1, 0)$에서 출발하여 원주를 따라 시계반대방향으로 돈다.
여기서 OP가 빗변인 직각삼각형을 만들 수 있어.

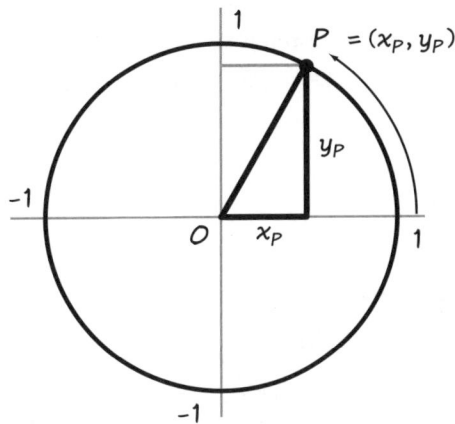

OP와 x축 사이의 각도 θ(그리스어 '세타')는 점 P가 움직인 **호의 길이**로 측정된다. 이 단위를 **라디안**(radian)이라고 해. 원의 둘레가 2π이니까, P는 원을 한 바퀴 도는 데 2π를 움직인다. 이보다 작은 각도들은 비례식으로 계산할 수 있고, 시계방향으로 움직이면 음의 각도가 돼. P가 한 바퀴 이상 움직이면 각도는 2π보다 커진다.

θ의 **sin**과 **cos**함수는 각각 점 $P = (x_P, y_P)$의 y좌표와 x좌표다. θ의 **tan**함수는 y_P/x_P이다($x_P \neq 0$).

$$\cos \theta = x_P$$
$$\sin \theta = y_P$$
$$\tan \theta = \frac{\sin \theta}{\cos \theta}$$

(여러분이 고대 그리스학자들에게서 $\sin \theta = y/r$라고 배웠을 수도 있는데, 여기서는 $r = 1$이야.)

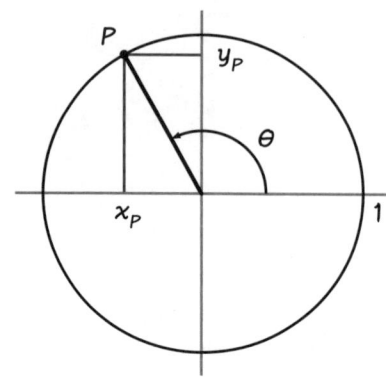

sin과 **cos**함수는 -1과 1 사이를 진동하는데, 2π라디안을 주기로 반복돼. 그리고 **tan**함수는 π라디안을 주기로 반복되지. **tan**함수는 $\pi/2$의 홀수배가 되는 점에서 무한대가 되고, 이곳에서 **cos**함수는 0이야.

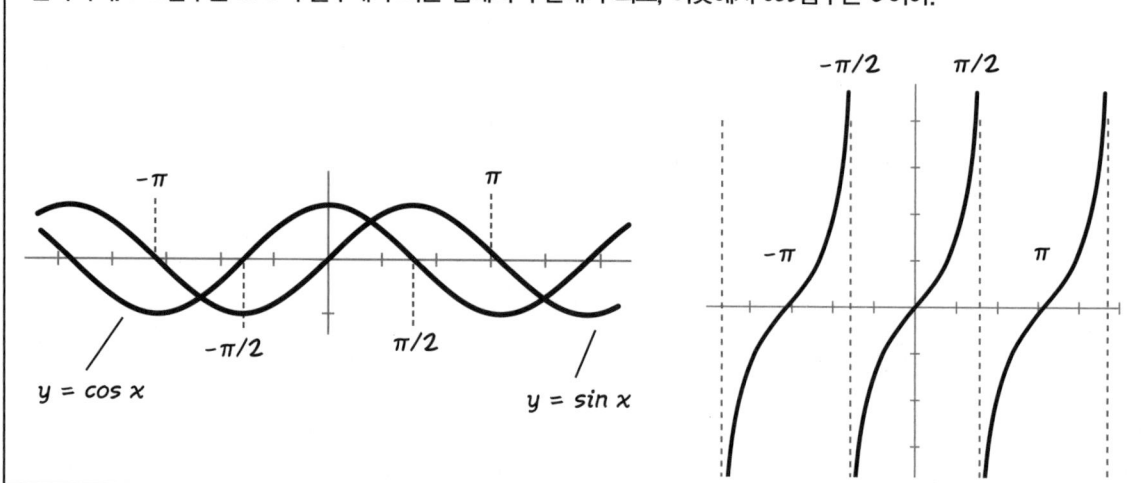

앞으로 종종 θ의 **sec**함수를 언급할 텐데, 이건 **cos**함수의 역수이고 $\cos \theta \neq 0$일 때 정의될 수 있어.

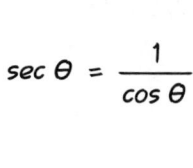

$$\sec \theta = \frac{1}{\cos \theta}$$

피타고라스는 아주 유용한 다음 방정식을 우리에게 선사했어.

$$\sin^2 \theta + \cos^2 \theta = 1$$

다음과 같이 쓸 수도 있어.

$$\sec^2 \theta = \tan^2 \theta + 1$$

왜냐하면,

$$\sec^2 \theta = \frac{\sin^2 \theta + \cos^2 \theta}{\cos^2 \theta}$$

sin과 cos함수를 시각적으로 보이기 위해 점 P를 1미터 길이의 로프 끝에 매달린 물체라고 상상해보자.

x축의 남자는 물체가 눈높이에서 시작해서 계속 위아래로 왔다갔다하는 걸 볼 거야. 이 사람은 y값, 즉 sin값을 보고 있는 거지.

두 사람의 관찰자가 원 가장자리를 보고 있는데, 한 사람은 x축 방향을, 다른 한 사람은 y축 방향을 아래로 보고 있다고 하자.

y축의 여자도 **정확히** 똑같은 앞뒤 운동을 보게 되는데, 물체가 원궤도의 꼭대기에서 시작하는 것만 달라. 그녀는 cos값을 보고 있어.

여기서 sin과 cos의 그래프가 똑같은 형태이고, 옆으로 $\frac{\pi}{2}$만큼 이동되어 있을 뿐이라는 걸 분명히 알 수 있어.

$$\cos\theta = \sin(\theta + \frac{\pi}{2})$$

또한 $\cos(-\theta) = \cos\theta$이기 때문에,

$$\cos\theta = \sin(\frac{\pi}{2} - \theta)$$

그리고

$$\sin\theta = \cos(\frac{\pi}{2} - \theta)$$

그리고 아래와 같이 삼각함수에 관한 항등식이 무수히 많아. 여러분이 어디선가 배워서 이미 알고 있다고 믿어.

$$\sin(A+B) = \sin A \cos B + \sin B \cos A$$

$$\cos(A+B) = \cos A \cos B - \sin A \sin B$$

$$\sin^2\theta = \frac{1 - \cos 2\theta}{2}$$

$$\cos^2\theta = \frac{1 + \cos 2\theta}{2} \quad \text{등등!}$$

또 하나의 기본개념:

합성함수

때로는 한 함수를 다른 함수에 '집어넣기'도 한다.
예를 들어 23쪽에 있는 함수

$$h(x) = \sqrt{x^2 - 1}$$

는 $f(x) = x^2 - 1$의 값을 제곱근함수
$g(u) = \sqrt{u}$에 집어넣은 거야.
먼저 $x^2 - 1$의 값을 구해서 제곱근을 취하는 거지.
이때 f를 **내부함수**, g를 **외부함수**라고 해.

예 1:

$$F(x) = \tan^2 x + \tan x + 1$$

먼저 $\tan x$의 값을 구한 다음,
$g(y) = y^2 + y + 1$에 집어넣는다.
내부함수는 $f(x) = \tan x$이고,
외부함수는 g야. 다시 쓰면,

$$F(x) = g(f(x))$$

예 2:

$$G(x) = e^{x^2}$$

내부함수: $u(x) = x^2$

외부함수: $v(t) = e^t$

$$G(x) = v(u(x))$$

예 3:

$$H(x) = \tan(x^2 + x + 1)$$

내부함수: $g(x) = x^2 + x + 1$

외부함수: $f(\theta) = \tan \theta$

$$H(x) = f(g(x))$$

여기서 벌어지고 있는 일은 한 함수의 출력값이
다른 함수의 입력값이 되고 있다는 거야.
함수 g는 함수 f의 출력값을 '먹고' 있어.

요컨대 f의 화살표에 g의 화살표가 이어져 있어.

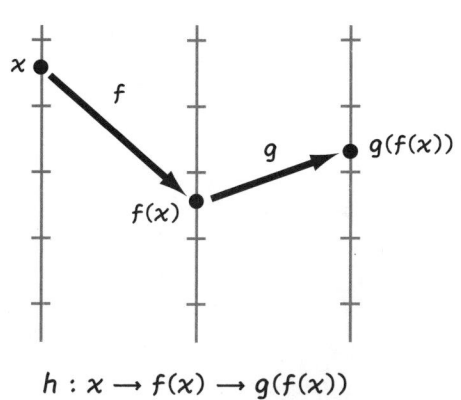

$h : x \longrightarrow f(x) \longrightarrow g(f(x))$

이 경우 함수 h를 g와 f의 **합성함수**라고 하고, g∘f라고 쓴다. **내부함수의 값을 먼저 구한다**는 걸 잊지 마. 이 함수의 화살표는 왼쪽 그림과 같아. 그리고 **순서가 중요하다**는 것도 잊지 마. 일반적으로 g∘f≠f∘g야. 예를 들면, 앞쪽의 예 1과 3에서,

$$f(g(x)) = \tan(x^2 + x + 1)$$
$$\neq \tan^2 x + \tan x + 1 = g(f(x))$$

많은 함수의 연쇄적인 합성도 가능해. 안 될 이유가 없잖아!?

합성은 곧바로

분수지수

로 이어져. $f(x) = x^{\frac{1}{n}}$ 을 $g(y) = y^m$ 과 합성하면, 다음과 같은 x의 분수지수가 나와.

$$h(x) = x^{\frac{m}{n}} = \left(x^{\frac{1}{n}}\right)^m = (x^m)^{\frac{1}{n}}$$

먼저 n 제곱근을 취한 다음 m번 곱하거나, 그 반대로 해도 돼(여기서는 합성의 순서가 중요하지 않아).

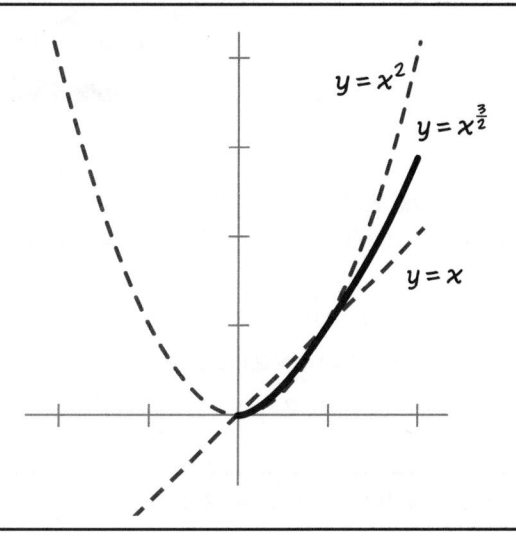

중요한 개념 하나 더!

역함수

두 함수를 합성할 때,
이상한 일이 일어날 때가 있어.
즉 아무 일도 없는 거야!

예제: 만일

$$f(x) = x^{\frac{1}{3}} \text{ 이고 } g(y) = y^3 \text{ 이면 } h(x) = g(f(x)) = (x^{\frac{1}{3}})^3 = x$$

x를 $g \circ f$에 집어넣으면, 또 x가 나와. h는 세제곱근을 세제곱하는 거니까,
결국 합성이 아무것도 안하는 결과가 돼! g는 f의 결과를 '원상태로 돌리는 거야'.

함수 $g(x)$를 말로 표현하면, '세제곱한 수가 x이다'가 된다.
이런 유의 정보를 원할 때가 자주 있어…. 다음은 그런 예들이야.

제곱한 수가 4이다.
$\sin$을 취한 값이 $\frac{1}{2}\sqrt{2}$이다.
지수로 취한 값이 2이다.

또는 기호로 표현한
미지수 x, θ, t가
만족시키는 방정식들:

$$\begin{cases} x^2 = 4 \\ \sin \theta = \frac{1}{2}\sqrt{2} \\ e^t = 2 \end{cases}$$

---

* 중국의 철학자인 장자의 표현을 인용한 거야!

그런데 말썽거리가 있어…. 불행히도 제곱하면 4인 '그' 수를 묻는 것은 말이 좀 안 돼.
왜냐하면 2와 -2 두 개가 있기 때문이야.

sin의 경우는 상황이 훨씬 나빠.
각도 $\pi/4$는 다음 방정식을 만족시켜.

$$sin\,\theta = \tfrac{1}{2}\sqrt{2}$$

그러나 그런 각도가 아주 많아.
$3\pi/4$, $-5\pi/4$, $9\pi/4$, $11\pi/4$ 등등.

$$sin(\tfrac{\pi}{4} \pm 2\pi n) = \tfrac{1}{2}\sqrt{2},\ n = 0, 1, 2, 3, ...$$

$$sin(\tfrac{3\pi}{4} \pm 2\pi n) = \tfrac{1}{2}\sqrt{2},\ n = 0, 1, 2, 3, ...$$

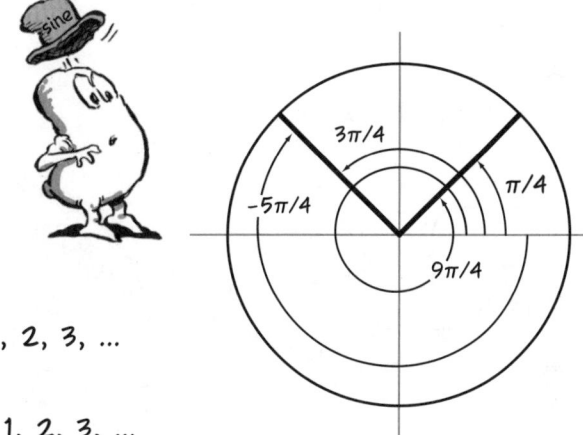

다른 말로 표현하면, 이 함수들은 주어진 수로 향하는 **많은 화살들**을 갖고 있어.
일반적으로 서로 다른 많은 x값이 하나의 같은 함수값을 가질 수가 있어.

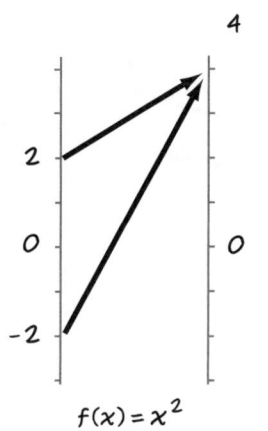

$f(x) = x^2$

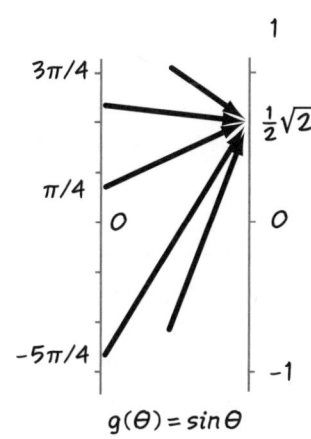

$g(\theta) = sin\,\theta$

하지만 모든 함수가 다 그런 건 아냐.
화살표가 각각 다른 곳을 향할 경우
이를 **일대일함수**라고 해.
수학기호로 표현하면,
$a \neq b$이면 $f(a) \neq f(b)$가 돼.
f의 각 값은 단 **한 개의 화살**이
가리키지.

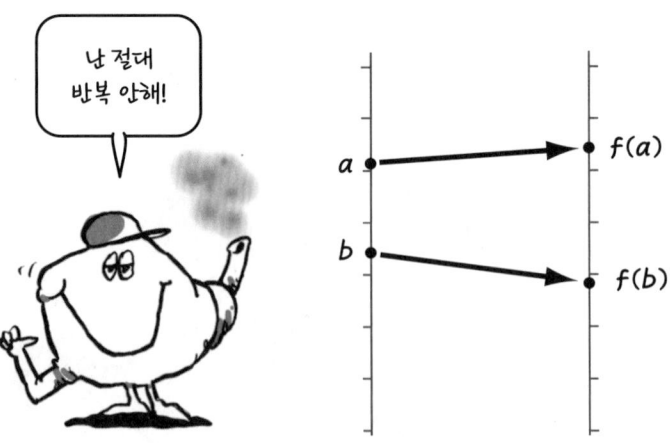

f가 일대일함수이면, 새로운 함수인 f^{-1}, 즉 '**f의 역함수**'를 만들 수가 있어.
역함수는 **화살을 되돌려서** f의 작용을 원위치시키는 거야. f^{-1}의 정의역은 f의 모든 값이고,
정의역 내의 모든 x에 대해 f^{-1}은 다음과 같이 정의돼.

$$f^{-1}(f(x)) = x$$

f^{-1}이 f의 화살을 거꾸로 돌리기 때문에, f 역시 f^{-1}의 화살을 거꾸로 돌려. 그게 공평한 거야! 그래서,

$$f(f^{-1}(y)) = y$$

이 두 함수는 서로가 서로의 역함수야!
순서는 중요하지 않아.

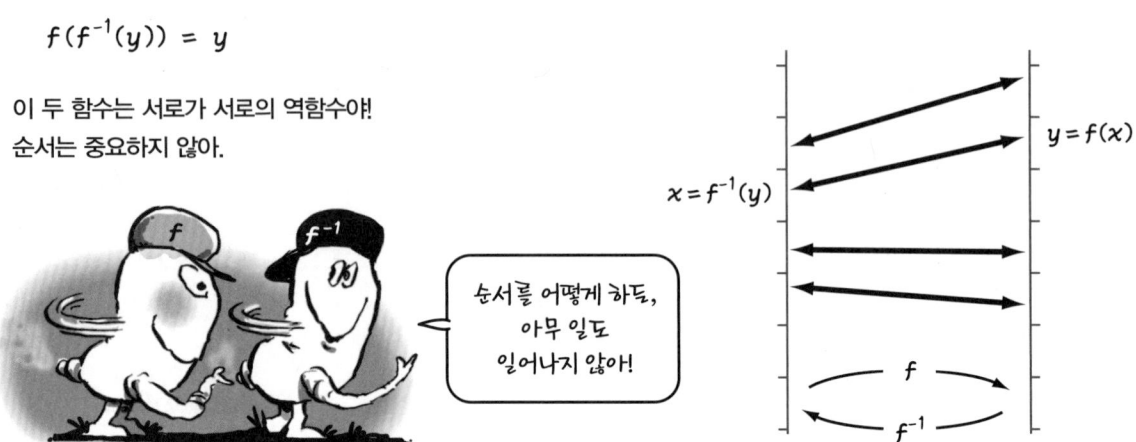

어떤 함수가 일대일함수일까?
우리의 목적을 염두에 두고 말하자면, 그건

증가 또는 감소하는

함수이다. x가 증가할 때 $f(x)$가 증가하면,
그 함수는 **증가** 또는 **단조증가**한다고 정의한다.
즉 f의 정의역에 속하는 임의의 a, b에 대해,

$$a < b \text{ 이면, } f(a) < f(b)$$

$a<b$가 $f(a)>f(b)$*를 의미하면 f는 **단조감소**한다.
부등호 때문에 **모든 증가함수는 일대일함수**이며,
모든 감소함수 역시 마찬가지다.

풍선의 부피는
반지름의 증가함수야.

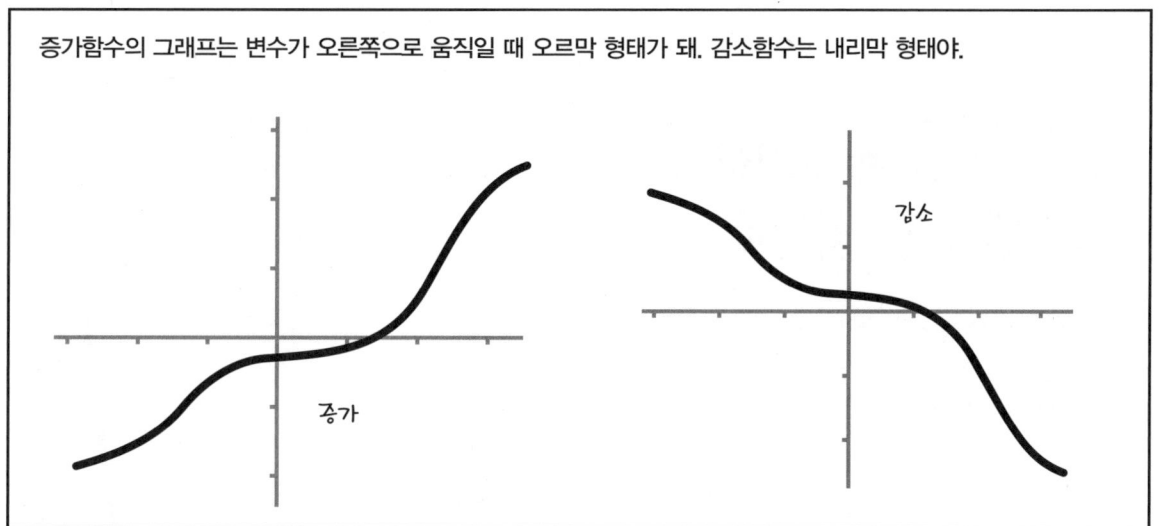

증가함수의 그래프는 변수가 오른쪽으로 움직일 때 오르막 형태가 돼. 감소함수는 내리막 형태야.

화살표 그림에서, 증가함수의 화살표는 교차하지 않아. $f(x)$의 값이 계속 수직선을 따라 올라가기 때문이지.
반면에 **모든** 감소함수의 화살표는 서로 교차해!

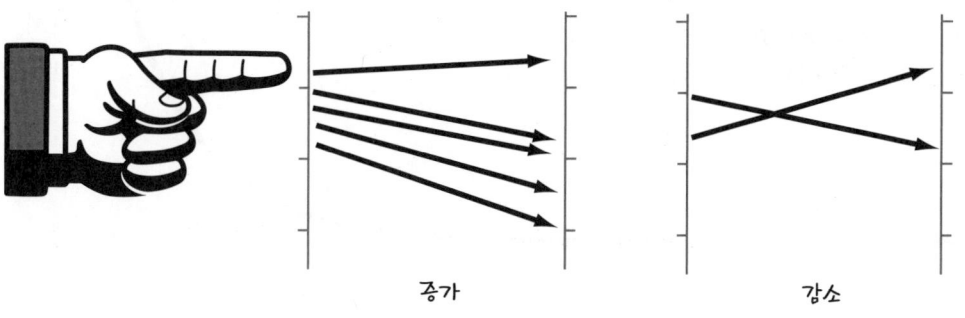

* 함수 f는 $-f$가 감소할 때만 증가한다는 사실을 기억해.

증가(또는 감소)함수는 일대일함수이기 때문에 역함수가 존재해!

대수롭지 않은 예:

$f(x) = x^3$은 증가함수다.
그 역함수는

$$f^{-1}(x) = x^{\frac{1}{3}}$$

일반적으로, $g(x) = x^n$은
홀수 n에 대해 증가함수이며,
그 역함수는,

$$g^{-1}(x) = x^{\frac{1}{n}}$$

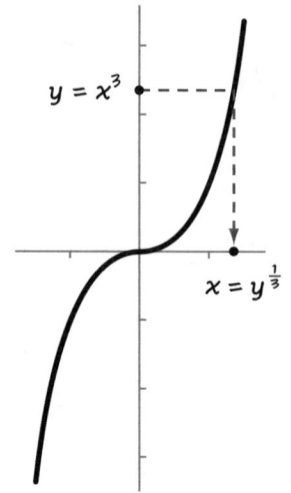

아주 중요한 예: 자연로그, 지수함수의 역함수

지수함수 $Exp(x) = e^x$은 증가함수야.

증명: $a < b$이라면,

$$\frac{e^b}{e^a} = e^{(b-a)} > 1, \quad \text{왜냐하면} \quad b - a > 0,$$

그래서 $e^b > e^a$

그 역함수는 **자연로그**라고 하며, ln('엘-엔')이라고 쓴다.

ln의 정의역은 $(0, \infty)$, 즉 **모든 양수**이다.
e^x의 모든 값은 0보다 크기 때문이야.* 그리고

$$e^{ln\, y} = y \quad \text{그리고} \quad ln(e^x) = x$$

* 미안, 하지만 의심 없이 받아들여주길 바란다.

기억날 거야, 지수함수는 다음처럼 계산되지.

$$(e^x)(e^y) = e^{x+y} \qquad (e^x)^y = e^{xy}$$

이 식에서 다음의 로그공식이 나오는데, 로그공식은 전자계산기가 나오기 전, 모든 걸 손으로 해결하던 시절에 큰 계산들을 하는 데 아주 중요하게 사용되어 유명해졌어.

$$\ln(xy) = \ln x + \ln y$$

$$\ln x^p = p \ln x$$

그리고 특히 $p = -1$일 때는,

$$\ln \frac{1}{x} = \ln x^{-1} = -\ln x$$

로그를 이용해서 다른 지수함수를 밑이 e인 지수함수로 나타낼 수 있어. 2^x을 예로 들어보자. 계산기로 $\ln 2$의 값을 계산하면,

$$\ln 2 \approx 0.693\ldots\text{*} \quad \text{이로부터}$$

$$2^x = (e^{\ln 2})^x = e^{(\ln 2)x} = e^{0.693\ldots x}$$

2 대신에 $a > 1$인 임의의 수 a로 바꾸면
지수함수 $A(x) = a^x$은 아래와 같이 쓸 수 있어.

$$a^x = e^{rx} \quad \text{여기서} \quad r = \ln a$$

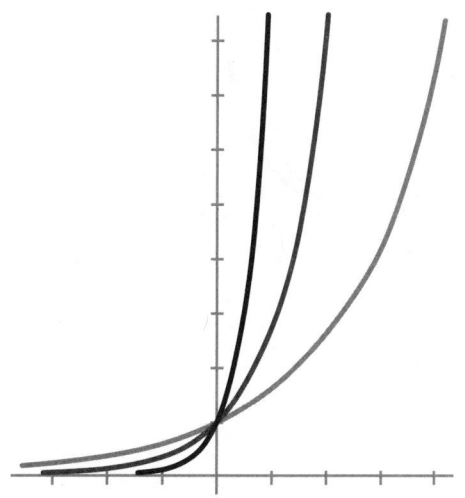

결론: 모든 지수함수는 어떤 수 r에 대해 e^{rx}으로 표현할 수 있어.

---

* 2가 1($=e^0$)과 $e(=e^1)$ 사이의 수이니까, $\ln 2$는 0과 1 사이에 있는 거지.

역함수의 그래프

앞에서 역함수의 화살표 그림이 어떻게 되는지를 봤어. f^{-1}은 단지 모든 f의 화살을 180도 돌리는 거였어. 그럼, 그래프로는 어떻게 나타날까?

$y = f(x)$의 그래프에서는 화살표가 점 x에서 $f(x) = y$를 향해. 역함수 f^{-1}은 그 화살이 반대로 뒤집혀져. 그래서 $f^{-1}(y) = x$가 돼.

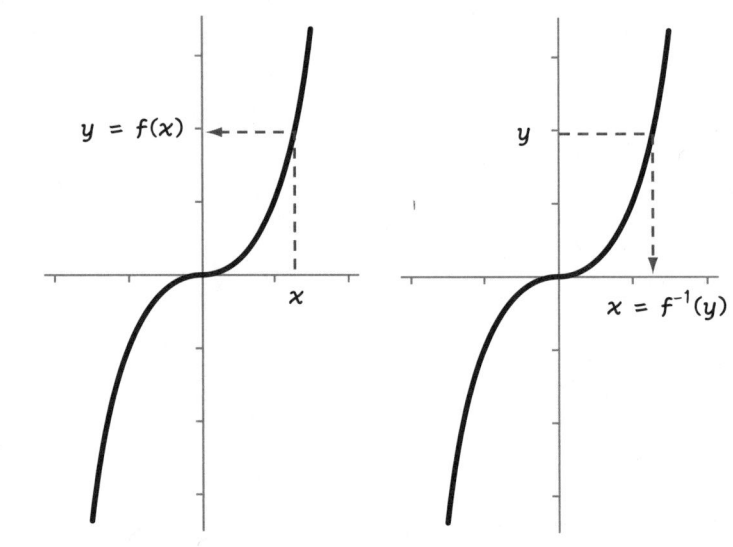

즉 수직축인 y축을 독립변수로 쓰면, $x = f^{-1}$의 그래프는 $y = f(x)$의 그래프와 **똑같아!**

불행히도, 독립변수는 수직축이 아니라 수평축으로 하는 게 관례야. 우리에게 필요한 건 $x = f^{-1}(y)$가 **아니라** $y = f^{-1}(x)$의 그래프야.

x와 y를 서로 바꾸면 어떤 일이 일어날까?

(a, b)가 $y = f(x)$ 위의 점이면, (b, a)는 $y = f^{-1}(x)$ 위에 있어. 점 (a, b)와 점 (b, a)는 직선 $y = x$에 관해 서로 대칭이야. 그래서 $y = f^{-1}(x)$의 그래프는 $y = f(x)$의 그래프를 직선 $y = x$에 투영시킨 **거울 상**이라 할 수 있어.

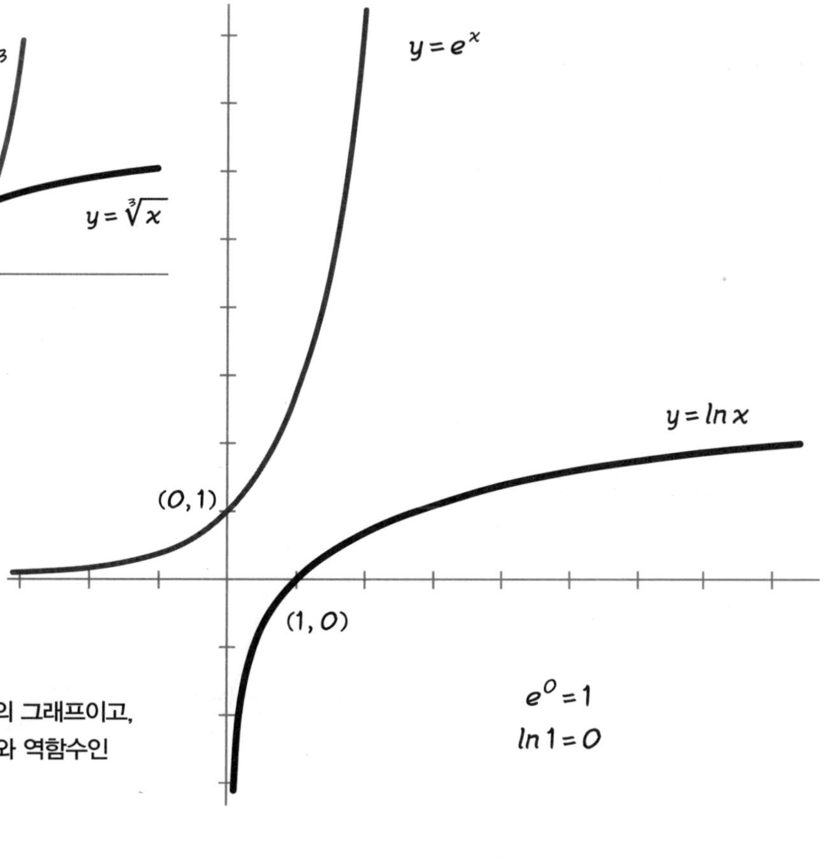

음, 썩 나쁘지 않네, 그죠?

거울을 보는 사람이 누구냐에 달렸지….

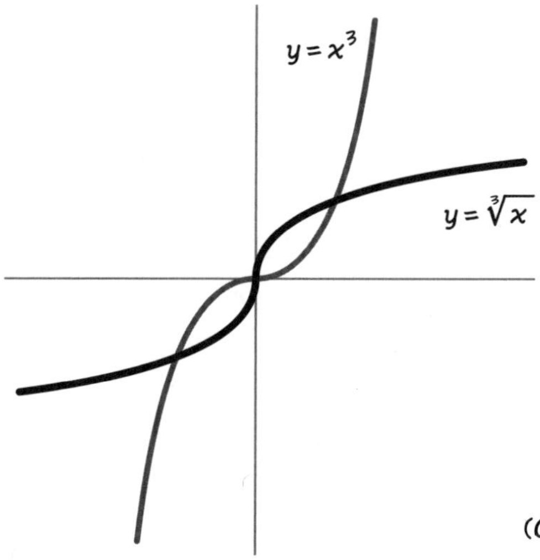

예를 두 개 들어볼게.
위는 $y = x^3$과 역함수인 삼승근의 그래프이고, 오른쪽은 아주 중요한 자연로그와 역함수인 지수함수의 그래프야.

$e^0 = 1$
$\ln 1 = 0$

위아래로 왔다갔다하는 일대일이 아닌 함수도 역함수가 있을까? 점 y로 여러 개의 화살표가 오는데, 그중 어느 걸 거꾸로 해야 하나? 답은, 그중 하나를 선택하고 나머지는 무시하는 거다!

이걸 체계적으로 하는 방법은 **함수가 일대일인 구간**에 있는 화살만 되돌리는 거야.
예를 들어 $f(x) = x^2$은 구간 $[0, \infty)$에서 증가(즉 일대일)하고, 이 구간에서 출발한 화살만 거꾸로 돌리면 아래의 역함수가 만들어진다.

$$f^{-1}(x) = \sqrt{x}$$

이렇게 하면 항상 **음이 아닌 제곱근**이 돼.
그래서 $x \geq 0$인 모든 x에 대해,

$$f(f^{-1}(x)) = x$$
$$f^{-1}(f(x)) = x \quad \text{(음인 } x\text{는 안 돼!)}$$

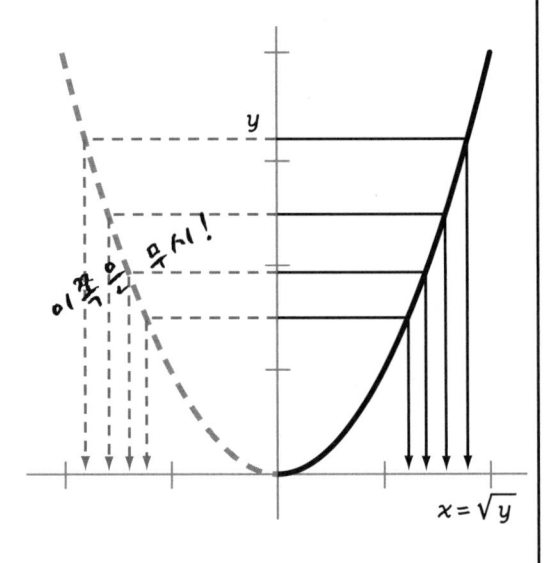

이것은 어떤 함수 f에 대해서도 성립해.
f가 증가(또는 감소)하는 구간으로 **정의역을 제한**하면,
이 구간에서 f는 역함수를 갖게 돼.

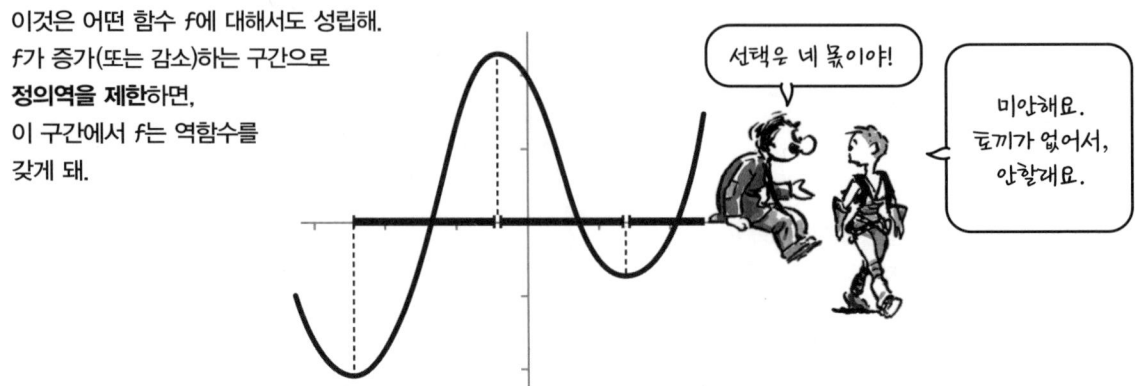

중요한 두 번째 예:
삼각함수의 역함수

sin과 cos은 위아래, 위아래로 왔다갔다하는데… 그래도 어떤 짧은 구간에서는 이들도 증가하고 있어!
cos은 sin과 형태가 똑같으니까, sin만 살펴보기로 하자.
구간 $[-\frac{\pi}{2}, \frac{\pi}{2}]$에서 sin은 -1에서 1로 값이 증가하고 있는 걸 알 수 있어.

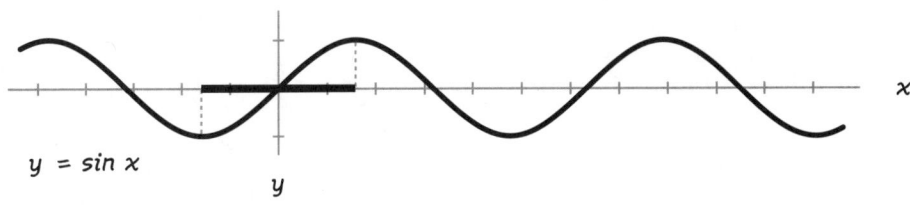

이 구간으로 한정하면, sin은 정의역이
$[-1, 1]$인 역함수를 갖는데, 이를 $arcsin$이라고 한다.
$arcsin$은 항상 $-\pi/2$와 $\pi/2$ 사이의 값을 취한다.

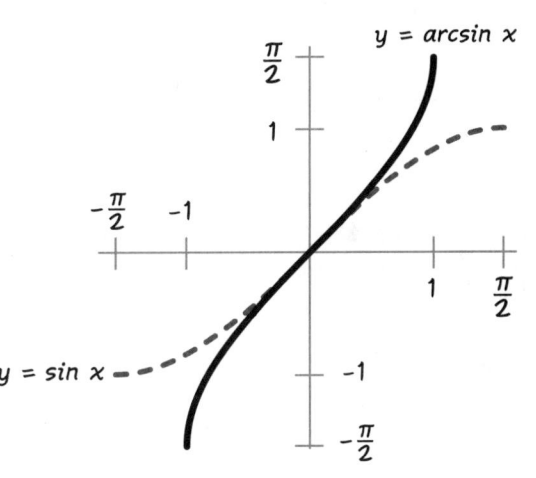

왜 $arcsin$이라고 할까? 그 이유는 그 값이
주어진 sin함수에 해당하는 호(arc)의 길이이기 때문이야.

$$sin\ \theta = y\ \ \text{이면,}\ \ \theta = arcsin\ y$$

θ는 그 sin값이 y인 각도이고, 라디안으로 잰 각도는
단위원상의 해당하는 호의 길이다(본문 43쪽을 다시 봐).
같은 sin값을 갖는 각도가 있지만,
$-\pi/2$와 $\pi/2$ 사이에서는 θ가 $sin\ \theta = y$를
만족시키는 **유일한** 각도야.

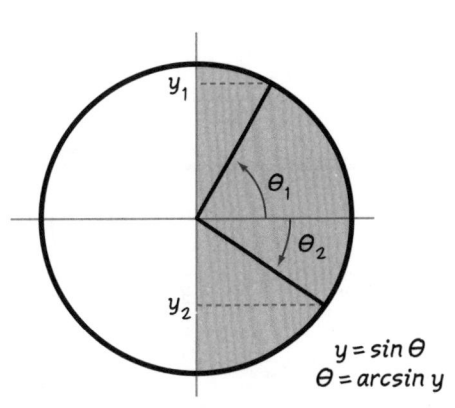

이 장의 마지막 함수로 tan함수인 $f(x) = \tan x$를 살펴보자.
그 역함수는 sin함수의 역함수가 arcsin인 것과 같은 이유로 **arctan**라고 하고, arctan x라고 써.

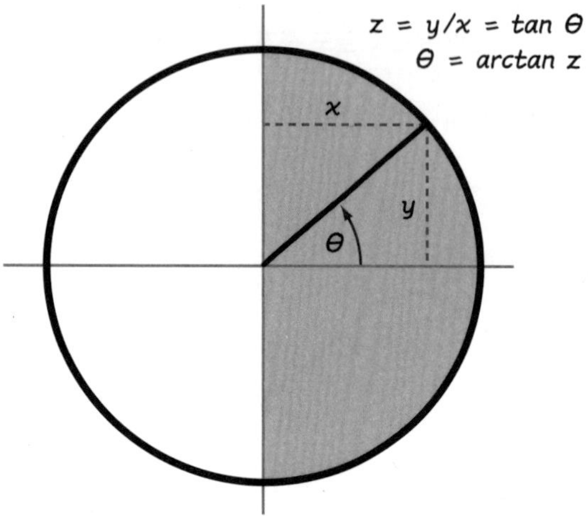

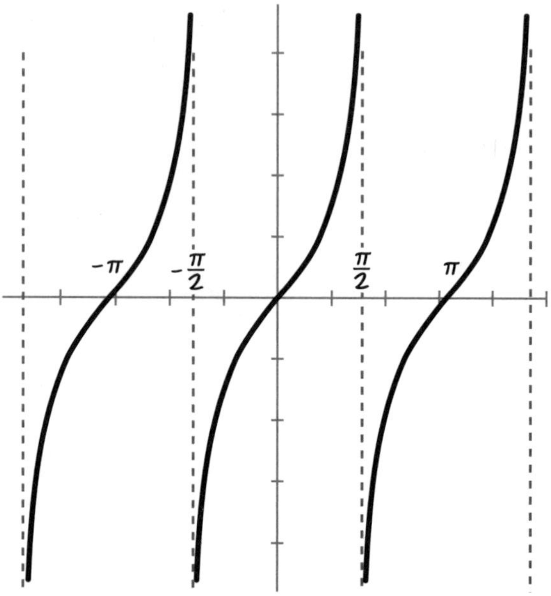

$z = y/x = \tan \theta$
$\theta = \arctan z$

먼저 tan가 증가하고 있는 정의역의 부분을 골라야 해.
그 부분은 개구간인 $(-\frac{\pi}{2}, \frac{\pi}{2})$야.

tan값의 범위는 **모든 실수**, 즉 '구간' $(-\infty, \infty)$이다. 그래서 arctan의 **정의역**은 $(-\infty, \infty)$야.
이 함수는 모든 곳에서 정의되지만, 그 값은 $-\pi/2$와 $\pi/2$ 사이에 있어.

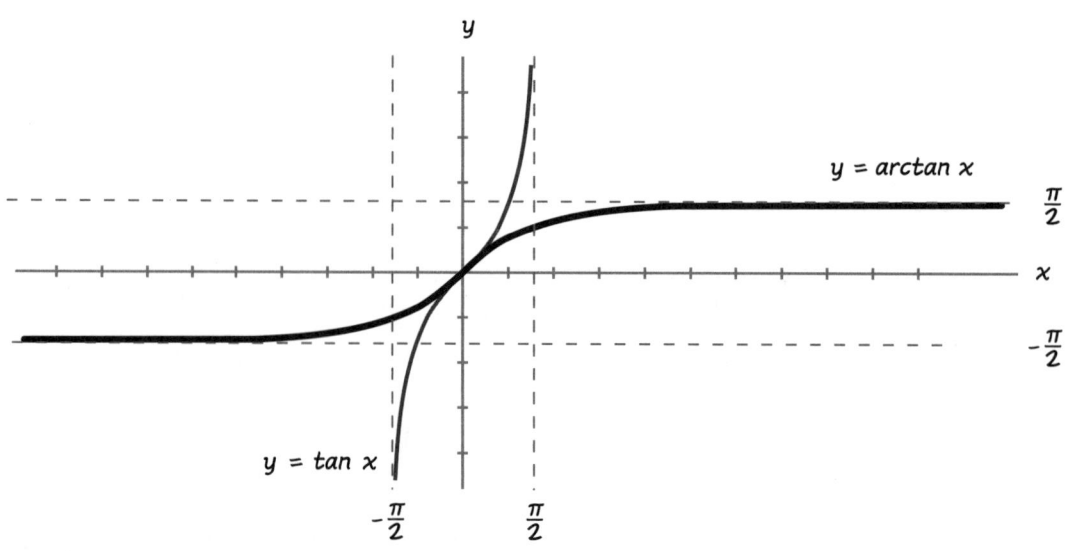

이것으로 기본함수에 대한 여행은 끝났어! 우리는 거듭제곱함수(양, 음, 분수지수), 지수함수와 그 역함수인 자연로그 그리고 삼각함수와 그 역함수들을 살펴봤어. 그렇게 많지는 않았지, 정말로…

그러나 물론, 여러분은 이 기본재료들을 더하고, 곱하고, 나누고, 합성해서 아래와 같은 괴물을 만들 수도 있어.

$$f(x) = e^{\cos^2\left[(1+x^3)^{\frac{1}{2}}(5x - \sin(\ln(\cos x)))^{-\frac{1}{3}}\right]}$$

연습문제

다음 각 함수들의 정의역을 구해봐.

1. $Q(t) = \dfrac{3}{1-2t}$

2. $f(b) = \dfrac{\sqrt{2b-1}}{(b-4)(b+9)}$

3. $M(x) = \dfrac{1}{1-|x|}$

4. $V(x) = \sqrt{1 - \left(\dfrac{x}{2}\right)^2}$

5. $g(\theta) = \dfrac{\tan \theta}{\theta^2 - \dfrac{\pi}{9}}$

6. $A(x) = (1 - e^{2x})^{-1}$

7. $T(u) = (1 - e^{2u})^{-1/2}$

8. $f(x) = \ln(1 + x^2)$

9. $L(x) = \ln(\ln x)$

아래 그림은 $y = f(x)$의 그래프이고, c는 x축, d는 y축상의 점이다.

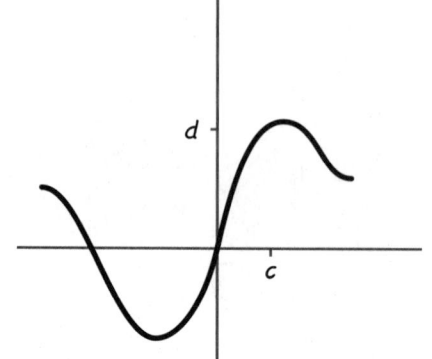

10. 다음 함수들의 그래프를 그려라.

a. $g(x) = f(x - c)$
b. $h(x) = f(x) + d$
c. $u(x) = 2f(x)$
d. $m(x) = f(2x)$
e. $v(x) = -f(x)$
f. $T(x) = f(-x)$

11. 아래의 합성함수들의 내부, 외부성분을 찾아 쓰고, 각 함수를 $u(v(x))$(또는 $u(v(w(x)))$)의 형태로 써봐.

a. $h(x) = 2^{\cos x}$
b. $h(x) = \sqrt{\ln(x^2 - 1)}$
c. $h(x) = 4e^{3x} + e^{2x} + 6e^x - 99$

12. 임의의 수 c에 대해, 다항식 $P(x) = b_0 + b_1 x + b_2 x^2 + \cdots + b_n x^n$은 $P(x) = a_0 + a_1(x-c) + a_2(x-c)^2 + \cdots + a_n(x-c)^n$으로도 쓸 수 있음을 증명해봐. 여기서 $a_0 = P(c)$야. 그리고 $b_n \neq 0$이면 $a_n \neq 0$이라는 것도 증명해봐.

13. 다음 식이 성립함을 보여라.

$$\arctan x = \arccos \dfrac{1}{\sqrt{1+x^2}}$$
$$= \arcsin \dfrac{x}{\sqrt{1+x^2}}$$

힌트: 삼각형을 이용하라.

14. 현재 여러분이 A_0 달러를 갖고 있는데, 매년 복리이자를 받아 t년 이후에 $A(t) = A_0 e^{rt}$달러가 된다고 하자. 처음 가진 돈의 두 배가 되려면 몇 년이 지나야 할까? (r은 상수)

Chapter 1
극한
극소와 관련된 중요한 개념

앞 장에서는 이른바
'가만히 앉아 있는' 함수에 대해
알아보았어.
한 점 x가 주어지면,
화살표는 거기서 $f(x)$가 있는
위치로 향해.

이제 미적분학이 **새로운 개념**을 소개할 거야. 한 점 a에서의 정확한 함수의 값이 아니라,
a에 **아주아주 가까이** 접근할 때 $f(x)$가 어떻게 변하느냐 하는 거지.
사실, 우린 f가 점 a에서 정의되어 있지 않을 때에도, a 근방의 x에서 함수값이 어떻게 되는지 관심이 있어!!

왜냐구?
그 이유를 알려면
뉴턴과 라이프니츠의
속도개념으로
되돌아가야 해.
(본문 14~15쪽을 봐.)

기억해봐. 그 개념은 이랬어. $s(t)$가 시간 t에서의 위치이고 a가 임의의 시간이라면, t가 a에 가까울 때, 시간 a에서의 속도는 '차분몫' $D(t)$에 아주 가깝다.

$$D(t) = \frac{s(t) - s(a)}{t - a}$$

D는 t의 함수로서 $t = a$에서는 정의되지 않지만, a **근방**에서는 정의되어 있어. t가 a에 점점 가까워질수록 $D(t)$는 a에서의 순간속도에 가까워진다고 예상할 수 있지. 그래서 다음과 같이 쓰고 싶어.

$$v(a) = \lim_{t \to a} D(t)$$

그리고 t가 a에 한없이 가까워질 때 $v(a)$는 $D(t)$의 극한이라고 해.

예를 들어 각도가 11.77도 정도인 마찰력이 없는 비탈길에서, s = 0에 정지되어 있던 자동차가 아래의 공식에 따라 굴러내린다고 하자.

$$s(t) = t^2 \text{ 미터}$$

(단위가 걱정되면,
$s(t) = (1m/sec^2) \cdot (t\ sec)^2 = t^2 m$야.
$1m/sec^2$은 가속도다.)

시간 a 근방에서,

$$D(t) = \frac{t^2 - a^2}{t - a}$$

a = 3초라고 하자. t가 a에 가까워질 때 $D(t)$ 값의 변화를 봐.

t	$t - 3$	$t^2 - 9$	$D(t)$
2.9	-0.1	-0.59	5.9
2.99	-0.01	-0.0599	5.99
2.999	-0.001	-0.005999	5.999
...	...	...	...
3.001	0.001	0.006001	6.001
3.01	0.01	0.0601	6.01
3.1	0.1	0.61	6.1

$t \to 3$일 때 $D(t)$는 극한값 6에 가까워지는 걸 알 수 있어.

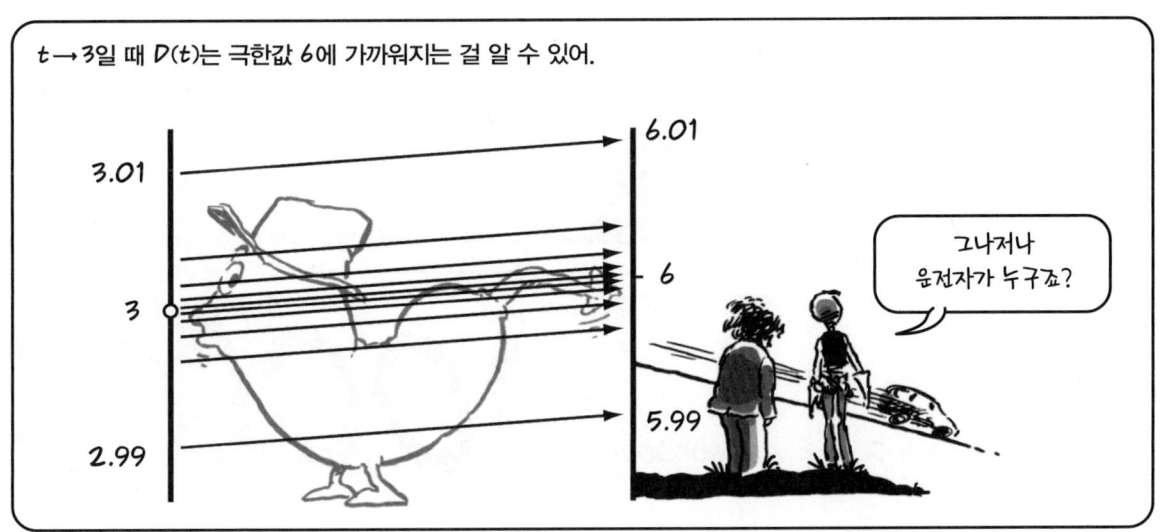

그나저나 운전자가 누구죠?

그래도 썩 믿기지 않을지도 몰라. 그래서 여러분은 내게 $D(t)$를 6에 더 가깝게, 이를테면 0.000001 이내로 만들어보라고 요구했어. 즉,

$$|D(t) - 6| < 0.000001$$

난 여러분의 요구를 들어줄 거야. 먼저, $h = t - 3$ 또는 $t = 3 + h$로 두고 수식을 다시 쓰면,

$$D(t) = \frac{(3+h)^2 - 3^2}{(3+h) - 3} = \frac{6h + h^2}{h}$$
$$= 6 + h \quad (h \neq 0)$$

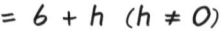

그리고 h가 0이 아니고 $|h| < 0.000001$인 한, $D(t) = 6 + h$이므로 이렇게 돼.

$$|D(t) - 6| = |h| < 0.000001$$

그러나 여러분은 아직 흡족하지 않아…. 그래서 또 요구를 해. 이제 $D(t)$가 6에서 0.0000000001 이내에 있기를 원해.

나는 여러분의 요구를 다시 들어줄 거야. h가 0이 아니고 다음과 같으면,

$$|h| < 0.0000000001$$

위에서와 마찬가지로,

$$|(D(t)) - 6| = |h| < 0.0000000001$$

또는 이렇게 쓸 수도 있어.

$$5.9999999999 < D(t) < 6.0000000001$$

여러분은 아직 만족스럽지는 않지만, 하루 종일 내게 작은 숫자들을 들이대며 시간을 보내고 싶지는 않을 거야.

그래서 여러분은 내게 **일반적인 요구**를 해. "제가 **임의의** 작은 수(그걸 그리스문자 엡실론* ε이라고 해요)를 제시하면, $D(t)$를 6에서 ε 이내에 있게 만들 수 있어요? $|D(t)-6|<\varepsilon$로 만들 수 있어요?"

간단해! $h \neq 0$일 때 $D(t)=6+h$인 걸 아니까, 여러분의 요구에 대한 답으로 난 이렇게 말하겠어.
"$|h|<\varepsilon$라고 하자."

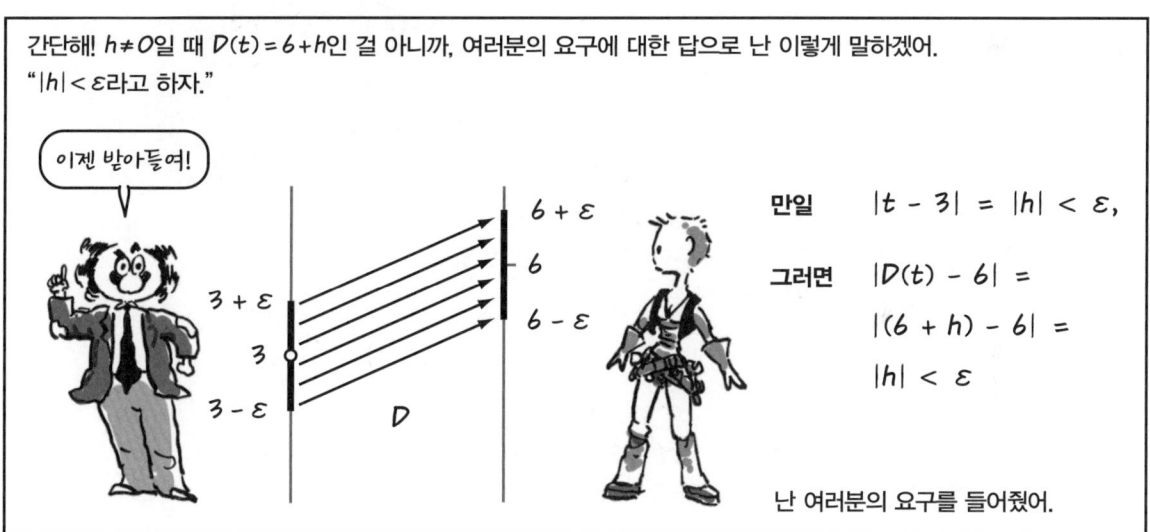

만일 $|t-3|=|h|<\varepsilon$,

그러면 $|D(t)-6|=$
$|(6+h)-6|=$
$|h|<\varepsilon$

난 여러분의 요구를 들어줬어.

이제 여러분도 만족했을 거야!
난 머리카락이 아무리 가늘다 해도,
$D(t)$를 6에서 머리카락 두께 내에
있도록 만들 수 있다는 걸
보여줬어!!!

* 미안하지만, 관례야!

함수가 점 a에서 정의되어 있지 않더라도, $x \to a$일 때 그 함수가 극한값에 가까워질 수 있다는 걸 이제 여러분도 확실히 알게 되었겠지. 이걸 그래프로 나타내면 다음처럼 보일 거야.
$\lim_{x \to a} f(x) = L$은 $y = f(x)$의 **그래프가 점 (a, L)을 향해 접근한다**는 뜻이야.

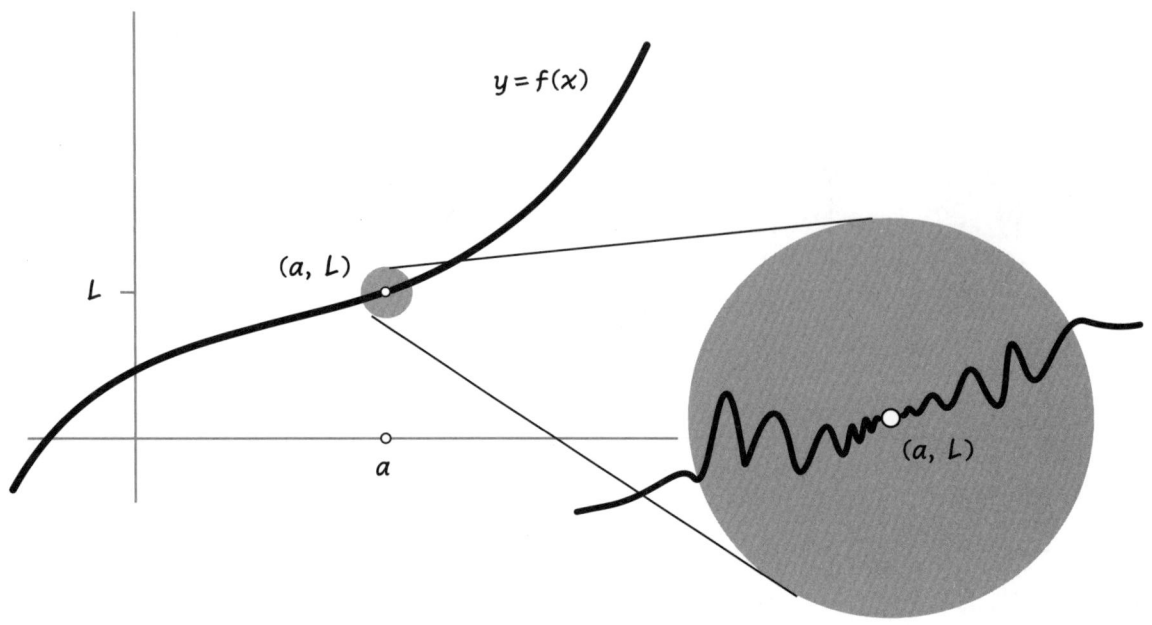

함수가 그래프를 따라가며 위아래로 왔다갔다할 수 있지만,
(a, L)을 중심으로 하는 작은 원 안에서 벗어나지 않는다는 점에서
(a, L)이 최종 도착점이라는 거야.

f가 **기본함수들**, 즉 거듭제곱함수, 삼각함수, 지수함수와 그 역함수들일 때는 극한이 특히 쉬워. 이 함수들이 점 a에서 정의되어 있을 때는, 그래프가 응당 가야 할 곳으로 가지. 즉,

$$\lim_{x \to a} f(x) = f(a)$$

예를 들면,

$$\lim_{x \to 2} 50x = 100$$

$$\lim_{x \to 9} \frac{1}{x} = \frac{1}{9}$$

$$\lim_{\theta \to \pi/2} \cos \theta = 0$$

그 밖에 극한에 대해 여러분이 알아야 할 것들을 요약해볼게.

극한의 기본성질:
C는 상수이고, f와 g는 a 근방에서 정의*된 함수일 때, 극한은 다음과 같다.

$$\lim_{x \to a} f(x) = L \quad \text{그리고} \quad \lim_{x \to a} g(x) = M$$

그러면,

1a. 임의의 a에 대해, $\lim_{x \to a} C = C$

b. $\lim_{x \to a} Cf(x) = C \lim_{x \to a} f(x)$

c. $\lim_{x \to a} (f(x) + C) = \lim_{x \to a} f(x) + C$

2. $\lim_{x \to a} (f(x) + g(x)) = L + M$

3. $\lim_{x \to a} (f(x) g(x)) = LM$

4. $L \neq 0$ 이면, $\lim_{x \to a} \dfrac{1}{f(x)} = \dfrac{1}{L}$

요약하면, 합과 곱, 나누기(분모가 0이 아니도록 조심)의 극한은 각 항별로 극한을 취하면 돼. 상수는 극한기호 밖으로 그대로 '빠져나가'.

예제: 임의의 $a \neq 0$에 대해

$$\lim_{x \to a} \left(3x^2 + \frac{e^x \sin x}{x}\right) = 3a^2 + \frac{e^a \sin a}{a}$$

덕분에 훨씬 쉬워졌어!!

---

* 'a **근방**에서 정의된다'는 말은 'a를 포함하는 개구간(a 자체는 제외될 수 있다)에서 정의된다'는 말을 줄여서 쓴 거야.

사실은, 극한에 대해 알아야 할 게 **조금** 더 있어….

먼저, 극한의 정확한 정의부터 시작하자! 이해를 돕기 위해, $t=3$ 근방에서의 함수 $D(t)$에 대해 다뤘던 64~65쪽의 내용을 상기해봐.

일상용어로 말하자면, 이랬어. 여러분은 t가 a에 가까워질 때 $D(t)$가 L 주위의 작은 구간 I 안에 국한되도록 해달라고 내게 요구했어. 그 구간의 '반경'(반지름)을 ε, 엡실론이라고 불렀어.
여러분은 내게 $L-\varepsilon < D(t) < L+\varepsilon$로 만들도록 요구했어.

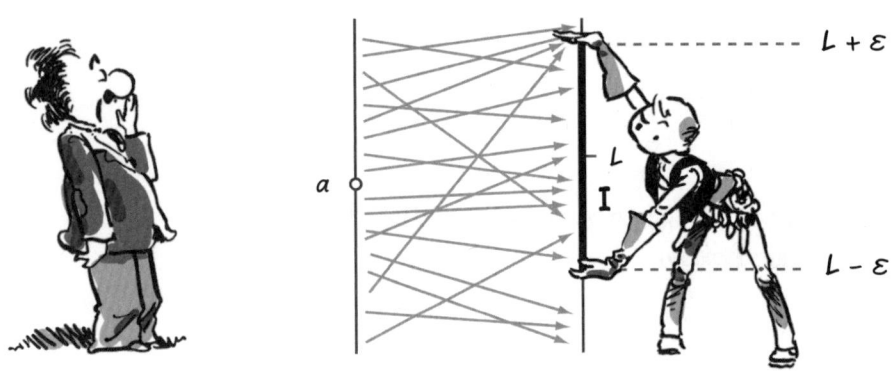

여러분의 요구에 대해, 난 a 주위의 어떤 구간 J를 찾아서, 아래 사실을 보여줬어.

t가 J 내에 있으면, $D(t)$는 I 내에 있다.

이렇게 되면, 극한이 L이라는 사실에 여러분도 동의하는 거지.

이걸 수식으로 나타낼 수도 있어. D와 t 대신 함수를 f, 변수를 x라고 하고 그래프로 그려볼게.
그러면 여러분은 서로 다른 두 가지 방법으로 그 과정을 볼 수 있어. 두 가지 다 의미는 같아. 언어가 다를 뿐이야.

그래서 임의의 $\varepsilon > 0$에 대해, 여러분은 내게 $|f(x)-L| < \varepsilon$, 즉 아래 그래프의 점선 띠 안에 있게 만들라고 요구했어.

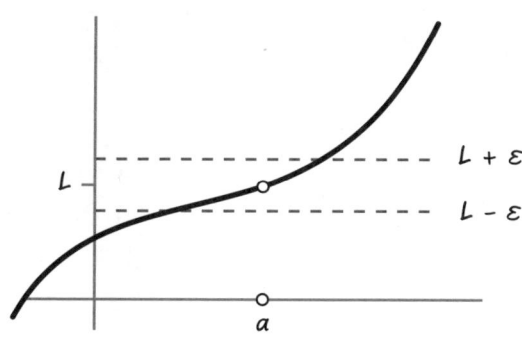

난 아래와 같은 성질을 가진 양의 수 δ(구간 J의 반경)를 찾았어.

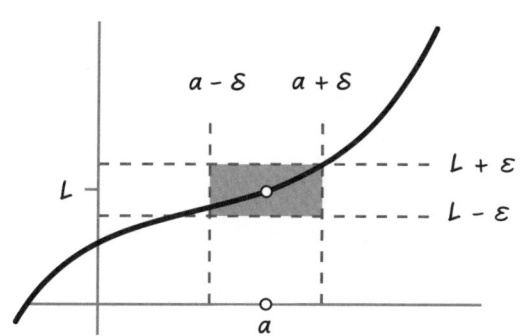

$|x-a| < \delta$이면 $|f(x)-L| < \varepsilon$이다.

내가 ε에 대한 요구에 위의 "…이면 …이다"를 성립하게 하는 δ를 찾으면,
여러분은 다음 식에 동의할 거야.

$$\lim_{x \to a} f(x) = L$$

오케이지?

그럼요!
그걸 승리로
받아들이기로
했어요!

정리하면, 극한의 정의에는 두 가지 방법이 있다.

극한의 정의: f가 점 a 근방에서 정의(반드시 a에서 정의될 필요는 없어)된 함수라고 하자.

그러면 x가 a로 접근할 때 f가 극한값 L을 갖는다는 의미는 다음과 같다.

대수적 정의

모든 $\varepsilon > 0$에 대해, $|x-a| < \delta$이면 $|f(x)-L| < \varepsilon$이 되는 δ가 존재한다.

구간적 정의

L 근방의 모든 개구간 I에 대해, $f(x)$가 I 내에 있게 되는 a 근방의 개구간 J가 존재한다.

> 구간 J에서, $f(x)$는 I 안에 '잡혀' 있거나 '갇혀' 있어.

나는 구간 그림이 더 좋은데,
교과서는 전부 대수적 정의를 싣고 있어.
그래서 미적분을 배우는 학생들은
과거나 지금이나 그 내용을 기억하든 못하든
주문처럼 이 정의를 암송하고 있지.

> 모두 엡실로오오옴…에 대해…

정의를 이용해서, 67쪽에서 언급한
극한의 기본성질을 증명해보자.

기본성질 1b. $\lim_{x \to a} f(x) = L$이면, C가 상수일 때 $\lim_{x \to a} Cf(x) = CL$이다.

주어진 $\varepsilon > 0$에 대해(이 증명은 항상 이렇게 시작해),
$|x-a| < \delta$일 때
$|Cf(x) - CL| < \varepsilon$가 되는
δ를 찾으면 된다.

$$|Cf(x) - CL| = |C||f(x) - L|$$

이므로,

$$|f(x) - L| < \frac{\varepsilon}{|C|}$$

이면, 원하는 답을 얻을 수 있어. 그런데 $f(x)$를 $\varepsilon/|C|$ 구간 안에 가둘 수 있을까? 답은, **물론 할 수 있다!** 극한의 정의에 따라 δ를 이용해서 $f(x)$를 **어떤 작은 구간 내에도 가둘 수 있거든…**. 이것이 핵심개념이야!

그래서 아래 식이 성립되도록 δ를 잡는다.

$$|x-a| < \delta \text{ 이면, } |f(x) - L| < \frac{\varepsilon}{|C|}$$

이 경우, $|x-a| < \delta$ 이면,

$$|Cf(x) - CL| = |C||f(x) - L|$$
$$< |C|\frac{\varepsilon}{|C|} = \varepsilon$$

그래서 $Cf(x)$는 CL로부터 δ 이내에 있기 때문에, 증명은 끝난 거야.

극한의 기본성질 중 나머지는 아래의 예비정리(수학자들은 보조정리라고 하지)를 알아야 증명할 수 있어.

보조정리 1: $\lim_{x \to a} f(x) = \lim_{x \to a} g(x) = L$이라 하자.

이때 I가 L 근방의 개구간이라고 하면, $f(x)$와 $g(x)$ **모두** I에 갇히게 하는 a 근방의 개구간 J가 **하나** 존재한다.

증명: 정의에 따라 $f(x)$를 I 내에 국한시키는 a 근방의 개구간 J_f가 존재하며, $g(x)$를 I 내에 국한시키는 또 다른 a 근방의 개구간 J_g가 존재한다.

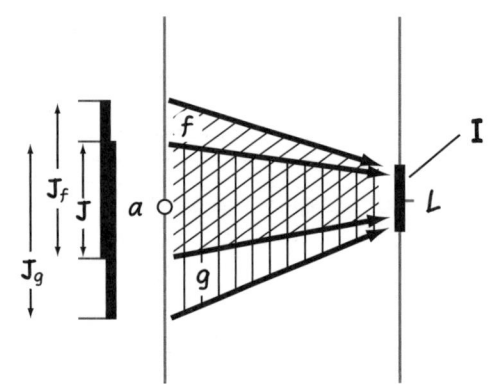

그러면 J_f와 J_g의 **교차영역**, 즉 두 구간에 공통되는 점들 역시 a 근방의 개구간 J이다. x가 J에 속하면, $f(x)$와 $g(x)$ 모두 I 내에 있게 되고, 그래서 증명이 끝났어.

보조정리 2: $\lim_{x \to a} f(x) = \lim_{x \to a} g(x) = 0$이면,

$$\lim_{x \to a} f(x)g(x) = \lim_{x \to a} f(x) + \lim_{x \to a} g(x) = 0$$

증명: 주어진 $\varepsilon > 0$에 대해, 보조정리 1에 의해 아래 식이 성립되는 a 근방의 구간 J가 존재한다.

$$|f(x)| < \frac{\varepsilon}{2}, \quad |g(x)| < \frac{\varepsilon}{2}$$

x가 J 내에 있으면,

$$|f(x) + g(x)| \leq |f(x)| + |g(x)| < \frac{\varepsilon}{2} + \frac{\varepsilon}{2} = \varepsilon$$
$$|f(x)g(x)| = |f(x)| \cdot |g(x)| < \frac{\varepsilon^2}{4} < \varepsilon$$

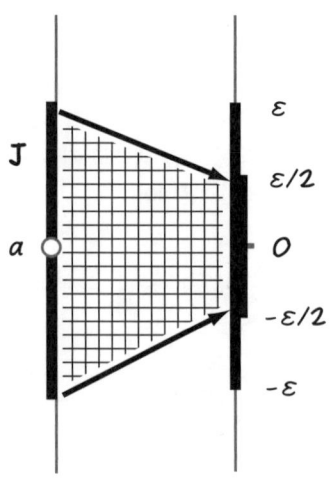

증명이 끝났어. (여기서 $\varepsilon < 1$이라고 가정했는데, 아무런 문제가 없어.)

극한의 기본성질 1a와 1c는 여러분이 증명해봐. 어렵지 않을 거야…. 그건 증명된 것으로 하고, 이제 기본성질 2와 3을 증명해보자.

기본성질 2. $\lim_{x \to a} f(x) = L$이고, $\lim_{x \to a} g(x) = M$이면,

$$\lim_{x \to a} (f(x) + g(x)) = L + M$$

증명: 보조정리 2를 함수 $f - L$과 $g - M$에 적용해보자.
이 둘은 기본성질 1c에 의해, $x \to a$일 때 극한값이 0이야. 그래서,

$$0 = \lim_{x \to a} ((f(x) - L) + (g(x) - M)) \quad \text{(보조정리 2에 의해)}$$

$$= \lim_{x \to a} ((f(x) + g(x)) - (L + M))$$

$$= \left[\lim_{x \to a} ((f(x) + g(x))\right] - (L + M) \quad \text{(기본성질 1c에 의해)},$$

그래서,

$$\lim_{x \to a} ((f(x) + g(x)) = L + M \quad \text{끝났어!}$$

증명 완료. 두두-둥!

기본성질 3. $\lim_{x \to a} f(x) = L$이고, $\lim_{x \to a} g(x) = M$이면,

$$\lim_{x \to a} (f(x)g(x)) = LM$$

증명: 다시 보조정리 2를 함수 $f - L$과 $g - M$에 적용하면, 둘 다 $x \to a$일 때 극한값이 0이야.

$$0 = \lim_{x \to a} [(f(x) - L)(g(x) - M)] \quad \text{(보조정리 2에 의해)}$$

$$= \lim_{x \to a} [f(x)g(x) - Lg(x) - Mf(x) + LM] \quad \text{(전개)}$$

$$= \lim_{x \to a} f(x)g(x) - \lim_{x \to a} Lg(x) - \lim_{x \to a} Mf(x) + LM \quad \text{(기본성질 2와 1a에 의해)}$$

$$= \lim_{x \to a} f(x)g(x) - LM - LM + LM \quad \text{(기본성질 1b에 의해)}$$

$$= \lim_{x \to a} f(x)g(x) - LM \quad \text{그래서}$$

$$\lim_{x \to a} f(x)g(x) = LM \quad \text{또다시 증명이 끝났어!}$$

기본성질 4의 증명은 연습문제로 남겨둘게….

그 밖의 극한의 기본성질들

양의(그리고 음의) 함수들과 그 극한에 관한 기본성질들 그리고 깊이 생각해볼 만한 것들….

5a. $\lim_{x \to a} f(x) = L > 0$이면, a 근방의 어떤 구간 J에서 $f(x) > 0$이다.

증명: I를 L이 포함되고 0이 제외된 개구간이라고 하자. 극한의 정의에 의해, a 근방에 $f(x)$를 항상 I 내에 있게 하는 구간 J가 존재한다. I는 완전히 양의 수들로 구성되어 있기 때문에, 위의 성질은 증명됐다.

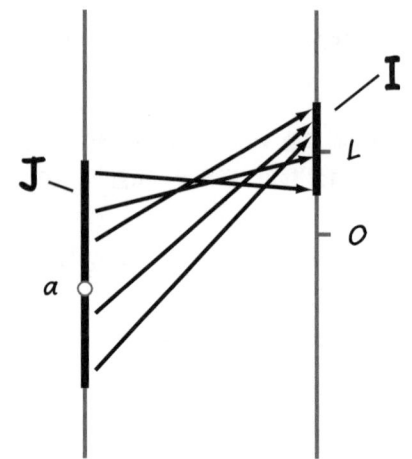

5b. $L < 0$이면, $f(x) < 0$가 되는 a 근방의 구간이 존재한다. 이것은 5a를 $-f$에 적용한 거야.

5c. a 근방의 어떤 구간 내의 모든 x에 대해 $f(x) \geq 0$이면, $\lim_{x \to a} f(x) \geq 0$이다. (극한이 존재하는 경우)

증명: 만일 극한이 음이라면, 5b에 의해, $f(x)$가 음이 되는 a 근방의 구간이 있게 되는데, 이건 $f(x) \geq 0$이라는 조건과 모순이야.

5a를 해설하자면, a에서 양의 극한을 갖는 함수는 a 근방에서도 양이라는 거지.

5d. 5c에서 부등호 $\geq$를 $\leq$로 바꾼 것.

주의: 양의 함수는 양의 극한을 갖는다고 결론내릴 수는 **없어**. 음이 아닌 극한을 갖는다고 해야 해. 예를 들어,

$$f(x) = \frac{x^3}{x} \quad (x \neq 0)$$

이 식은 항상 양이지만,

$$\lim_{x \to 0} f(x) = 0$$

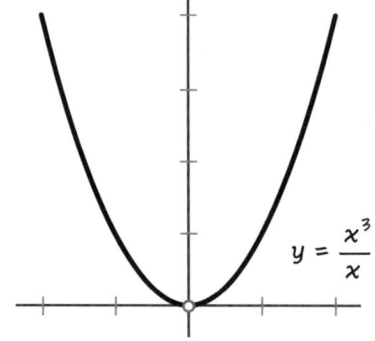

마지막으로, 군침이 도는 정리야.

샌드위치 정리: a 근방의 어떤 구간 내의 모든 x에 대해 $g(x) \leq f(x) \leq h(x)$이고,

$\lim_{x \to a} g(x) = \lim_{x \to a} h(x) = L$이면, $\lim_{x \to a} f(x) = L$이다.

증명: 보조정리로부터, L 근방의 임의의 구간 I 내에 $g(x)$와 $h(x)$ 둘 다를 가두는 a 근방의 구간 J가 있다는 걸 알 수 있어.

그러면 J 내의 모든 x에 대해, $f(x)$ 또한 I 내에 있어야 해. $f(x)$는 $g(x)$와 $h(x)$ 사이에 있기 때문이야. 따라서 $\lim_{x \to a} f(x) = L$이야.

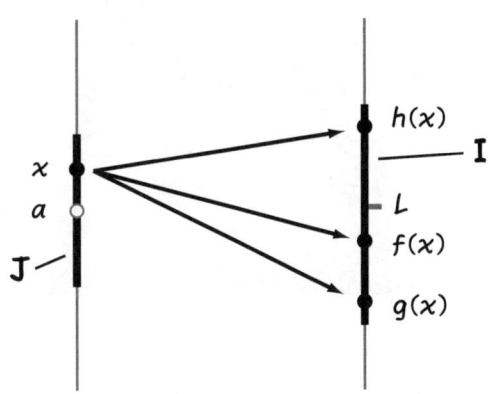

오른쪽 그래프에서, f가 g와 h 사이에서 어떻게 샌드위치돼서, 점 (a, L)로 압착되는지를 볼 수 있을 거야.

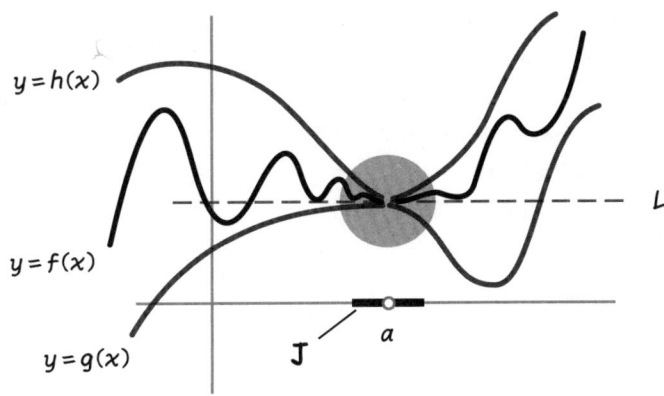

샌드위치 정리는 실제적이고 유용한 삼각함수에서 놀라운 결과를 만들어낸다. 먼저, **각도**와 그 **$\sin$값**을 비교해보자.

각도 θ(단위는 라디앤)는 단위원에서의 호의 길이이고, $\sin\theta$는 삼각형 OAP의 수직변의 길이야. θ가 줄어들면 호의 길이도 줄어들어서, $\sin$값과 각도의 차이가 점점 줄어들게 돼. $\theta \to 0$일 때 어떤 일이 일어날까?

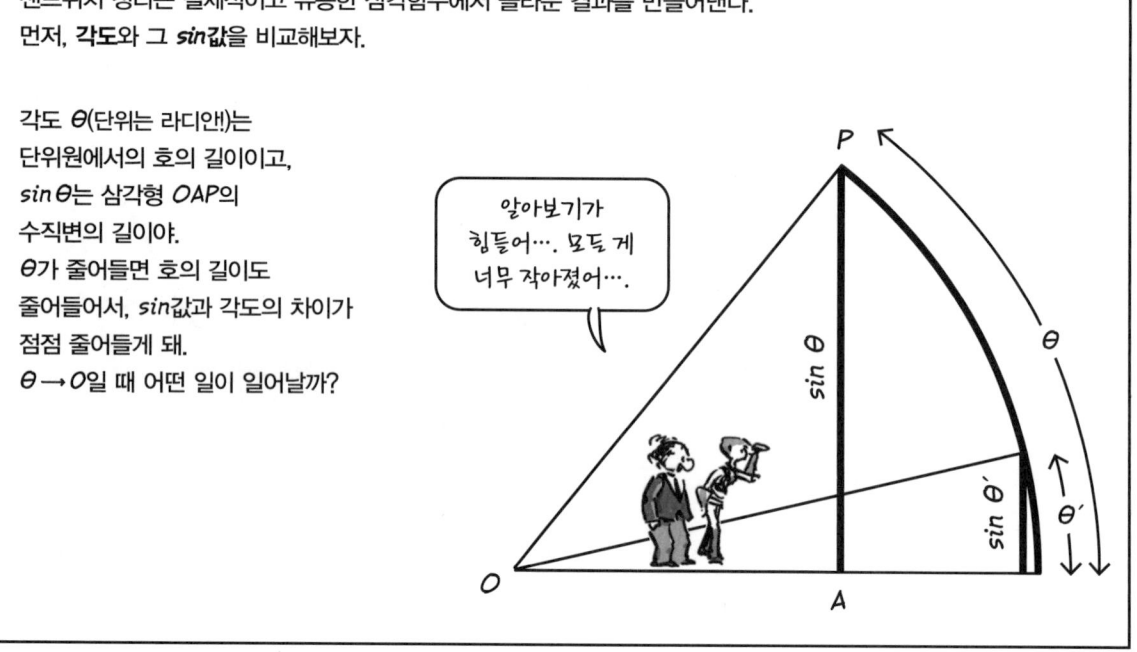

사실, 그 둘은 구분할 수가 없게 돼. 그래서 다음과 같은 멋진 결과가 돼.

$$\lim_{\theta \to 0} \frac{\sin \theta}{\theta} = 1$$

증명: 원주상의 점 Q가 이루는 각이 θ라고 하자. 원과 축이 만나는 점 P' 바로 위에 있는 Q'까지 선분 OQ를 연장한다. 그러면 $OP = \cos \theta$, $QP = \sin \theta$, $OP' = 1$이 된다.

삼각형 OPQ와 $OP'Q'$는 닮은꼴이기 때문에,

$$P'Q' = \frac{P'Q'}{OP'} = \frac{PQ}{OP} = \frac{\sin \theta}{\cos \theta}$$

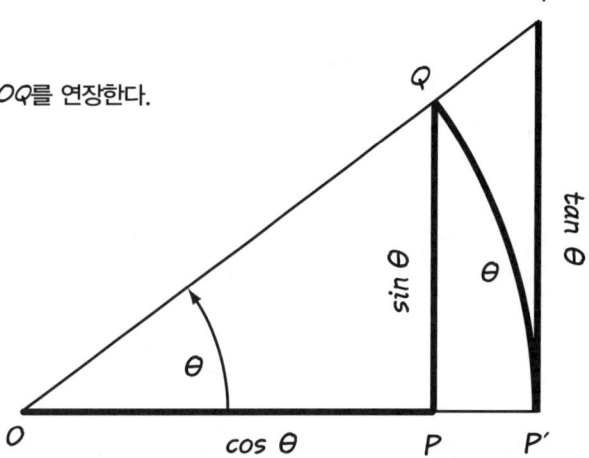

$OP'Q'$의 **면적**은 $\theta/2$(단위는 라디안임을 기억!)이고, 이것은 작은 삼각형 OPQ의 면적, 큰 삼각형 $OP'Q'$의 면적과 샌드위치 형태의 부등식을 이루게 돼.

$$\frac{1}{2} \sin \theta \cos \theta < \frac{1}{2} \theta < \frac{1}{2} \frac{\sin \theta}{\cos \theta}$$

이 식을 $\frac{1}{2} \sin \theta$(0이 아니다!)로 나누면,

$$\cos \theta < \frac{\theta}{\sin \theta} < \frac{1}{\cos \theta}$$

각 항의 역수를 취하면 다음의 부등식이 된다.

$$\cos \theta < \frac{\sin \theta}{\theta} < \frac{1}{\cos \theta}$$

$\theta \to 0$일 때, 점 P는 P'로 접근하게 되고, $\cos \theta$($\frac{1}{\cos \theta}$도 마찬가지)의 극한값은 1이 돼. 그래서 샌드위치 정리에 의해 $\frac{\theta}{\sin \theta}$도 극한이 1이야. 증명이 끝났어!

무한대에서의 극한값, 극한값 무한대

미적분법에서는 아주 작은 것뿐 아니라 아주 큰 것에도 관심을 갖는 경우가 종종 있어. 가령 '$x \to \infty$'일 때 함수가 어떻게 거동하는지 알고 싶은 거지. 아래의 함수는 x가 커질 때 극한값 3으로 접근하는 예야.

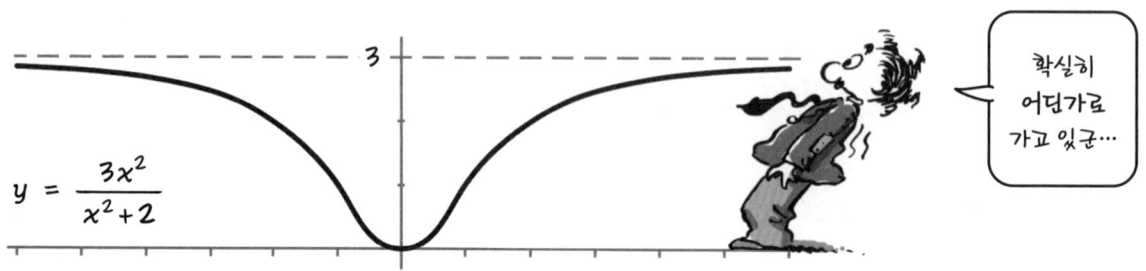

$$y = \frac{3x^2}{x^2+2}$$

확실히 어딘가로 가고 있군…

함수가 어떤 점 a에서 '∞로 날아가는' 경우도 있어.
이 말은 $x \to a$일 때 $f(x)$의 값이 끝도 없이 커진다는 뜻이야.
아래의 함수는 $x = 2$에서 그렇게 돼.

$$f(x) = \frac{1}{(x-2)^2}$$

이 경우 극한이 무한대 ∞라고 하고, 이렇게 쓴다.

$$\lim_{x \to 2} f(x) = \infty$$

어, 교닉 씨, 무한대로 간 다음 넘어가요?

쯧… 그건 만화에서나 가능한 일이야….

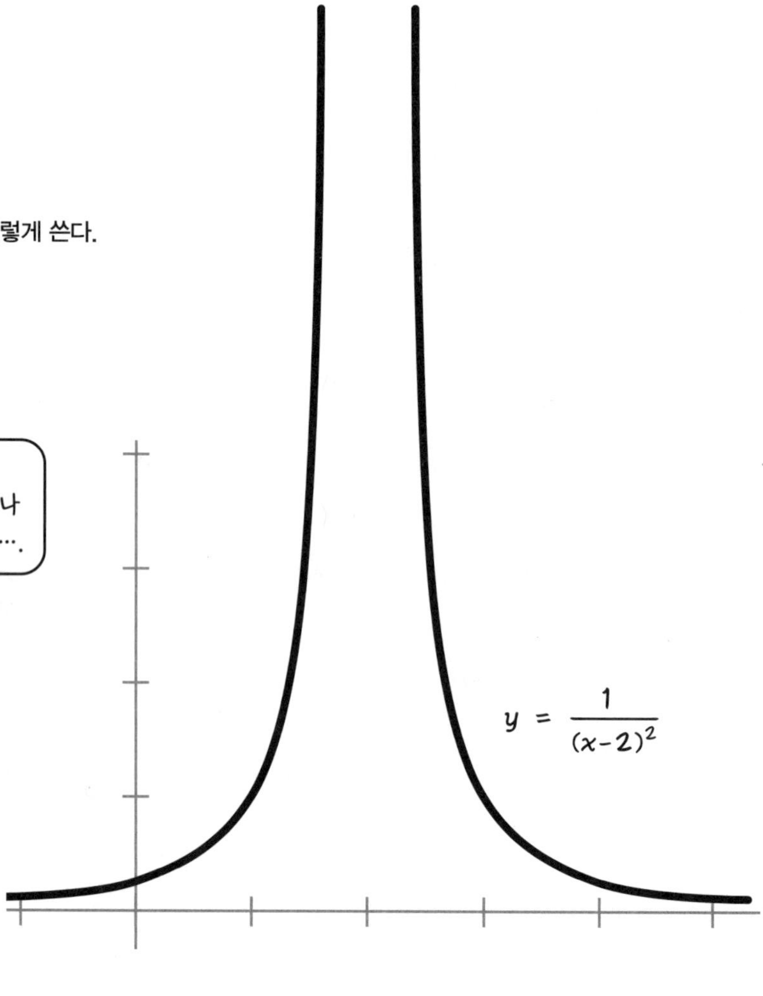

$$y = \frac{1}{(x-2)^2}$$

앞에서와 마찬가지로, 함수의 '먼 거리' 거동은 $x \to \infty$일 때의 극한으로 표현할 수 있어. 예를 들어 함수 $g(x)=1/x$은 감소함수이고, x가 커질수록 0에 한없이 가까워진다. 이걸 이렇게 쓴다.

$$\lim_{x \to \infty} \frac{1}{x} = 0$$

아마도 이제 여러분은 $\lim_{x \to \infty} f(x) = L$을 정의하는 주문이 오른쪽 상자글과 같다는 걸 알 거야.

> L 근방의 모든 구간에 대해
> (즉 모든 $\varepsilon > 0$에 대해)
>
> 아래 조건을 만족하는 ∞ 근방의 구간 J(어떤 수 N보다 큰 모든 수)가 존재한다.
>
> x가 J 내에 있으면($x > N$),
> $f(x)$는 I 내에 있다($|f(x) - L| < \varepsilon$).

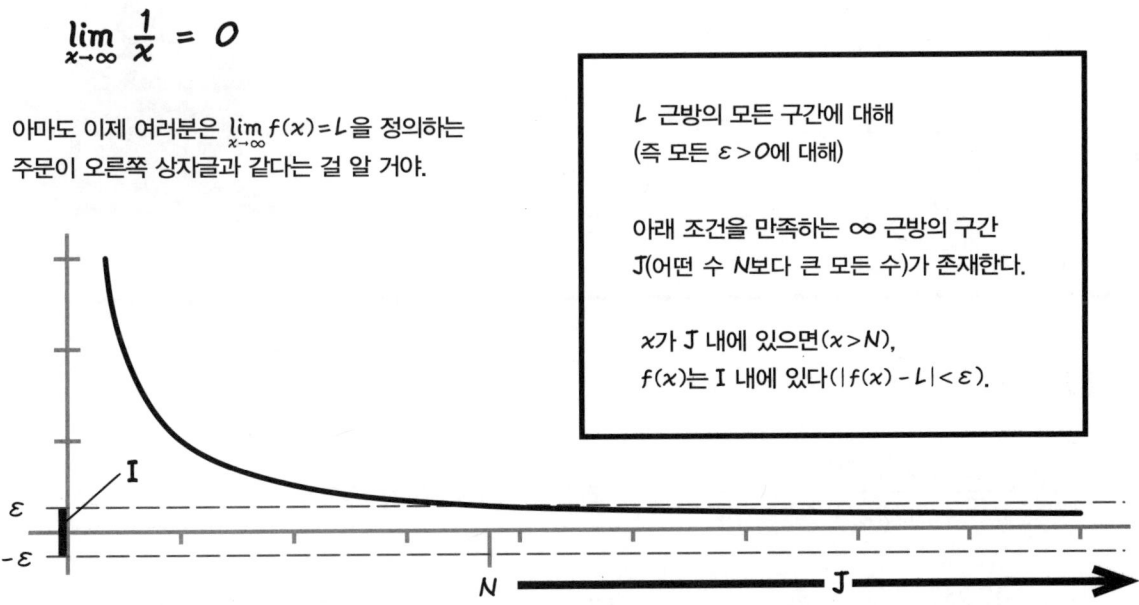

$x > N$일 때, $f(x)$는 극한값에서 ε 이내에 있어.

무한대에서의 다항함수

다항함수가 무한대에서 어떻게 되는지를 살펴보는 것으로 이 장을 마무리할게.
결론부터 말하자면, $x \to \infty$일 때 n차 다항함수의 거동은 **최고차항 $a_n x^n$에 의해 결정돼**.
그보다 차수가 낮은 모든 항들은 상대적으로 무시할 수 있게 돼.

다항식의 극한: $P(x)$와 $Q(x)$를 각각 n차, m차 다항식이라고 하자.

$$P(x) = a_n x^n + a_{n-1} x^{n-1} + \dots + a_0$$
$$Q(x) = b_m x^m + b_{m-1} x^{m-1} + \dots + b_0 \quad (a_n, b_m \neq 0)$$

그러면

1. $n = m$ 이면, $\displaystyle\lim_{x \to \infty} \frac{P(x)}{Q(x)} = \frac{a_n}{b_n}$

2. $n < m$ 이면, $\displaystyle\lim_{x \to \infty} \frac{P(x)}{Q(x)} = 0$

3. $n > m$ 이고, a_n과 b_m이 같은 부호(즉, 둘 다 + 또는 둘 다 −)이면

$$\lim_{x \to \infty} \frac{P(x)}{Q(x)} = \infty \quad (a_n\text{과 } b_m\text{이 서로 다른 부호이면 } -\infty)$$

예제:

$$\lim_{x \to \infty} \frac{3x^2 + x + 50}{2x^2 + 900x + 1} = \frac{3}{2} \qquad \text{(분자와 분모의 차수가 2로 같다.)}$$

$$\lim_{x \to \infty} \frac{450x^4 + 8x^3 + 50}{x^8 + x + 1} = 0 \qquad \text{(분자의 차수가 분모의 차수보다 작다.)}$$

1의 증명: $n = m$이라고 하자. 다항식은 근의 수가 한정되어 있고, x가 충분히 클 때 $Q(x) \neq 0$이기 때문에, 함수 P/Q가 ∞ 근방의 구간에서 정의된다. 그래서 아주 큰 x에 대해 이렇게 쓸 수 있다.

$$\frac{P(x)}{Q(x)} = \frac{P(x)/x^n}{Q(x)/x^n} = \frac{a_n + \dfrac{a_{n-1}}{x} + \ldots + \dfrac{a_0}{x^n}}{b_n + \dfrac{b_{n-1}}{x} + \ldots + \dfrac{b_0}{x^n}}$$

이제 각 항별로 $x \to \infty$일 때의 극한을 취하면, a_n과 b_n을 제외한 항은 모두 0이 되어, 주어진 결과가 된다.

2는 1의 당연한 결과야. $n < m$이면, 충분히 큰 x에 대해,

$$\frac{P(x)}{Q(x)} = x^{n-m} \frac{a_n x^m + \ldots + a_0 x^{m-n}}{b_m x^m + \ldots + b_0}$$

우측 두 번째 식은 $x \to \infty$일 때 극한이 a_n/b_m인 걸 방금 보았어. $\lim\limits_{x \to \infty} x^{n-m} = 0$이므로, 위 식의 극한은 0이야.
3도 같은 방법으로 증명할 수 있어.

$Q(x) = 1$인 경우는 다항식 P(즉 분자)가 **무한대에서 극한값이 무한대**가 돼. 다항식은 계속 진동할 수는 없고, 결국은 멀어지지.

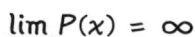

$$\lim_{x \to \infty} P(x) = \infty \qquad \text{(최고차항의 계수가 양인 경우)}$$

$$\lim_{x \to \infty} P(x) = -\infty \qquad \text{(최고차항의 계수가 음인 경우)}$$

극한이 없다

이제, 여러분에게
작은 비밀 하나를 털어놓아야겠다.
때로는, 극한이 없다···.

예를 들면 sin과 cos은 모두 $x \to \infty$일 때 극한이 없어. 두 함수는 x가 커질 때 -1과 1 사이를 계속 진동한다. 어떤 수 근방의 작은 구간에 대해, $\sin x$와 $\cos x$의 값은 그 구간을 계속 빠져나가···. 그래서 $x \to \infty$일 때 둘 중 어느 것도 극한값에 접근할 수가 없어.

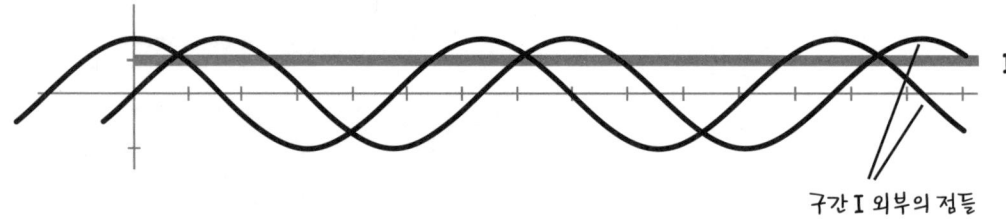

구간 I 외부의 점들

또한 특정 점 a에서 극한을 갖지 않는 함수도 있어. 아래의 괴물

$$g(x) = \sin\left(\frac{1}{x}\right), \quad x \neq 0$$

은 $x \to 0$일 때 더욱 난폭하게 위아래로 왔다갔다해. g는 $x = 0$에서 극한값을 가지지 않아.

하지만 적어도 이 책에서는 이런 '나쁜 함수들'이 그리 많지 않아. 미적분법은 모든 것을 극한으로 가져간다는 개념이니까, 극한이 존재하는 함수들을 주로 보게 될 거야···. 이제부터는 좋은 함수들만 기대해도 좋아.

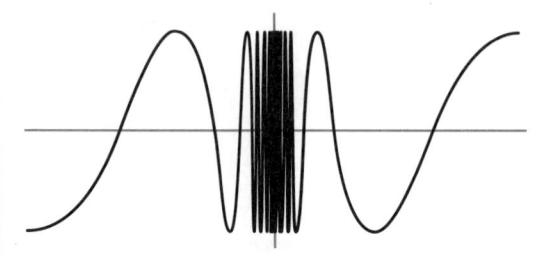

그리고 극한을 찾는 건 쉬워. 아주 쉬울 때도 종종 있어.
66쪽에서 말한 것처럼, $\lim_{x \to a} f(x)$는 f에
a를 대입하기만 하면
되는 경우도 많아.

$$\lim_{x \to 3} e^x = e^3$$

$$\lim_{x \to 9} \frac{1}{x} = \frac{1}{9}$$

$$\lim_{\theta \to 4} \sin \theta = \sin 4$$

등등….

이 장에서 좀 어려웠던 경우는 아래의 두 가지야.

$$\lim_{x \to 0} \frac{\sin x}{x}$$

$$\lim_{x \to \infty} \frac{P(x)}{Q(x)}$$

음…
난 안할 거야….

이 함수들은 둘 다 나눗셈의 꼴이야…. 분모는 0이나 무한대로 가지.
어려운 문제임에 틀림없어! 이건 대입만 해서는 안 돼거든!!

0/0이니
저럴 줄
알았어….

다음 장에서는,
몫의 극한에 대해서만
살펴볼 거야.

연습문제

극한값을 구하라.

1. $\lim_{x \to 2} 3x$

2. $\lim_{x \to 2} (3x + C)$, C는 상수

3. $\lim_{x \to \infty} \dfrac{x^3 + x + 1}{4x^3 + 17}$

4. $\lim_{x \to -\infty} \dfrac{x^3 + x^2 + 1}{9x^2 + 8}$

5. $\lim_{t \to e^3} 2\ln t$

6. $\lim_{x \to \infty} \dfrac{\cos x}{x - 1}$

7. $\lim_{x \to 1} \dfrac{x^2 + x - 2}{x - 1}$

힌트: $y = 1/(x-1)$을 대입하여 $y \to \infty$일 때의 극한을 찾거나, $h = x-1$로 두고 $h \to 0$일 때의 극한을 찾을 것.

8. $\lim_{x \to 0} \dfrac{\sin 2x}{x}$

힌트: $\sin 2x$에 대한 삼각함수의 2배각 공식 사용.

9. $\lim_{x \to 0} \dfrac{\sin x}{x^2}$

10. $\lim_{x \to 0} x \sin\left(\dfrac{1}{x}\right)$

힌트: 샌드위치 정리 이용.

11. 27쪽에서 정의한 대로, 함수 $f(x) = [x]$는 $\leq x$인 최대 정수이다. 아래에 함수 $g(x) = x - [x]$의 그래프가 있다. $\lim_{x \to 2}(x - [x])$가 존재하는가? 임의의 정수 n에 대해 $\lim_{x \to n}(x - [x])$는 존재하는가?

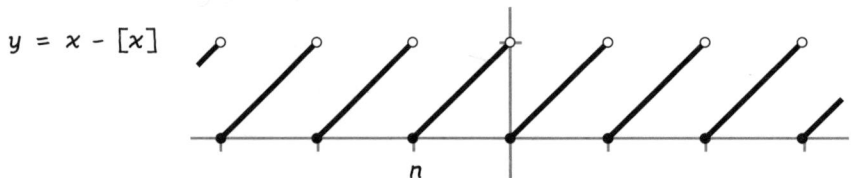

좌측에서 n에 접근하면 $g(x) \to 1$이고, 우측에서 n에 접근하면 $g(x) \to 0$이다. 여기서 **좌극한값**과 **우극한값**의 개념이 제기된다. 좋은 개념이라고 생각해? 수학자들은 그렇게 생각해···. 그리고 그들은 이것을 다음과 같이 쓴다.

$\lim_{x \to a^-} g(x)$ 좌측으로부터의 극한.

$\lim_{x \to a^+} g(x)$ 우측으로부터의 극한.

선택문제: 정밀한 정의 만들기!

12. 임의의 함수 f에 대해, $\lim_{x \to a} f(x) = L$이고 $L \neq 0$이라 하자. 극한의 정의를 이용해서, $|f(x)| > |L/2|$가 되도록 하는 a 근방의 개구간 J가 존재함을 증명하라.

13. 12번의 경우, J 내의 x에 대해 다음 식이 성립함을 보여라.

$$\left|\dfrac{1}{f(x)} - \dfrac{1}{L}\right| < \dfrac{2|f(x) - L|}{L^2}$$

또한 다음의 식도 성립함을 보여라.

$$\lim_{x \to a} \dfrac{1}{f(x)} = \dfrac{1}{L}$$

Chapter 2
도함수
속력 구하기

이제 우린 미분법의 심장부, 즉 함수의 **변화율**에 도달했어. 비탈길을 굴러내리는 차의 이동거리를 나타내는 함수 $s(t) = t^2$을 예로 들어보자.

함수 s는 최소한 두 가지 방법으로 이해할 수 있어.

1. s는 시간선에서 t를 입력으로 먹어, 트랙상의 자동차의 위치를 가리킨다.

2. 그래프 $y = s(t)$, 이 경우 $y = t^2$은 포물선이다.

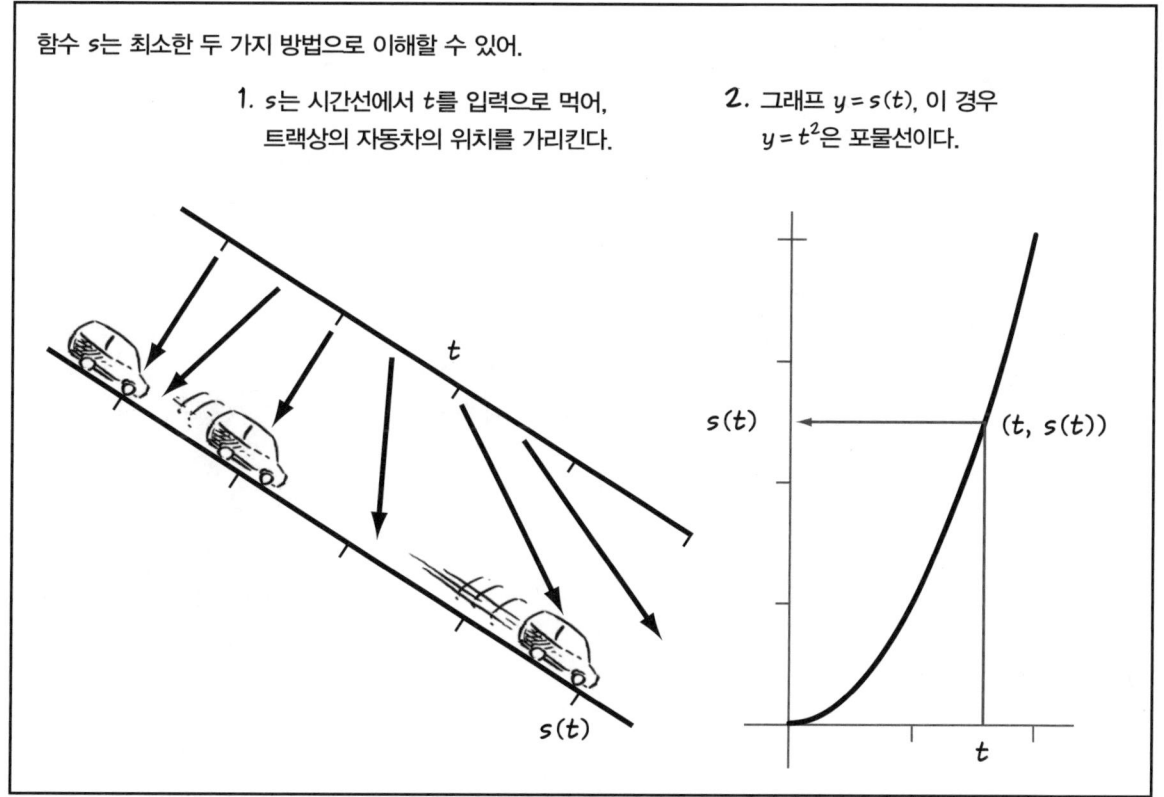

2. 시간 $t = a$에서, 속도 $v(a)$는

$$v(a) = \lim_{t \to a} \frac{s(t) - s(a)}{t - a}$$

62쪽에서 보았듯이, 구간 (a, t)에서의 **평균속도**는 시간구간이 짧아질수록 **순간속도**에 가까워진다. 앞에서처럼, $h = t - a$로 놓고 미분계수를 다시 쓰면,

$$\frac{s(a + h) - s(a)}{h}$$

극한을 취하면,

$$v(a) = \lim_{h \to 0} \frac{s(a + h) - s(a)}{h}$$

예로 든 $s(t) = t^2$의 경우, 이 식을 실제로 계산하면,

$$\begin{aligned} v(a) &= \lim_{h \to 0} \frac{(a + h)^2 - a^2}{h} \\ &= \lim_{h \to 0} \frac{a^2 + 2ah + h^2 - a^2}{h} \\ &= \lim_{h \to 0} (2a + h) \\ &= 2a \end{aligned}$$

이것이 $t = a$에서의 자동차의 속도야.

1. 시간선 그림에서 s축을 따라 움직이는 **화살촉**의 속도! 화살촉은 자동차와 같이 움직이기 때문에 둘의 속도는 같아.

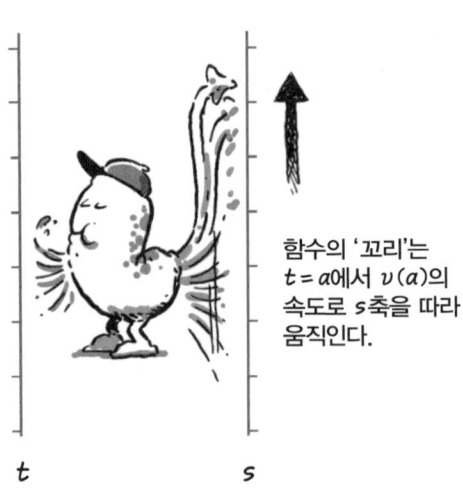

함수의 '꼬리'는 $t = a$에서 $v(a)$의 속도로 s축을 따라 움직인다.

3. 그래프 $y = s(t)$에서, 시간 $t = a$에서의 속도 $v(a)$는 $t = a$일 때 그래프의 **기울기**야.

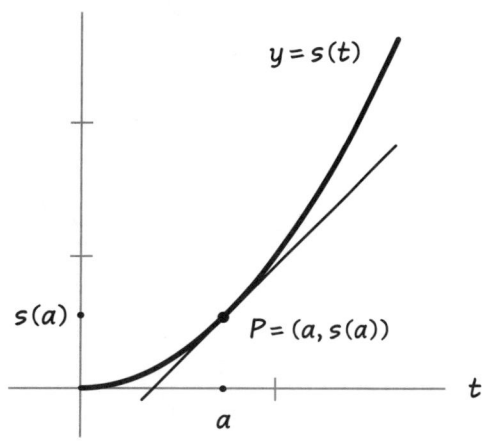

곡선의 기울기는 직선의 기울기의 **극한**으로 **정의**해.
아래의 비율,

$$\frac{s(a+h) - s(a)}{h}$$

은 곡선상의 아래 두 점 P와 Q를 잇는
현의 기울기야.

$P = (a, s(a))$
$Q = (a+h, s(a+h))$

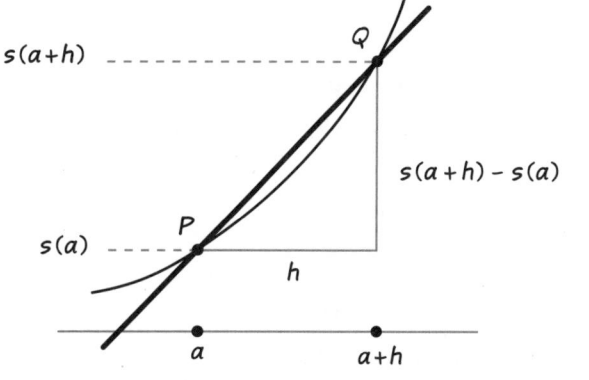

$h \to 0$일 때, Q는 P 쪽으로 내려오고 PQ, PQ', PQ'' 등 현의 기울기는 극한값에 가까워져.
이걸 점 P에서의 **곡선의 기울기**라고 해석하는 거지. $s(t) = t^2$이면, 이 기울기가 $v(a) = 2a$임을 방금 찾았지.

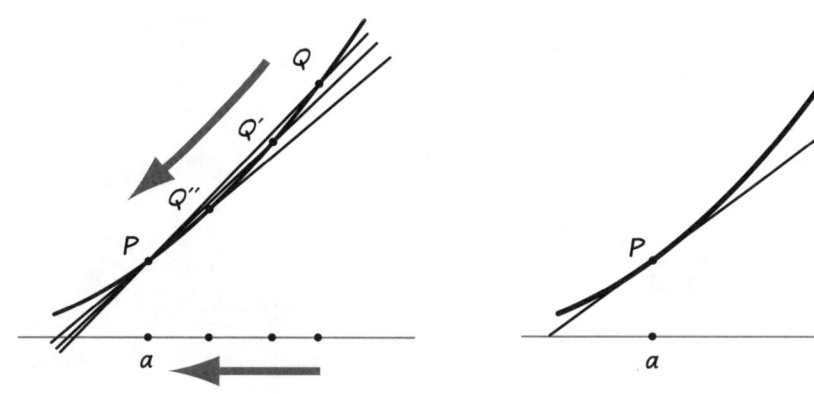

$v(a)$는 $t = a$에서
$y = s(t)$의 접선의 기울기

방금 우리가 유도한 게 뭔지 알겠어?
그건 점 (a, a^2)에서 그래프 $y = t^2$의 기울기였어.

$2a$

a가 어떤 값이든 상관없어.

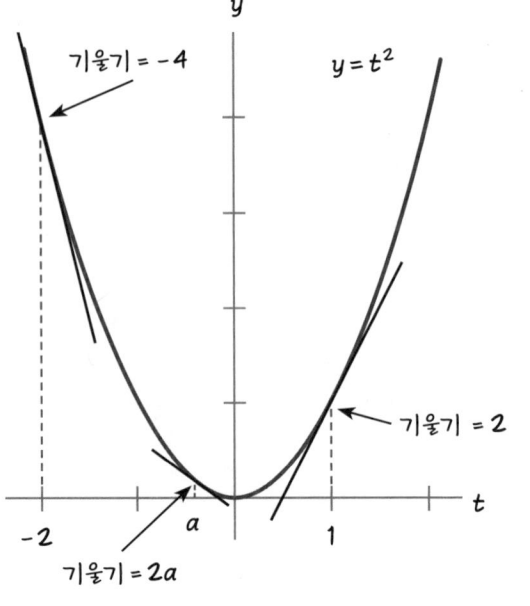

점 $P = (a, a^n)$에서 거듭제곱함수의 그래프 $y = t^n$(n은 양수)의 기울기도 비슷한 방법으로 찾을 수가 있어.
점 P와 근방의 점 $Q = (a+h, (a+h)^n)$ 사이의 현의 기울기는,

$$\frac{(a+h)^n - a^n}{h}$$

$h \to 0$일 때 이 식의 극한은 어떻게 될까?
분자를 다음과 같이 전개하면,

$$(a+h)^n = a^n + na^{n-1}h + C_2h^2 + C_3h^3 + \ldots + h^n$$

여기서 각 항의 계수 C_i는 상수다.
a^n을 빼고 h로 나누면, 아래의 식이 된다.

$$\frac{(a+h)^n - a^n}{h} = na^{n-1} + C_2h + C_3h^2 + \ldots + h^{n-1}$$

$h \to 0$일 때 첫 항 이외의 항은 모두 0이 되니까,

$$\lim_{h \to 0} \frac{(a+h)^n - a^n}{h} = na^{n-1}$$

> 주목: 마지막 단계는 극한의 성질 2(합의 극한은 극한의 합)를 이용한 거야!

방금 보았듯이, 이 기울기는 속도로 해석될 수 있어. 예를 들어 로켓이 아주 빨라서 $s(t) = t^5$이라면, 어떤 시간 a에서 로켓은 $v(a) = 5a^4$의 속도를 가져.

a	$s(a) = a^5$	$v(a) = 5a^4$
-2	-32	$5(-2)^4 = (5) \cdot (16) = 80$
-1	-1	$5(-1)^4 = 5$
0	0	$5(0)^4 = 0$
$\frac{1}{2}$	$\frac{1}{32}$	$5 \cdot (\frac{1}{2})^4 = \frac{5}{16}$
3	243	$5 \cdot (3)^4 = (5) \cdot (81) = 405$
...	...	...

$g(t) = t^4$이면, 임의의 a에 대해
$v(a) = 4a^3$이야.

a	$g(a)$	$v(a) = 4a^3$
-10	10,000	$4(-10)^3 = -4,000$
-2	16	$4(-2)^3 = -32$
-1	1	$4(-1)^3 = -4$
0	0	$(4)(0) = 0$
1	1	$4(1)^3 = 4$
2	16	$4(2)^3 = 32$
10	10,000	$4(10)^3 = 4,000$
...	...	...

이제, 잠깐만… 임의의 시간 a에서…

그래서?

a를 저기 식에 대입하면… na^{n-1}이 되지…

그러—어—엏—지…

여러분, t의 함수가 맞아! 우린 계속 '임의의 시간 a'라고 말했는데, 그 대신 '임의의 시간 t'라고 해도 똑같은 말이야. 결국 속도는 시간의 함수임이 분명해. 자동차(또는 로켓)는 시간에 따라 다른 속도를 갖는 거지! 사실, 우린 시간 t에서 자동차의 위치가 t^n이면, **그 시간에서의 속도** $v(t)$는 nt^{n-1}이란 걸 방금 증명했어.

우린 s로부터 **새로운 함수**를 유도했어.
이 함수를 **도함수**라고 하는데, 각 점 t에서 그래프 $y = s(t)$의 기울기이고,
이 기울기는 시간 t에서의 속도와 같아.

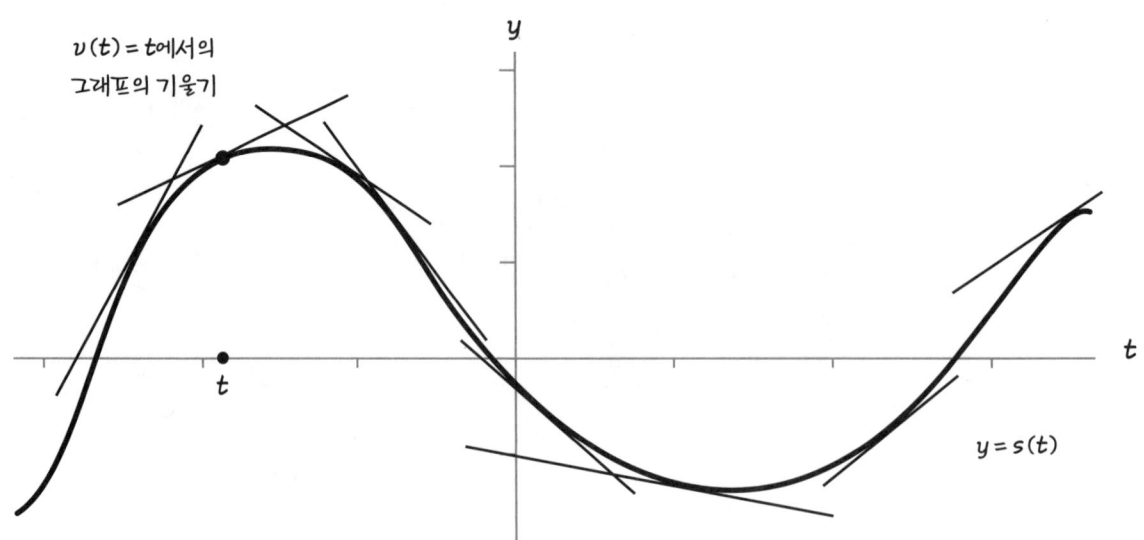

이 새로운 함수는 비탈길을 굴러내리는 자동차 정도가 아니라 놀라울 만큼 폭넓은 쓰임새가 있어서, 고유의 명칭과 정의, 표기법을 가질 자격이 있어.

도함수의 정의:

f가 임의의 함수이고, x가 그 정의역 내의 임의의 점일 때, f의 **도함수**(f'이라고 표기하고 '에프-프라임'이라고 읽는다)는 다음과 같이 정의한다.

$$f'(x) = \lim_{h \to 0} \frac{f(x+h) - f(x)}{h}$$

단, 각 x에서 극한이 존재한다는 조건이야.

도함수 f'을 찾는 것을 함수 f를 **미분한다**고 해. f'은 점 $(x, f(x))$에서의 그래프 $y = f(x)$의 기울기야. 이제부터는 속도를 v로 쓸 필요가 없고, 대신 $s'(t)$로 쓸 거야. 앞쪽의 결과를 이 새로운 표기법으로 표현하면 다음과 같은 **지수법칙**이 돼.

$$f(x) = x^n \text{ 이면, } f'(x) = nx^{n-1}$$

$n = 2$일 때 이것이 앞의 결과와 일치한다는 걸 쉽게 확인할 수 있을 거야. $n = 1$일 때는 어떻게 될까? 또 $n = 0$일 때는?

$f(x) = x^n$의 도함수를 알면, **어떤 다항함수**의 도함수도 바로 알 수가 있어. 아래를 이용하면 돼.

도함수의 성질 1: 합과 상수는 쉬워!

1a. C가 상수이고, f가 도함수 f'을 갖는 함수이면, $(Cf)' = Cf'$이다. 도함수를 취하면 상수는 '그냥 통과'해버린다.

1b. 두 함수 f와 g에 대해,

$$(f + g)' = f' + g'$$

합의 도함수는 도함수의 합이야.

이건 67쪽 극한의 성질 1b와 2에서 나온 거군.

그렇게 말씀하시면…

증명해줄까, 말까?

할 거면서 왜 물어요?

$$(f + g)'(x) =$$

$$\lim_{h \to 0} \frac{f(x+h) + g(x+h) - (f(x) + g(x))}{h} =$$

$$\lim_{h \to 0} \frac{f(x+h) - f(x)}{h} + \lim_{h \to 0} \frac{g(x+h) - g(x)}{h} =$$

$$f'(x) + g'(x)$$

증명—끄읕— 두두두

휴…

다항함수는 한 항씩 미분할 수(도함수를 취할 수) 있다는 의미야.

$$g(x) = x^9 + x^8 + 2x^2 \qquad g'(x) = 9x^8 + 8x^7 + 4x$$

$$f(x) = 3x^4 + 6x^2 + 5 \qquad f'(x) = 12x^3 + 12x$$

…

상수의 도함수는 0이라는 거 알아둬!

$y = C$는 기울기가 항상 0이다.

응용 예제:

아이작 뉴턴이 지상 1미터 높이의 탄력성이 아주 좋은 트램펄린 위에서 뜀뛰기를 하고 있어. 뉴턴이 뛰어오를 때의 초기속도가 초속 100미터라면, 지상으로부터 뉴턴의 높이(지상 위를 양의 방향으로 한 수직선상의 위치, 미터로 측정) s는 아래 식에 의해 주어진다.

$$s(t) = 1 + 100t - 4.9t^2$$

10초 후의 뉴턴의 속도는 얼마일까?
그리고 움직이는 방향은?

풀이: 시간 t에서의 속도는 s의 도함수에서 구할 수 있어. s를 각 항별로 미분하면,

$$s'(t) = 100 - (4.9)(2t)$$
$$= 100 - 9.8t \text{ m/sec}$$

이것은 시간 t에서의 뉴턴의 속도를 나타내는 일반식이야. $t = 10$을 대입하면 답은,

$$s'(10) = 100 - (9.8)(10)$$
$$= \mathbf{2} \text{ m/sec}$$

속도가 양인 것은 그 시간에 뉴턴이 여전히 위로 올라가고 있다는 의미야!

여기서 잠시 멈추고 도함수에 대해 생각해보자…. 극한에 대한 앞의 내용들은 모두 이 핵심개념을 위한 도입부였어. f에 프라임이라는 작은 왕관을 씌우기 위한 준비에 불과했어.

뉴턴과 라이프니츠는 빛나는 통찰력으로 도함수가 단순하고 정확한 공식으로 표현될 수 있다는 사실을 알아냈어. 이것은 운동과 변화의 비밀을 벗겨냈지. 제논, 이걸 받아들여!

뉴턴은 속도에 대해 생각하다가 '유율법'의 개념을 떠올리게 됐지만, 도함수의 중요성은 속도의 범위를 훨씬 넘어선다.

f와 x가 무엇을 나타내든 상관없이, 다음의 분수

$$\frac{f(x+h) - f(x)}{h}$$

는 변수 x의 작은 변화에 대한 f의 값의 변화야. 그래서 그 극한값 f'은 x에 대한 f의 **순간변화율**이야.

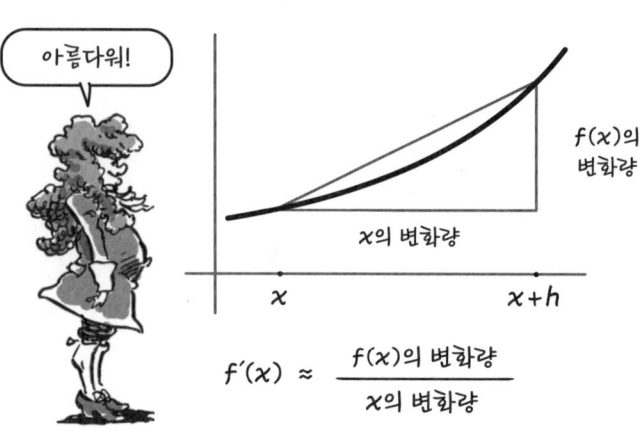

$$f'(x) \approx \frac{f(x)\text{의 변화량}}{x\text{의 변화량}}$$

94

예를 들면,

어떤 유체가 저장탱크 안팎으로 흐른다고 하자. $V(t)$가 시간 t분에 탱크 안에 들어 있는 유체의 부피(단위는 리터)라고 하면,

$$V'(t) = \lim_{h \to 0} \frac{V(t+h) - V(t)}{h}$$

는 분당 (순간)**유량**(단위는 리터)이다.

주목: 이건 속도가 아냐. 위치에 관한 식이 아니기 때문이야.

$C(t)$가 시간 t에서의 생활비라면,

$$C'(t) = \lim_{h \to 0} \frac{C(t+h) - C(t)}{h}$$

은 시간 t에서 생활비가 변화하는 비율이야.

이거 물가상승률이네!

실생활에서는 변수가 시간이 아닌 경우가 많아. 예를 들어 공기는 고도가 높을수록 옅어져. $P(x)$를 고도 x에서의 기압이라고 하면,

$$P'(x) = \lim_{h \to 0} \frac{P(x+h) - P(x)}{h}$$

는 고도 x에서의 단위고도당 기압의 **변화율**(말하자면, 미터당 파스칼)이야. 이걸 이른바 **기압 경사도**라고 해.

산으로 올라가는 직선도로를 생각해보자. $A(x)$가 위치 x에서의 고도라면,

$$A'(x) = \lim_{h \to 0} \frac{A(x+h) - A(x)}{h}$$

는 x지점에서 도로의 실제 기울기 또는 **경사도**야. (미터를 미터로 나눴기 때문에 단위는 없다. 보통 경사도는 퍼센트로 나타내.)

이제 우린 기본함수들의 미분을 시작할 준비가 되었어. 하지만 먼저…

표기법에 대한 주의(라이프니츠 스타일)

f의 도함수를 f'으로 쓰면 두 가지가 분명해져.

a) 도함수는 함수라는 것과,
b) f'은 함수 f에서 유도된다는 것이다.

그러나 도함수를 아래와 같이 완전히 다른 방식으로 쓰는 경우도 종종 볼 수 있을 거야.

$$\frac{dy}{dx} \quad \text{또는} \quad \frac{df}{dx}$$

광범위하게 사용되고 있는 이 표기법은 도함수의 다른 측면을 강조하고 있어.

c) 도함수가 몫의 형태라는 것과,
d) 도함수가 취해지는 변수가 x라는 거야.

라이프니츠는 아래 그림에서 dy/dx라는 흘림체 표기를 고안했어. '델타-엑스'라고 읽는 Δx는 x의 변화, 즉 우리가 h라고 했던 걸 의미해. Δf 또는 Δy는 x의 변화로 인한 함수값의 변화, 즉 $\Delta y = f(x+\Delta x) - f(x)$야. 기호 Δ(그리스문자 델타)는 '…에서의 변화'라는 뜻이야.

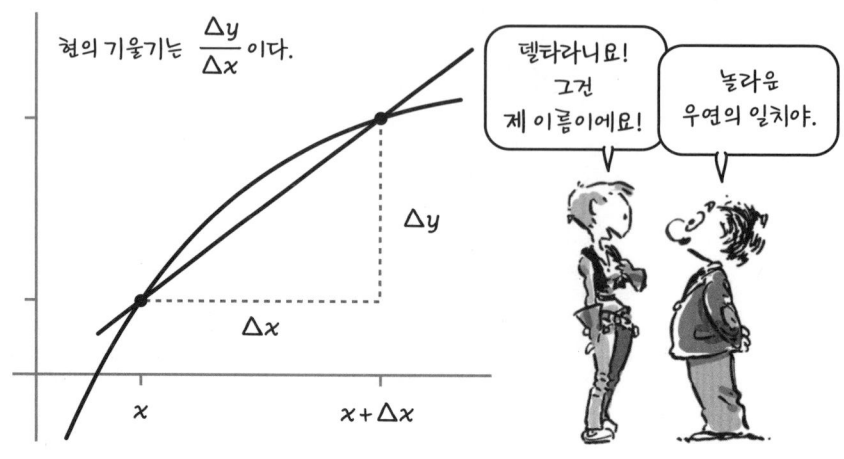

이 표기로는, 이렇게 쓸 수 있어.

$$\frac{dy}{dx} = \lim_{\Delta x \to 0} \frac{\Delta y}{\Delta x} \text{ 또는}$$

$$\frac{df}{dx} = \lim_{\Delta x \to 0} \frac{\Delta f}{\Delta x}$$

라이프니츠는 Δx와 Δy가 '무한히 작아진' 형태가 dx와 dy이고, 도함수는 이 '무한소'들을 나눈 몫이라고 믿었어.

이 개념은 대부분의 수학자들로부터 외면당했지만, y의 작은 양을 x의 작은 양으로 나눈 것이 도함수라는 개념은 실제적인 문제 해결에 큰 도움이 돼….

라이프니츠의 방식으로 시작하면 편리할 때가 많아.
다음의 식

$$\frac{d}{dx}(x^n), \quad \frac{d}{dx}(\sin x), \quad \frac{d}{dx}(e^x)$$

은 각 함수의 도함수를 쓴 거야.
정말 멋진 표기법이야!

자…. 이제 $\frac{d}{dx}(\sin x)$를 구할 준비가 됐지?

sin함수의 도함수:

$$\frac{d}{d\theta}(\sin\theta) = \cos\theta$$

sin함수의 도함수는 cos함수야.

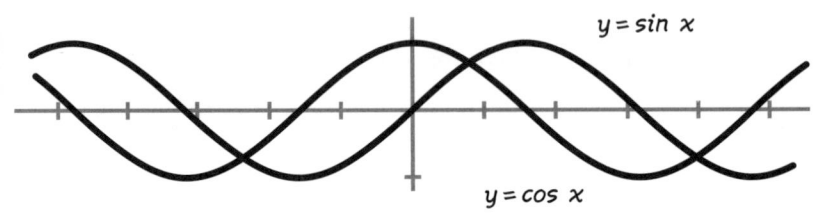

증명: 도함수의 정의에 따라, sin함수의 도함수는

(1) $\lim\limits_{h\to 0} \dfrac{\sin(\theta+h) - \sin\theta}{h}$

(극한이 존재한다는 조건)

삼각함수 공식에 따라 $\sin(\theta+h)$를 전개하면, 분자는 다음과 같다.

$(\sin\theta\cos h + \sin h\cos\theta) - \sin\theta$

그래서 (1)의 미분몫은,

(2) $\cos\theta\, \dfrac{\sin h}{h} + \sin\theta\, \dfrac{\cos h - 1}{h}$

앞의 1장에서,

$\lim\limits_{h\to 0} \dfrac{\sin h}{h} = 1$

따라서 $h\to 0$일 때 (2)의 극한은,

(3) $\cos\theta + (\sin\theta)\lim\limits_{h\to 0} \dfrac{\cos h - 1}{h}$

이제 마지막 항이 0인 걸 보일 거야.

$\lim\limits_{h\to 0} \dfrac{\cos h - 1}{h} = 0$

왜냐하면

$\dfrac{\cos h - 1}{h} = \left(\dfrac{\cos h - 1}{h}\right)\left(\dfrac{\cos h + 1}{\cos h + 1}\right)$

$= \dfrac{\cos^2 h - 1}{h((\cos h) + 1)} = \dfrac{-\sin^2 h}{h(\cos h + 1)}$

$= \left(\dfrac{-\sin h}{h}\right)\left(\dfrac{\sin h}{\cos h + 1}\right)$

$h\to 0$일 때 $\cos h$는 극한값이 1이니까, $h\to 0$일 때 위의 식의 극한은,

$(-1)\left(\dfrac{0}{2}\right) = 0$

이걸 (3)에 대입하면 다음 결과가 나와.

$\lim\limits_{h\to 0} \dfrac{\sin(\theta+h) - \sin\theta}{h} = \cos\theta$

이 결과는, 점 x에서 sin곡선의 **기울기**를 찾으려면, 그 점에서의 cos**값**을 찾으면 된다는 거야.

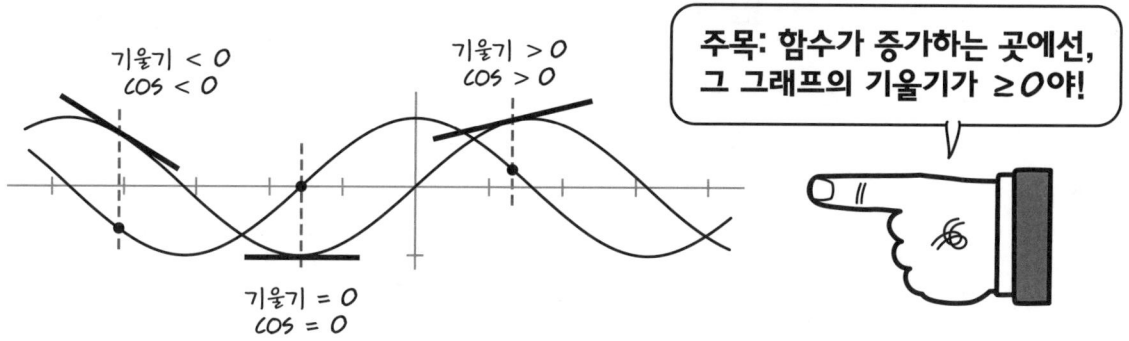

sin이 증가하고, 그 그래프가 올라가는 곳에서는(말하자면 -π/2와 π/2 사이), 양의 기울기를 가지며 cos도 양이야.
sin이 감소하고, 그 그래프가 내려가는 곳에서는, 음의 기울기를 가지며 cos x의 값도 음이야.

---

cos함수의 도함수:

$$\frac{d}{d\theta}(\cos\theta) = -\sin\theta$$

cos의 도함수는 -sin이다.

삼각함수는 어려워. 그런데 cos곡선이 sin곡선을 왼쪽으로 π/2 옮긴 것과 같다는 걸 알면 한결 나아. 즉 cos함수의 도함수는 **cos 자체**를 다시 왼쪽으로 π/2만큼 옮긴 것이 되는 거야!

또한, 그것은 sin을 왼쪽으로 π만큼 옮긴 것, 즉 sin(x+π)와 같아. 그래프를 보면 알겠지만, 이건 −sin x와 같아(삼각함수 공식이나 단위원 그림에서도 확인할 수 있어).

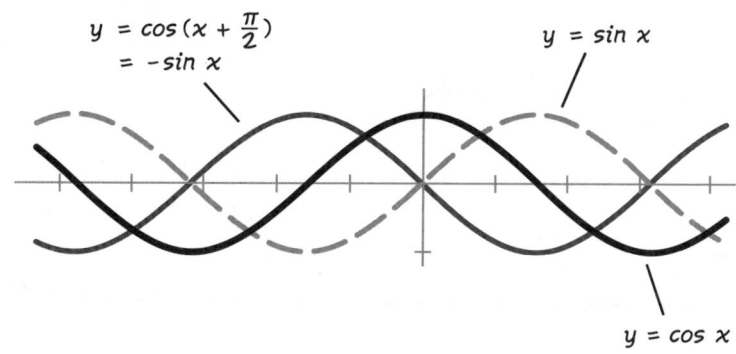

지수함수의 도함수:

sin과 cos은 서로가 다른 함수의 도함수(- 부호는 제쳐두고)인데, 지수함수의 도함수는, **그 자신이야!**

$$\frac{d}{dx} e^x = e^x$$

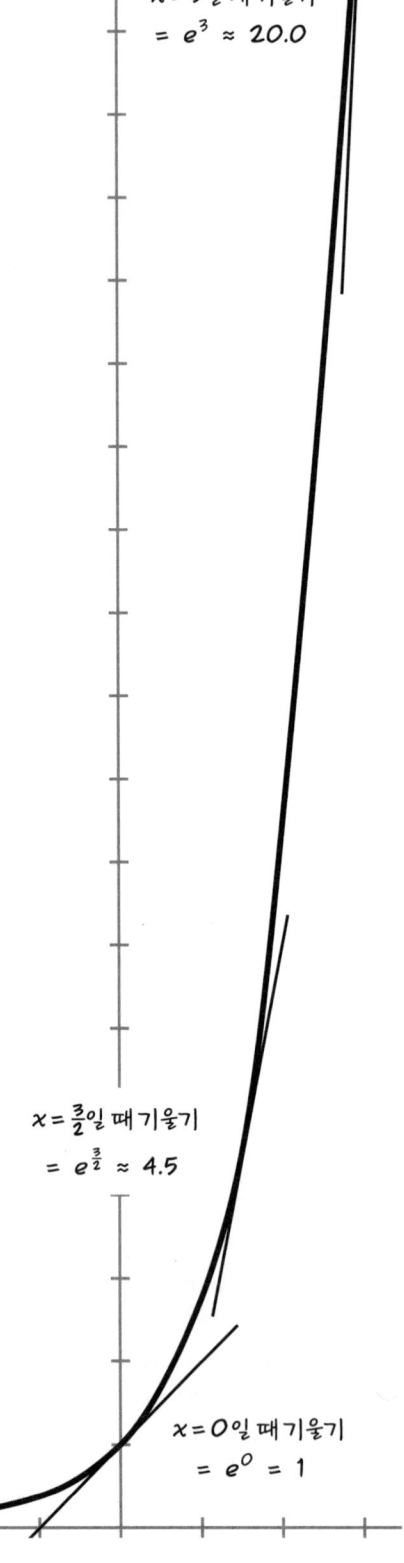

$x = 3$일 때 기울기 $= e^3 \approx 20.0$

$x = \frac{3}{2}$일 때 기울기 $= e^{\frac{3}{2}} \approx 4.5$

$x = 0$일 때 기울기 $= e^0 = 1$

식 $e^{x+h} = e^x e^h$와 도함수의 정의를 이용하면 다음과 같이 돼.

$$\frac{d}{dx} e^x = \lim_{h \to 0} \frac{e^{x+h} - e^x}{h} = \lim_{h \to 0} \frac{e^x e^h - e^x}{h}$$

$$= \lim_{h \to 0} e^x \frac{e^h - 1}{h} = e^x \lim_{h \to 0} \left(\frac{e^h - 1}{h} \right)$$

38쪽에서 복리이자를 다룰 때, h가 작으면 $e \approx (1+h)^{1/h}$이었던 거 기억나지? (거기서 들었던 예에서 $1/n$을 h로 생각해.) 이 식의 양변을 h제곱하면 $e^h \approx 1+h$가 되니까,

$$\frac{e^h - 1}{h} \approx \frac{(1 + h) - 1}{h} = 1$$

즉 $h \to 0$일 때 이 식의 극한이 1이야.
따라서 도함수는 $e^x \cdot (1) = e^x$이 되지.

지수함수 $Exp(x) = e^x$의 **증가율**은 그 점에서의 자신의 **함수값**과 같아!!

이 함수는 완전히 비자로(미국 만화에 나오는 슈퍼맨의 복제―옮긴이) 같아. 수학적 마술 같기도 하고, 아닌 것 같기도 하고, 누가 알아? 도함수가 자신이 되는 함수가 많을지….

음… 아냐, 없어. 지수함수 e^x과, 상수를 곱한 Ae^x이 이런 특성을 가진 유일한 함수야. (증명은 168쪽에 연습문제로 남겨둘게.)

그런데 이것이 그리 이상한 것은 아니야. 복리이자의 경우를 생각해봐. **매년 추가되는 이자**는 계좌에 들어 있는 **총액**의 일정 퍼센트야.

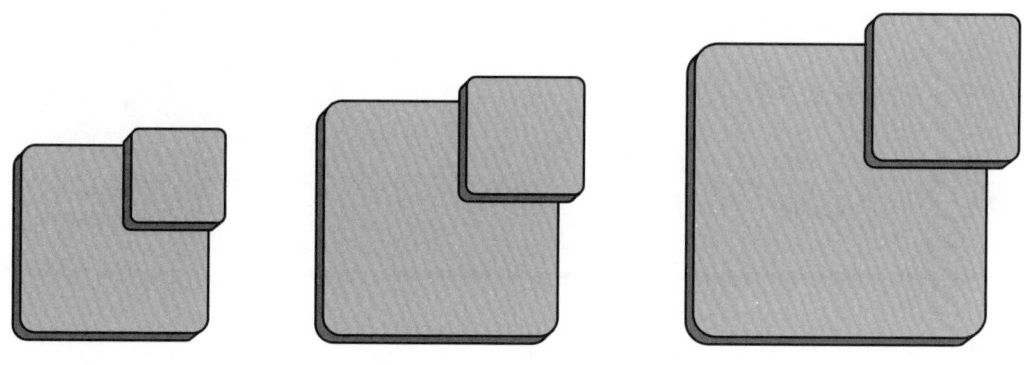

달리 말하면,
달러로 나타낸 값의
매년도 증가율은
값 그 자체에 비례해.
이자가 계속 복리로 지급되면,
값 V의 **순간변화율**은
V에 비례해. 즉 상수 C에 대해
$V'(t) = CV(t)$이지.

함수의 곱과 몫의 도함수

함수의 합과 상수가 곱해진 경우는 도함수를 구하기가 쉬워. 각 항별로 구하면 돼(92쪽을 봐). 예를 들면,

$$\frac{d}{dx}(5x^2 + \sin x) = 10x + \cos x$$

$$\frac{d}{dt}(e^x + \cos x - 2\sin x) = e^x - \sin x - 2\cos x$$

그러나…

도함수의 성질 2: 곱은 좀 묘해

함수의 곱 fg의 도함수는 절대로 도함수의 합이 **아냐**. 곱규칙은,

$$(fg)' = f'g + fg' \quad \text{또는}$$

$$\frac{d}{dx}(fg) = f\frac{dg}{dx} + g\frac{df}{dx}$$

이것이 옳은지 알아보기 위해, 변의 길이가 $f(x)$와 $g(x)$이고 면적이 $f(x)g(x)$인 직사각형을 생각해보자. x가 h만큼 변하면 f와 g도 Δf와 Δg만큼 변해. 즉 $f(x+h) = f(x) + \Delta f$, $g(x+h) = g(x) + \Delta g$가 돼.

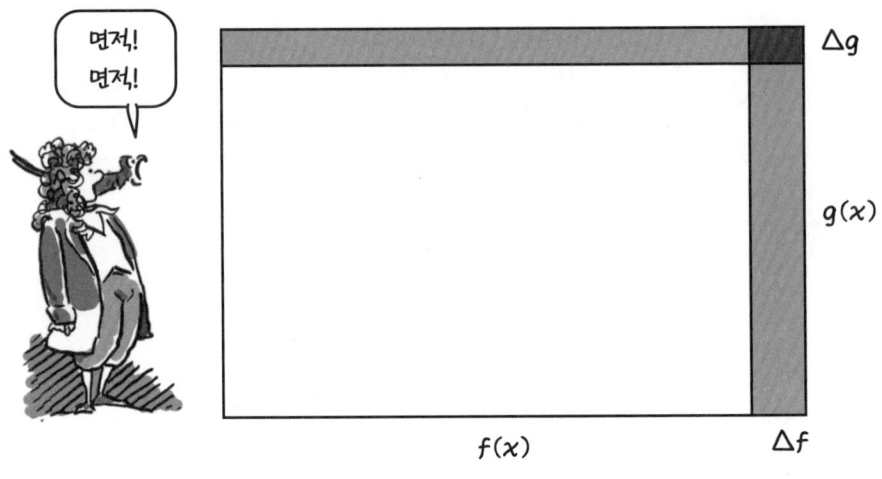

그러면 증가한 면적은

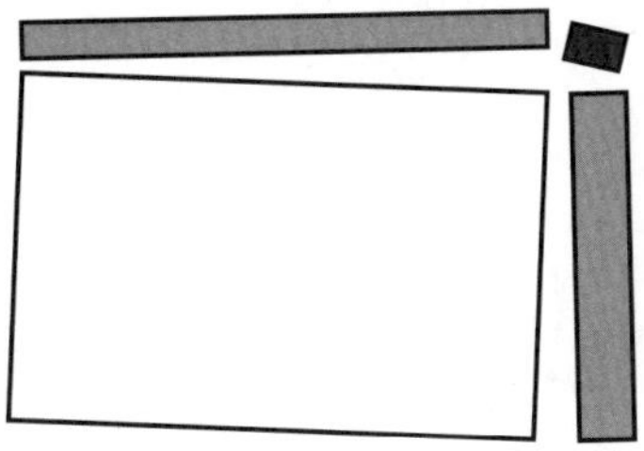

$$f(x+h)g(x+h) =$$
$$(f(x) + \Delta f)(g(x) + \Delta g) =$$
$$f(x)g(x)$$
$$+ f(x)\Delta g \quad \leftarrow \text{수평 띠}$$
$$+ g(x)\Delta f \quad \leftarrow \text{수직 띠}$$
$$+ \Delta f \Delta g \quad \leftarrow \text{모서리의 직사각형}$$

면적! 면적!

양변에서 $f(x)g(x)$를 빼고 h로 나누면

$$\frac{\Delta(fg)}{h} = f(x)\frac{\Delta g}{h} + g(x)\frac{\Delta f}{h} + \frac{\Delta f \Delta g}{h}$$

마지막 항은 $h \to 0$일 때 $0 \cdot (g'(x))$에 접근하므로 극한값이 0이다. 그래서 합의 극한은

$$\lim_{h \to 0} \frac{\Delta(fg)}{h} = f(x)\lim_{h \to 0}\frac{\Delta g}{h} + g(x)\lim_{h \to 0}\frac{\Delta f}{h}$$ 
$$= f(x)g'(x) + g(x)f'(x)$$

증명 끝! 증명 끝!

라이프니츠는 이렇게 말할 거야.

$$d(fg) = f\,dg + g\,df$$

극한에서, fg의 '미분량'
(fg에 아주 작은 양을 추가)은
면적이 $f\,dg$와 $g\,df$인 변 쪽의 띠와
면적이 $df\,dg$인 모서리 쪽 조각으로
구성되는데, 모서리 쪽 조각은
무시할 수 있어.

103

달리 말하면,
두 함수의 곱을 미분하려면,
첫 번째 함수와 두 번째 함수의
도함수의 곱과, 첫 번째 함수의
도함수와 두 번째 함수의 곱을
서로 더하면 된다는 거지.

예제:

1. $\dfrac{d}{dx}(x^2 e^x) = (\dfrac{d}{dx}(x^2))e^x + x^2 \dfrac{d}{dx}(e^x)$

   $= 2xe^x + x^2 e^x$

2. $\dfrac{d}{d\theta}(\sin\theta \cos\theta) = (\dfrac{d}{d\theta}(\sin\theta))\cos\theta + \sin\theta \dfrac{d}{d\theta}(\cos\theta)$

   $= \cos^2\theta - \sin^2\theta$

3. $\dfrac{d}{dt}(\sin^2 t) = \dfrac{d}{dt}((\sin t)\cdot(\sin t))$

   $= \sin t \cos t + \cos t \sin t$

   $= 2\sin t \cos t$

두 개 이상 함수의 곱도 비슷한 방법으로 미분하면 돼.

$(fgh)' = f'gh + fg'h + fgh'$

예를 들면,

$\dfrac{d}{dx}(x \sin x \cos x) = 1\cdot \sin x \cos x + x \cos x \cos x + x \sin x(-\sin x)$

$= \sin x \cos x + x(\cos^2 x - \sin^2 x)$

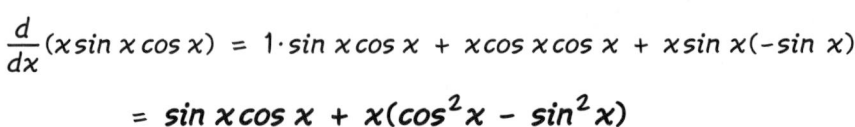

도함수의 성질 3: 분수의 도함수는 요상해

3a. f가 x에서 미분가능하고 $f(x) \neq 0$이면, $1/f$도 x에서 미분가능하고, 또한

$$\left(\frac{1}{f}\right)'(x) = \frac{-f'(x)}{(f(x))^2}$$

– 부호가 어디에서 왔을까? 음… f가 증가하는 곳에서 $1/f$은 감소하고, 그 반대도 성립해. 그래서 임의의 점에서 이들의 도함수들은 서로 반대의 부호를 가져.

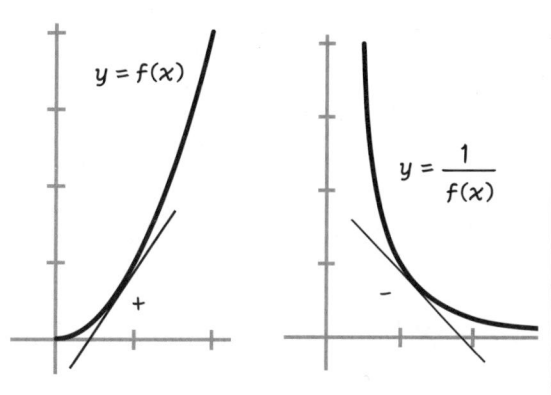

이건 단순한 대수적 계산이야.

$$\frac{1}{f(x+h)} - \frac{1}{f(x)} = \frac{f(x) - f(x+h)}{f(x+h)f(x)}$$

또는

$$\Delta\left(\frac{1}{f}\right) = \frac{-\Delta f}{f(x)f(x+h)}$$

양변을 h로 나눈 다음 $h \to 0$일 때의 극한을 취하면, 위의 결과가 나와.*

3b. 몫규칙: f와 g가 모두 점 x에서 미분가능하고 $g(x) \neq 0$이면, f/g도 x에서 미분가능하며, 또한

$$\left(\frac{f}{g}\right)'(x) = \frac{f'(x)g(x) - f(x)g'(x)}{g(x)^2}$$

$3a$를 이용해서 곱 $f \cdot (1/g)$의 도함수를 구하면 위의 결과를 얻을 수가 있어.

* 여기 어디서도 0으로 나눈 적은 없었어. $f(x) \neq 0$이기 때문에, h가 아주 작을 때 $f(x+h) \neq 0$이고, $f(x+h)$는 $f(x)$에 무한히 가까워져.

예제: 음의 거듭제곱

$f(x) = 1/x^n = x^{-n}$일 때, 공식에 의해

$$\frac{d}{dx}(x^{-n}) = \frac{d}{dx}\left(\frac{1}{x^n}\right) =$$

$$\frac{-\frac{d}{dx}(x^n)}{x^{2n}} = \frac{-nx^{n-1}}{x^{2n}} = \frac{-n}{x^{n+1}}$$

$$= -nx^{-n-1}$$

$f(x)$	$f'(x)$
$\dfrac{1}{x}$	$-\dfrac{1}{x^2}$
$\dfrac{1}{x^2}$	$-\dfrac{2}{x^3}$
$\dfrac{1}{x^3}$	$-\dfrac{3}{x^4}$
$\dfrac{1}{x^4}$	$-\dfrac{4}{x^5}$
$\dfrac{1}{x^5}$	$-\dfrac{5}{x^6}$

또는

$f(x)$	$f'(x)$
x^{-1}	$-x^{-2}$
x^{-2}	$-2x^{-3}$
x^{-3}	$-3x^{-4}$
x^{-4}	$-4x^{-5}$
x^{-5}	$-5x^{-6}$
x^{-6}	$-6x^{-7}$

...

지수가 음인 경우도 양인 경우와 똑같이 곱규칙을 적용할 수 있어. 미분은 지수를 계수로 내리고, 지수에서 1을 빼면 돼.

$$\frac{d}{dx}(x^p) = px^{p-1}$$

p가 양수이든 음수이든 상관없어. 다음 장에서 알게 되겠지만, 지수가 분수인 경우에도 곱규칙을 적용할 수 있어.

예제: tan함수

$$\frac{d}{d\theta}\tan\theta = \sec^2\theta$$

증명: 분수함수의 미분법을 아래에 적용하자.

$$\tan\theta = \frac{\sin\theta}{\cos\theta}$$

여기선 $f = \sin\theta$, $g = \cos\theta$이니까,

$$\frac{f'g - fg'}{g^2} =$$

$$\frac{\cos\theta\cos\theta - \sin\theta(-\sin\theta)}{\cos^2\theta} =$$

$$\frac{\cos^2\theta + \sin^2\theta}{\cos^2\theta} = \frac{1}{\cos^2\theta}$$

$$= \sec^2\theta$$

도함수 때문에 머리가 터질 것 같아요!!

저런, 멋지지 않니??

과학의 목적은 불필요한 생각을 막아주는 거라는 말이 있는데, 미적분이 바로 그래.
일단 극한과 변화의 미스터리를 간파하고 나면, 미적분법이 변화율을 기술하는 단순한 공식들을 쏟아내놓는다.
이 과목의 절반은 **이 공식들을 활용**하는 거야!

$$\frac{d}{dx}(x^n) = nx^{n-1} \quad n = 0, \pm 1, \pm 2, \ldots$$

$$\frac{d}{dx}(e^x) = e^x$$

$$\frac{d}{dx}\sin x = \cos x$$

$$\frac{d}{dx}\cos x = -\sin x$$

$$\frac{d}{dx}\tan x = \sec^2 x \quad (\cos x \neq 0)$$

$$\frac{d}{dx}(C) = 0 \quad (C\text{는 상수})$$

$$(Cf)' = Cf' \quad (C\text{는 상수})$$

$$(f + g)' = f' + g'$$

$$(fg)' = f'g + fg'$$

$$\left(\frac{f}{g}\right)' = \frac{f'g - fg'}{g^2} \quad (g(x) \neq 0)$$

공식이 위 상자 안에 잘 정리되었는데, 아직 빠진 게 있어….
합성함수는 $h(x) = e^{2x}$와 같이 단순한 함수조차도 미분할 수가 없고…
로그, $\arcsin$, $\arctan$ 같은 **역함수**도 마찬가지야.
이 함수들의 미분법은 다음 장에 나와.

그러나 우선, 연습문제 좀 풀어볼까?

연습문제

다음에 주어진 함수들의 도함수를 찾아봐.

1. $f(x) = x^3 + 5x + 1$
2. $f(x) = x^3 + 5x + 1{,}000{,}000$
3. $P(x) = (\sqrt{x})\ln x$
4. $g(x) = 7$
5. $h(x) = \cos x - \dfrac{5}{\sqrt[3]{x}}$
6. $R(x) = \dfrac{x+1}{x-1}$
7. $u(x) = \dfrac{\cos x}{e^x}$
8. $v(t) = \sec t$
9. $F(x) = \dfrac{1}{\ln x}$
10. $B(\theta) = \tan^2\theta$
11. $Q(x) = \dfrac{529x}{x^3 - x^2 - x - 1}$
12. $F(p) = \dfrac{\cos p + pe^p}{p^{10} + p^{-2}}$

---

13. 지상에서 초기속도 $v_0 m/\sec$로 곧장 위로 던져올린 물체의 시간 t에서의 고도는 다음 식과 같다.

$$A(t) = -4.9t^2 + v_0 t$$

a. 공을 초기속도 $30m/\sec$로 곧장 위로 던졌다면, 3초 후의 속도는? 그리고 5초 후의 속도는?

b. 최고 구속의 투수는 혼자 힘으로 볼을 위로 약 $45m/\sec$의 속도로 던져올릴 수 있어. 이 볼이 도달할 수 있는 최고 높이와, 볼이 다시 땅에 떨어지는 데 걸리는 시간을 구해봐.
힌트: 볼이 최고 높이에 도달할 때까지는 속도가 양이고 그 이후에는 음이야.

14. 상온($25°C$)에 있는 감자를 $275°C$의 오븐에 넣을 때, t분 후에 감자의 온도 T(단위는 섭씨)는 다음 식과 같다.

$$T(t) = 25 + 250(1 - e^{-0.46t})$$

a. 이 함수의 그래프를 그려라. 10분 후 감자의 온도 상승률($°C/min$)은? 20분, 60분, 100분 후에는?

b. 감자의 온도가 $274°C$에 도달하는 데 걸리는 시간은?

---

15. 산으로 향하는 오솔길의 고도는 다음 식으로 주어진다.

$$A(x) = 0.3x\left(1 + \sin\left(\dfrac{x}{20}\right)\right) \text{ 미터}$$

여기서 x는 오솔길의 출발점으로부터의 거리야.

a. 오솔길의 그림을 그려봐.

b. $x = 100m$에서의 오솔길의 기울기는? $x = 1{,}000m$에서는?

도함수의 정의를 이용하여 다음을 증명해봐.

16. f가 구간 (a, b)에서 증가함수이면, 이 구간 내의 점 x에 대해 $f'(x) \geq 0$이다.

17. 함수 f가 임의의 x에 대해 $f(-x) = f(x)$이면 우함수라고 해. $\cos$함수가 그 예야.
$f(-x) = -f(x)$이면 기함수라고 하는데, $\sin$함수를 예로 들 수 있어.

우함수의 도함수는 기함수이고, 기함수의 도함수는 우함수임을 보여봐.

Chapter 3
연쇄, 연쇄, 연쇄
합성함수들, 코끼리들, 생쥐들 그리고 벼룩들

지금 우린 공식 위를 구르고 있어…
아니 어쩌면 기어가고 있는지도 몰라…
공식을 찾아서…
그럼 계속 가볼까?
이 장에서는 남은 기본함수들의
도함수를 찾는 일부터 시작할 거야.
멋있고 깔끔한 공식이지….

이 공식들(그리고 그 외의 많은 것들)을 유도하는 열쇠는 **연쇄법칙**이라는 거야. 우선 연쇄법칙의 내용을 알아보고, 그걸 이용한 다음 마지막에 그 법칙이 옳은 이유를 설명할 거야.

연쇄법칙은 **합성**함수, 즉 한 함수를
다른 함수에 대입해서 만들어지는 함수를
미분하는 방법이야(46~47쪽을 봐).
예를 들면,

$$h(x) = e^{2x}$$

여기서 내부함수는 $u(x) = 2x$이고,
외부함수는 $v(u) = e^u$이야.

연쇄법칙:

합성함수 $h(x) = v(u(x))$의 미분은 다음과 같은 단계를 따라서 한다.

1. 내부함수를 미분한다.
즉 $u'(x)$를 구한다.

2. 내부함수 전체를 하나의 변수로 보고,
외부함수를 u에 관해 미분한다.
즉 $v'(u)$를 구한다.

3. 1과 2의 결과를 서로 곱한다.

4. 마지막으로, $v'(u)$에 있는 u를 $u(x)$로 바꾼다.

수식으로 나타내면,

$$h'(x) = u'(x) \cdot v'(u(x))$$

이것이 바로
만능키야!

열쇠는 필요 없어요.
내게 필요한 건, 음,
공식이죠….

그래? 이 열쇠로 냉장고도
열 수 있는데….

위 식이 실제보다 어려워 보일 수도 있어.
하지만 연쇄법칙의 요지는,
내부함수의 도함수에
외부함수의 도함수를 곱한다는 거야.

예제: 앞에서 예로 든 $h(x) = e^{2x}$을 단계적으로 미분해보자.

1. $u'(x) = 2$
2. $v'(u) = e^u$
3. 곱은 $2e^u$
4. u를 $u(x) = 2x$로 바꿔넣으면 다음 결과가 된다.

$$h'(x) = 2e^{2x}$$

2단계에서 내부함수 전체를 하나의 변수로 취급한다는 걸 기억해!

예제: $G(x) = \sin(x^2)$. 내부함수는 $u(x) = x^2$이고, 외부함수는 $v(u) = \sin u$야.

1. $u'(x) = 2x$
2. $v'(u) = \cos u$
3. 곱은 $2x \cos u$
4. u 대신 $u(x) = x^2$을 넣으면 도함수는 다음과 같다.

$$G'(x) = 2x \cos(x^2)$$

예제, 하나 더!

$f(x) = (2x^3 + 3)^8$
내부함수: $u(x) = 2x^3 + 3$
외부함수: $v(u) = u^8$

$$f'(x) = u'(x)g'(u)$$
$$= (6x^2)(8u^7)$$
$$= (6x^2)(8(2x^3 + 3)^7)$$
$$= 48x^2(2x^3 + 3)^7$$

연쇄법칙을 이용하면, 24차의 다항식도 전개를 하지 않고 미분할 수 있어.

뭐가 잘못됐어?

난 하나의 변수로 취급받는 게 싫어….

역함수의 도함수

연쇄법칙은 f의 도함수를 알 경우 역함수 f^{-1}의 도함수를 구할 때도 유용하다.

예제: $v(u) = u^2$의 역함수는 $u(x) = \sqrt{x}$ 또는 $x^{\frac{1}{2}}$이다. 그러면 합성함수 $f(x) = v(u(x)) = x$이고,

$$f'(x) = 1$$

그런데 연쇄법칙을 이용해서 $f'(x)$를 구하면 다음의 식이 돼.

$$f'(x) = \underbrace{u'(x)}_{\text{알고 있음}} \underbrace{v'(u(x))}_{\text{알고 있음}}$$
$$\underbrace{}_{\text{모름}}$$

방정식으로 나타내면 다음과 같아.

$$1 = \frac{d}{dx}(x^{\frac{1}{2}}) \frac{d}{du}(u^2) = 2u \frac{d}{dx}(x^{\frac{1}{2}})$$

$$= 2x^{\frac{1}{2}} \frac{d}{dx}(x^{\frac{1}{2}})$$

양변을 $2x^{\frac{1}{2}}$으로 나누어 도함수를 구하면,

$$\frac{d}{dx}(x^{\frac{1}{2}}) = \frac{1}{2x^{\frac{1}{2}}}$$

또는 $\boxed{\dfrac{1}{2} x^{-\frac{1}{2}}}$

$u(x) = x^{1/n}$, $v(u) = u^n$인 경우에도 같은 방식으로 하면 돼. $f(x) = v(u(x)) = x$이고,

$$1 = u'(x)v'(u(x)) \quad (v'(u(x)) \neq 0)$$
$$= u'(x) \cdot n(x^{1/n})^{n-1} \quad \text{그래서}$$
$$u'(x) = \frac{1}{n}(x^{1/n})^{1-n} = \frac{1}{n}x^{\frac{1-n}{n}}$$
$$= \frac{1}{n}x^{\frac{1}{n}-1}$$

$$\boxed{\frac{d}{dx}(x^{\frac{1}{n}}) = \frac{1}{n}x^{(\frac{1}{n}-1)}}$$

$x \neq 0$

방금 $x^{\frac{1}{n}}$과 u^n에 대해 썼던 방법은 역함수 관계인 **어떤** f와 f^{-1}에 대해서도 적용할 수 있어. 역함수의 도함수인 $(f^{-1})'$을 f'으로 나타내면,

$$x = f(f^{-1}(x))$$
$$1 = \frac{d}{dx}(f(f^{-1}(x))$$
$$= (f^{-1})'(x) \cdot f'(f^{-1}(x)) \quad \text{그래서}$$

$$\boxed{(f^{-1})'(x) = \frac{1}{f'(f^{-1}(x))}}$$

$f'(f^{-1}(x)) \neq 0$

아래 그림은 그래프로 그린 거야. 역함수는 x와 y를 서로 바꾼 것이기 때문에, f의 그래프의 기울기 $\Delta y/\Delta x$는 f^{-1}의 그래프에서 $\Delta x/\Delta y$가 돼. $(f^{-1})'$의 값을 구하기 위해서는 x좌표를 찾기 위해 그래프 주위를 좀 살펴봐야 해…. 하지만 걱정할 건 없어! 곧 훨씬 알기 쉬운 다른 도표를 보게 될 거야.

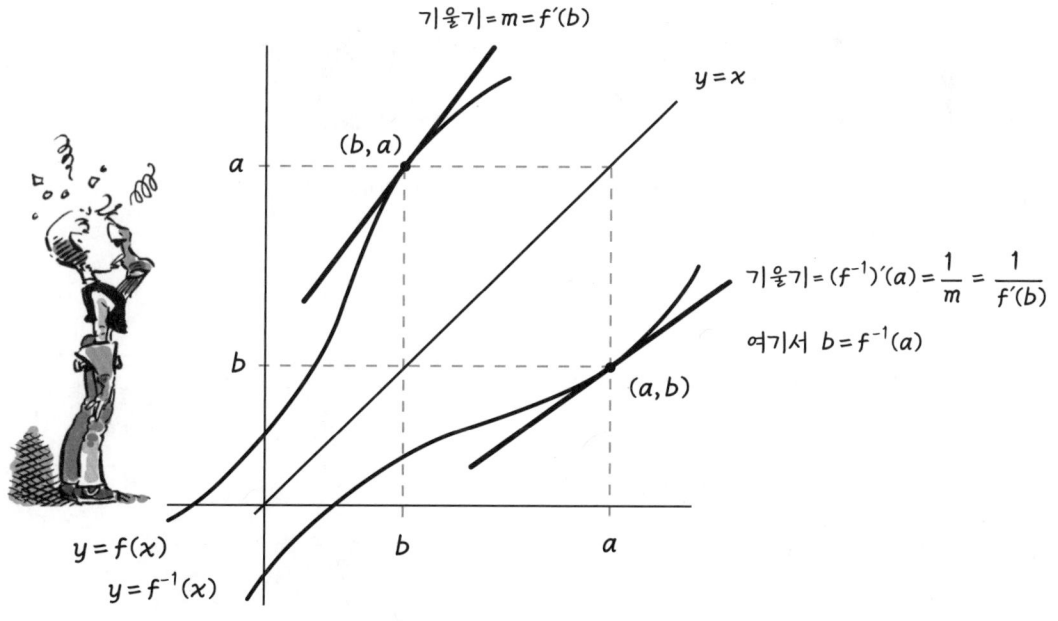

일단 지금은, 역함수의 도함수를 찾기 위해 역함수를 대입하는 위의 공식을 그냥 사용하기로 하자. 놀랄 만큼 계산이 간단해.

역함수의 도함수를 구하는 공식을 **로그**, *arcsin*, *arctan*의 세 함수에 적용해보자.

1. $f(u) = e^u$이면, $f^{-1}(x) = \ln x$이고 $f'(u) = e^u$이다. 그러면

$$\frac{d}{dx} \ln x = \frac{1}{e^{\ln x}} = \boxed{\frac{1}{x}}$$

2. $f(u) = \sin u$, $f^{-1}(x) = \arcsin x$. $f'(u) = \cos u$.

$$\frac{d}{dx}(\arcsin x) = \frac{1}{\cos(\arcsin x)}$$

$\arcsin x$의 $\cos$값을 어떻게 구하냐고? $\sin^2 u + \cos^2 u = 1$을 이용해.

$\cos u = \sqrt{1 - \sin^2 u}$ 그래서

$\cos(\arcsin x) = \sqrt{1 - \sin^2(\arcsin x)}$

$= \sqrt{1 - x^2}$ 그래서

$$\frac{d}{dx}(\arcsin x) = \boxed{\frac{1}{\sqrt{1-x^2}}}$$

여기서 양의 제곱근만 취한 것은 옳은 거야. *arcsin*의 값이 $-\pi/2$와 $\pi/2$ 사이에 있고, 이 구간에서 *cos*은 양이기 때문이야.

3. $f(u) = \tan u$, $f^{-1}(x) = \arctan x$. $f'(u) = \sec^2 x$

$$\frac{d}{dx}(\arctan x) = \frac{1}{\sec^2(\arctan x)}$$

삼각함수 공식 $\sec^2 x = 1 + \tan^2 x$로부터
$\sec^2(\arctan x) = 1 + \tan^2(\arctan x) = 1 + x^2$!!!

$$\frac{d}{dx}\arctan x = \boxed{\frac{1}{1+x^2}}$$

정말 놀라워, 안 그래?

정말 이상하지…. 삼각함수와 지수함수는 도함수가 각각 삼각함수와 지수함수인데… **역함수**들의 도함수는 보통의 **다항식**과 **제곱근**으로 이루어져 있어. 어떻게 **그런** 일이 일어났을까?

아마 로그함수의 도함수가 가장 놀라울 거야. x^{-1}은 거듭제곱함수의 도함수처럼 보이거든. 그런데 거듭제곱함수의 미분법 $\frac{d}{dx}(x^n) = nx^{n-1}$은 지수가 **-1이 아닌** 도함수만 만들어내지. $\frac{d}{dx}(x^0) = 0$이기 때문이야.

거듭제곱함수 목록에서 비어 있는 곳을 자연로그가 완전하게 채우는 거야.

$f(x)$	$f'(x)$
x^2	$2x$
x	1
$x^0 = 1$	0
ln x	x^{-1}
x^{-1}	$-x^{-2}$
x^{-2}	$-2x^{-3}$
…	

연쇄법칙으로 구한 도함수의 사례:

1. $h(x) = x^{\frac{m}{n}}$, m과 n은 정수.
$x^{\frac{m}{n}} = (x^{\frac{1}{n}})^m$, 그래서

내부함수: $u(x) = x^{\frac{1}{n}}$, $u'(x) = \frac{1}{n} x^{\frac{1}{n}-1}$
외부함수: $v(u) = u^m$, $v'(u) = mu^{m-1}$

$h'(x) = u'(x)v'(u(x)) = (\frac{1}{n}x^{\frac{1}{n}-1})(mu^{m-1})$

$= (\frac{1}{n}x^{\frac{1}{n}-1})(m(x^{\frac{1}{n}})^{m-1})$

$= \frac{m}{n} x^{(\frac{1-n}{n} + \frac{m-1}{n})}$

$= \frac{m}{n} x^{\frac{m}{n}-1}$

그으래!!
또다시
거듭제곱함수
미분법!

2. $f(x) = \arctan(3x)$

내부: $u(x) = 3x$, $u'(x) = 3$
외부: $v(u) = \arctan u$, $v'(u) = \dfrac{1}{1+u^2}$

$f'(x) = u'(x)v'(u(x)) = \dfrac{3}{1+u^2}$

$= \dfrac{3}{1+(3x)^2} = \dfrac{3}{1+9x^2}$

3. $g(x) = f(ax)$, a는 상수

내부: $u(x) = ax$, 외부 f, 그래서

$g'(x) = af'(ax)$

4. $F(x) = \sqrt{1-x^2}$

내부: $u(x) = 1-x^2$, $u'(x) = -2x$
외부: $v(u) = u^{\frac{1}{2}}$, $v'(u) = \frac{1}{2}u^{-\frac{1}{2}}$

$F'(x) = -2x \cdot (\frac{1}{2}u^{-\frac{1}{2}}) = -2x(\frac{1}{2})(1-x^2)^{-\frac{1}{2}}$

$= \dfrac{-x}{\sqrt{1-x^2}}$

5. $G(x) = \ln(x^2 + x)$

내부: $u(x) = x^2 + x$, $u'(x) = 2x+1$
외부: $v(u) = \ln u$, $v'(u) = 1/u$

$G'(x) = (2x+1)(1/u)$

$= \dfrac{2x+1}{x^2+x}$

6. $P(t) = (2 + t + 2t^3)^{5/6}$

내부: $u(x) = 2+t+2t^3$, $u'(x) = 1+6t^2$
외부: $v(u) = u^{5/6}$, $v'(u) = \frac{5}{6}u^{-1/6}$

$P'(t) = (1+6t^2)(\frac{5}{6}u^{-1/6})$

$= \dfrac{5}{6}(1+6t^2)(2+t+2t^3)^{-1/6}$

7. 임의의 미분가능한 함수 f와 유리수 n에 대해
$U(x) = (f(x))^n$ 일 때,

내부: $f(x)$, 도함수 $= f'(x)$
외부: $v(u) = u^n$, $v'(u) = nu^{n-1}$

$U'(x) = f'(x)(nu^{n-1})$

$= nf'(x)(f(x))^{n-1}$

우린 드디어 모든 기본함수의 도함수를 찾았어. 이제 기본함수들의 덧셈, 뺄셈, 곱셈, 나눗셈, 합성으로 만들어진 **어떤** 함수도 도함수를 구할 수 있게 됐어. 우린 힘을 가졌어!

그리고, 그래, 우린 두 개 이상의 합성함수도 미분할 수 있어. 모든 도함수들을 곱하기만 하면 돼!

$$\frac{d}{dt} v(u(y(x(t)))) = \frac{dv}{du} \frac{du}{dy} \frac{dy}{dx} \frac{dx}{dt}$$

표기법이 마음에 안 들면 이렇게 써도 돼.
$f(t) = v(u(y(x(t))))$이면,

$$f'(t) = x'(t) y'(x(t)) u'(y(x(t))) v'(u(y(x(t))))$$

세 함수의 합성의 예:

$$\frac{d}{dx} \sin(e^{x^2}) = 2xe^{x^2} \cos(e^{x^2})$$

(내부: $u(x) = x^2$, 중간: $v(u) = eu$, 외부: $g(v) = \sin v$)

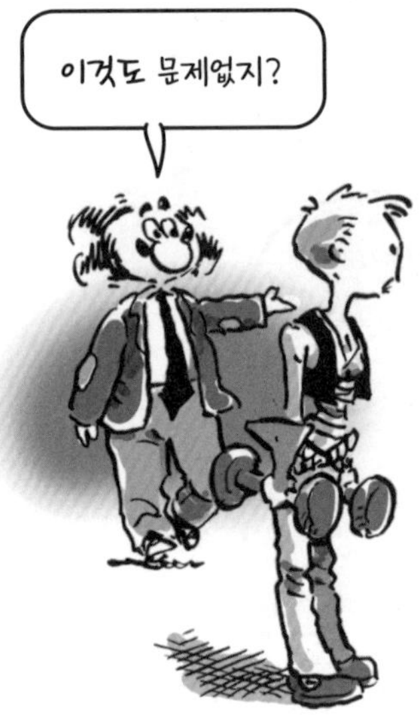

"이것도 문제없지?"

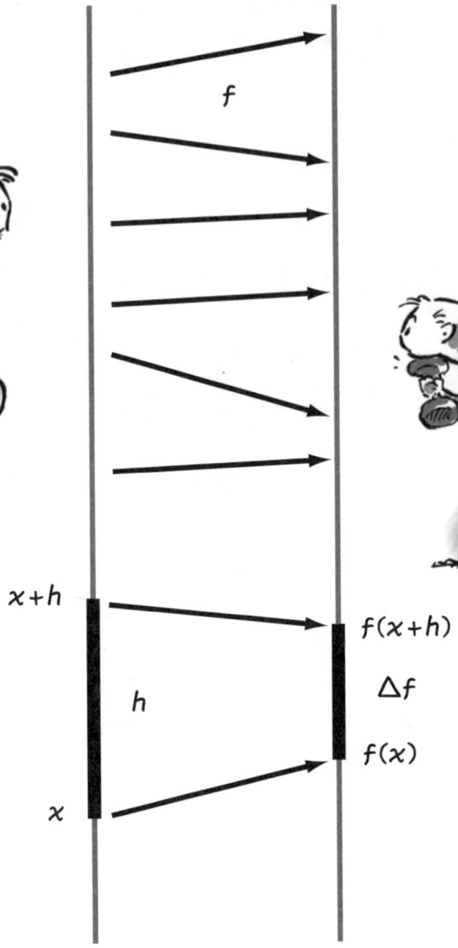

기억해, 우린 아직 **연쇄법칙이 옳은 이유를** 살펴보진 않았어! 그걸 위해 함수 f의 평행축 그림에서 도함수를 살펴보자.

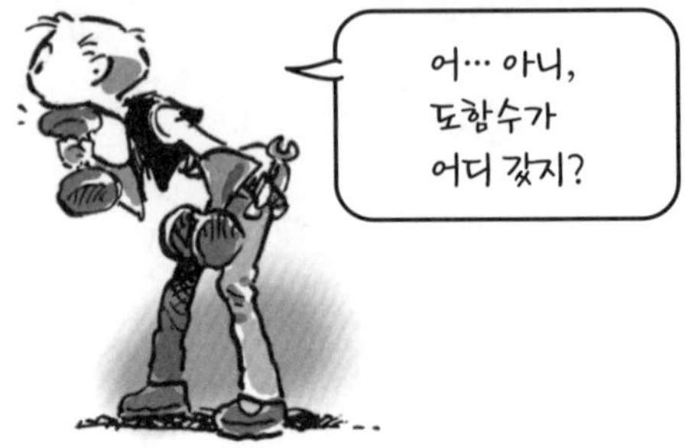

"어… 아니, 도함수가 어디 갔지?"

이 그림에서 $\Delta f/h$는? 왼쪽에 점 x와 $x+h$가 있고, 오른쪽에는 그 점들의 '타깃' 또는 '상'인 점 $f(x)$와 $f(x+h)$가 있어.

여기서 미분계수 $\Delta f/h$는 Δf를 구하기 위해 h에 곱하는 비례계수야.

$$\Delta f = \left(\frac{\Delta f}{h}\right)h$$

이 계수는 1보다 크거나 작을 수 있고, 점 x와 $x+h$ 사이의 공간을 뒤집을 수도 있어.

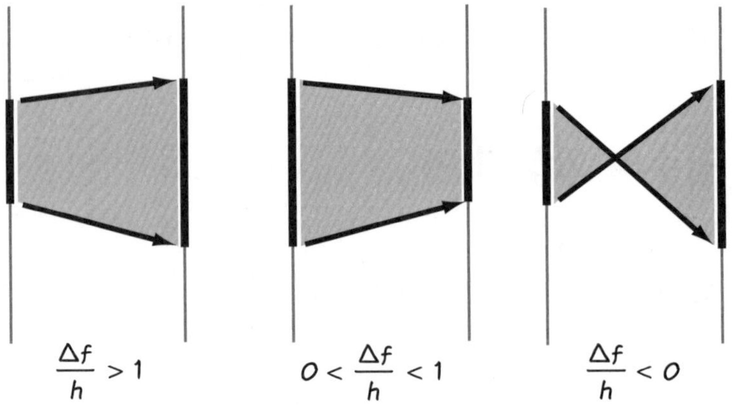

$\frac{\Delta f}{h} > 1$ $0 < \frac{\Delta f}{h} < 1$ $\frac{\Delta f}{h} < 0$

$h \to 0$일 때는 어떻게 될까? 답하기가 쉽지 않아…. 모든 것이 너무 작거든…. 이제 **작음**에 대해 얘기해보자.

작음은 **상대적**인 거야….
다른 것과 비교해야만
말할 수 있는 거야.
코끼리에 비해
생쥐는 작아.
하지만 **벼룩**에게 생쥐는
두려움을 자아내지….
한편, 생쥐에게는
벼룩이 작아도 보이지만,
코끼리에게는
너무 작아서
보이지 않아.

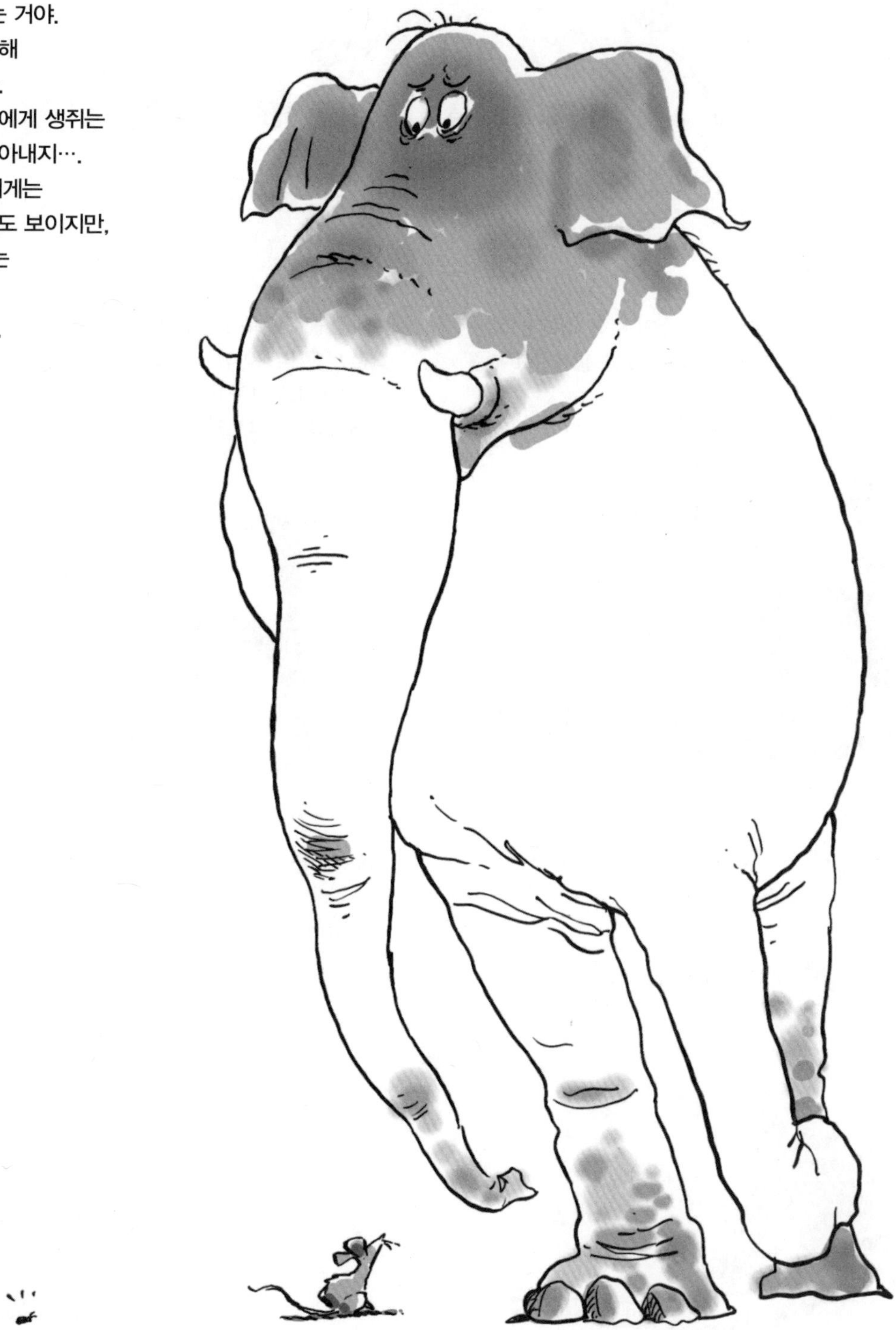

수의 경우에도 마찬가지야. a와 $f(a)$ 같은 거시세계의 보통 수를 코끼리로 생각해보자.
(이게 0일 때도 있는 건 알아. 하지만 통상은 그렇지 않아!)

증분 h는 1과 같은 코끼리 수준의 수에 비하면 작아. 일반적으로 h와 더불어 작아지는 것을 **생쥐**라고 부를 거야. 즉,

수학적으로 **벼룩**은 h에 비해서조차 작은 걸 말해. 예를 들면 h^2은 벼룩이야. $h = \frac{1}{1000}$이면, h^2은 $\frac{1}{1000}$의 $\frac{1}{1000}$이고, h가 1에 비해 작듯이 이건 h에 비해 작아. 아래와 같은 것을 벼룩이라고 부를 거야.

그래서 h^2, h^3, $h^{3/2}$은 모두 벼룩이야. 결국, $h \to 0$일 때 이것들은 모두 h보다 더 작아져.

$$\lim_{h \to 0} \frac{h^{3/2}}{h} = \lim_{h \to 0} h^{1/2} = 0$$

정의에 따라, 바로 다음과 같은 결과가 돼.

$\frac{\text{벼룩}}{h}$ 은 생쥐이고,

$h \cdot (\text{생쥐})$는 벼룩이야.

이제 도함수의 정의를 생쥐와 벼룩으로 표현해보자.

$$\lim_{h \to 0} \frac{\Delta f}{h} = f'(x)$$

$$\lim_{h \to 0} \left(\frac{\Delta f}{h} - f'(x) \right) = 0$$

$$\frac{\Delta f}{h} - f'(x) = 생쥐$$

양변에 h를 곱하면

$$\Delta f = hf'(x) + h \cdot 생쥐$$

그래서

$$\boxed{\Delta f = hf'(x) + 벼룩}$$

나는 위의 마지막 방정식을 **미분법의 기본방정식**이라고 불러(물론, 다른 사람들은 그러지 않아. 그러니 시험에 나온다고는 생각하지 마…). 이 식의 모든 항이 작아서 난 이 식이 좋아. 이 식은 아주 짧은 구간에서 함수를 '생쥐 수준'에서 보게 해주지. 사실, 난 이 식이 좋아서, 진짜 크게 다시 쓰려고 해.

그래프에서, 이 식의 의미는,
h가 작아질수록 곡선 $y=f(x)$와 그 접선의 차이가,
h에 비해 벼룩만큼 작아져 무시할 수 있게 돼.
다시 말해, h가 아주 작아지면,
곡선은 접선과 사실상
구분할 수 없게 된다는 거지.

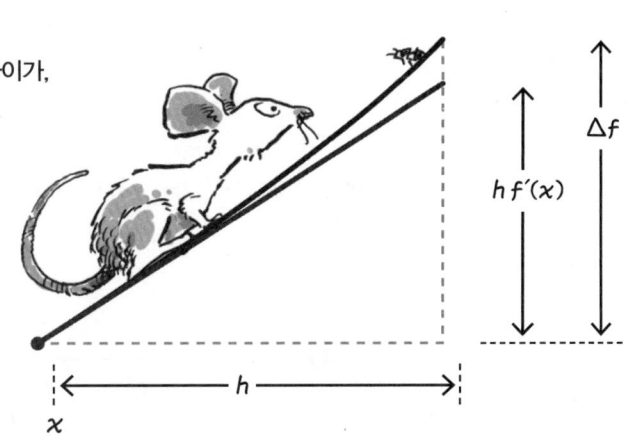

평행축 그림에서의 의미는, h→0인 극한에서, 비례계수 Δf/h는 f'(x)로 바꿔 쓸 수 있다는 거야.
즉 함수 f는 x의 작은 변화를 f'(x)라는 계수로 증감시킨다는 거지. 물론 무시할 수 있는 차이는 제쳐두고.

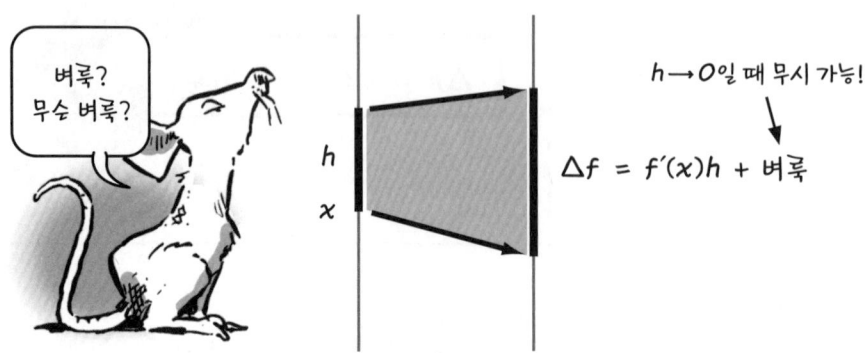

이 그림에서 역함수의 도함수가 왜 그렇게 되는지를 바로 알 수 있어. 역함수 f^{-1}은 f의 **화살을 뒤집은 거야**.
f에 의한 증감이 어떻게 되든 f^{-1}에 의해 **원위치**되는 거지.

f는 t의 작은 변화를 계수 f'(t)로 증감시켜.
(f'(t)≠0이라고 가정)

화살을 뒤집으면, 계수 1/f'(t)에 의해
'원위치'돼.

$$\Delta f \approx f'(t)h$$

$$\Delta(f^{-1}) \approx \frac{1}{f'(t)}k$$

그런데 도함수는 비례계수야! 그래서 도함수 $(f^{-1})'(x)$는 1/f'(t)이어야 하고, $t = f^{-1}(x)$이므로
아래와 같이 113쪽의 결과가 되는 거야.

$$(f^{-1})'(x) = \frac{1}{f'(f^{-1}(x))}$$

연쇄법칙도 그림은 비슷해. 두 함수 u와 v가 있다고 하자. 그림에서 내부함수 u는 값이 먼저 나오기 때문에 왼쪽에 있어. 우린 $f(x) = v(u(x))$로 정의된 함수 f의 도함수를 알고 싶어.

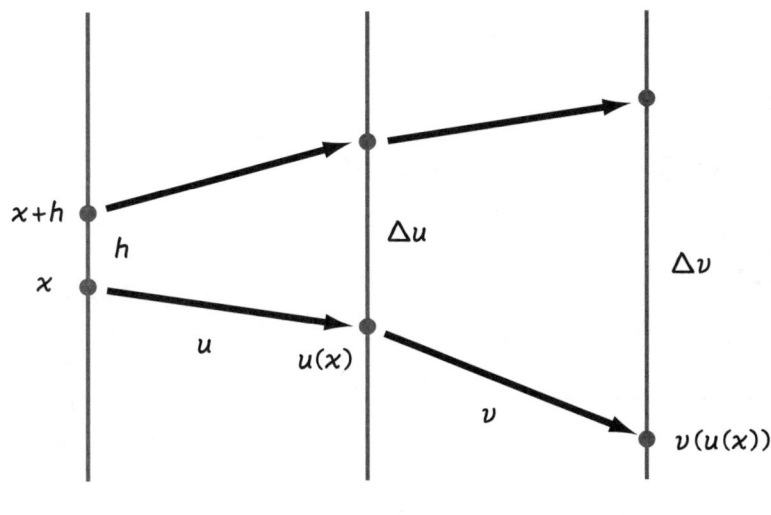

여기서는 h가 두 번 증감된다. 먼저 $u'(x)$, 그다음 $u(x)$에서 값이 주어지는 v'에 의해서. 즉 h가 **곱** $u'(x)v'(u(x))$에 의해 증감되는 결과가 되는 거야. 그래서 이것이 점 x에서 f의 도함수가 되는 거지.
(처음에 2배, 그다음 3배이면, 6으로 곱하는 결과가 된다!)

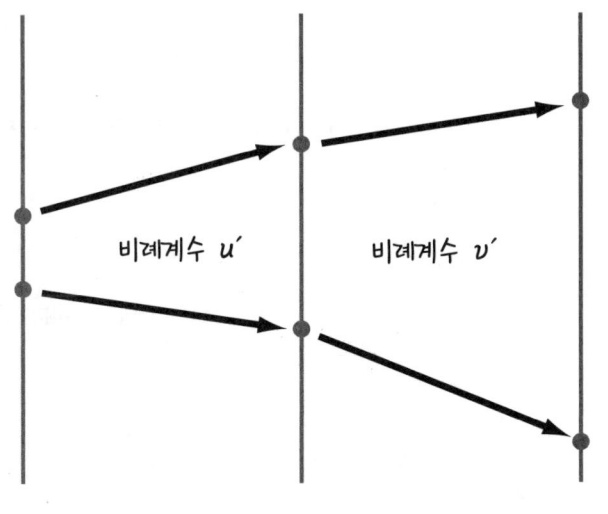

$$\Delta u \approx u'(x)h$$
$$\Delta v \approx v'(u(x))\Delta u$$
$$\approx v'(u(x))u'(x)h$$

이 식에서 합성함수의 비례계수, 즉 도함수가 $u'(x)v'(u(x))$임을 알 수 있어. 그리고 그게 바로 연쇄법칙이야!

$$f'(x) = u'(x)v'(u(x))$$

그럭저럭
증명 끝!

연습문제

1. $f(x) = x^2$, $g(u) = \cos u$라고 하자. $f(g(u))$와 $g(f(x))$를 구하고, 그래프를 그려라. 이 합성함수들의 도함수는?

2. $u(x) = -x^2$, $v(u) = e^u$일 때, 1번 문제의 질문에 답하라.

3. 다음 함수들을 미분하라.

a. $f(t) = \sqrt{1 + t + t^2}$

b. $g(x) = (\cos^2 x - \sin^2 x)^{25}$

c. $h(\theta) = \tan^2 \theta$

d. $P(r) = (r^2 + 7)^{10}$

e. $Q(r) = (r^2 + 7)^{-10}$

f. $f(y) = \cos(\sqrt{y})$

g. $E(x) = e^{x-a}$

h. $F(x) = e^{(\frac{x-a}{2})}$

i. $u(t) = (t^4 + 7)^{3/2}$

j. $v(z) = (\sin(z)^2 + 2)^{-1/3}$

k. $R(t) = \left(\dfrac{t+1}{t-1}\right)^5$

---

4. f가 미분가능할 때,

$$\frac{d}{dx} \ln(f(x)) = f'(x)/f(x)$$

임을 보여라. 이 결과와 $\ln(ab) = \ln a + \ln b$를 이용하면, 특히 함수에 곱이나 분수가 포함되어 있는 경우, 미분이 쉬워질 수 있어. 예를 들면,

$$y = x^2 \cos x \quad \text{그래서}$$
$$\ln y = 2 \ln x + \ln(\cos x)$$

이를 x에 관해 미분하면

$$\frac{y'}{y} = \frac{2}{x} - \frac{\sin x}{\cos x}$$

y가 분명하게 주어졌기 때문에(y에서 출발했지!) y'을 구하기 위해 y를 곱해주면,

$$y' = \left(\frac{2}{x} - \frac{\sin x}{\cos x}\right) x^2 \cos x$$
$$= 2x \cos x - x^2 \sin x$$

5. 이 **로그 미분법**을 써서 아래 함수를 미분하라.

a. $f(x) = x^5 e^x (1+x)^{-1/3}$

b. $g(x) = x^{\sqrt{x}}$

c. $h(x) = \dfrac{x+5}{\sqrt[3]{x-8}}$

6a. $f(x) = 2 + \sin x$일 때, 역함수 f^{-1}은? 정의역에서 그래프를 그리고, $(f^{-1})'(x)$를 구하라.

힌트: $y = 2 + \sin x$로 쓰고, x에 관해 풀어라.

b. $f(x) = \sqrt{x^2 + 1}$ 일 때, 위 물음에 답하라.

c. $f(x) = (x-1)^2$일 때, 위 물음에 답하라.

7. $g(u) = 1/u$이고, f가 임의의 함수일 때, $g(f(x))$는? f와 g 모두 미분가능할 때 연쇄법칙을 이용해서 도함수를 구하라.

8. $F_1(h)$와 $F_2(h)$가 벼룩이면, $F_1 + F_2$도 벼룩임을 보여라.

9. 아래의 함수가 벼룩인지, 생쥐인지, 둘 다 아닌지를 가려라.

a. $h^{3/2}$

b. $h^{1/2}$

c. $\dfrac{1-h^2}{h}$

d. $\sin h$

e. $h \cos h$

f. $h + 1$

g. 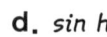 $\cos h - 1$

h.  $\Delta f \Delta g$ (f와 g는 미분가능)

Chapter 4
도함수의 활용: 상대적 비율
이 장에서는 실생활에 관한 얘길 할 거야

연쇄법칙은 도함수를 구하는 공식 이상의 의미가 있어. **문제를 푸는 데** 큰 도움이 돼.

예제 1:

일정한 고도 $3km$에서 날고 있는 비행기를 지상의 레이더 기지에서 추적하고 있다. 어떤 시간 t_0에서 비행기는 $5km$ 거리에 있고, 거리가 줄어드는 비율은 $320km/h$로 관측됐다. 시간 t_0에서 비행기의 속도는 얼마일까?

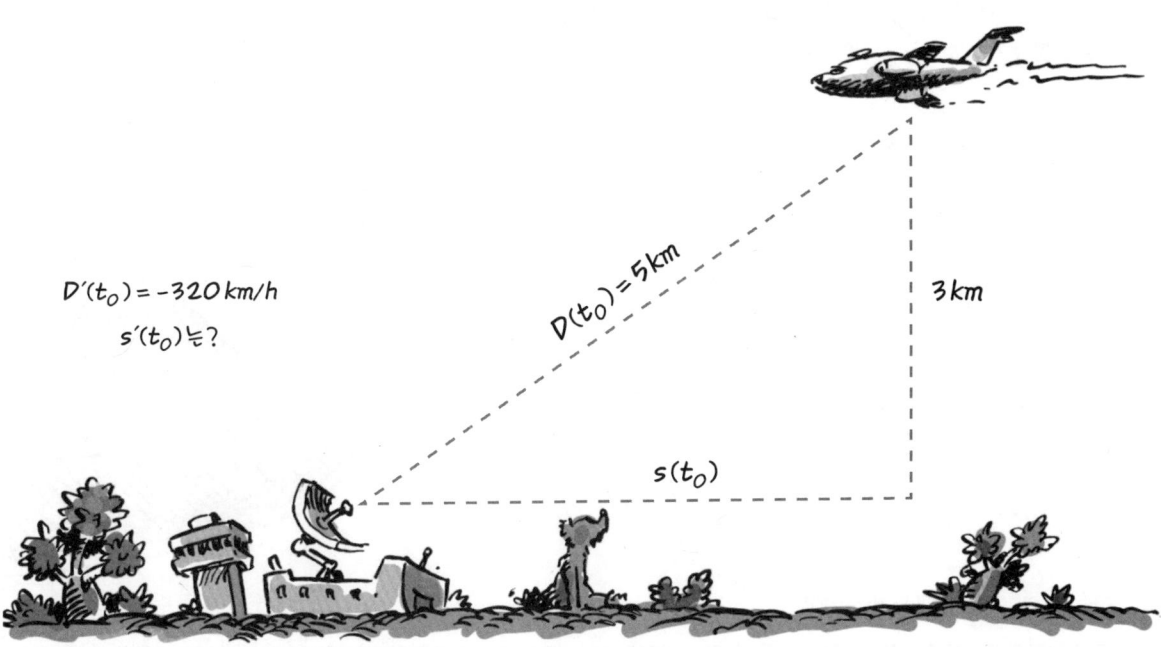

임의의 시간 t에서, 레이더는 빗변이 $D(t)$인 직각삼각형 OPQ의 한 꼭지점에 위치하고 있어. $s(t)$가 시간 t에서의 비행기의 **수평거리**일 때, 이렇게 묻자. s의 도함수 $s'(t)$는 얼마인가?

여러분은 함수 s를 모르는데 어떻게 $s'(t)$를 구할 수 있는지 의아해할지도 몰라. 조종사가 술 취한 것처럼 가속했다가 감속할 수도 있고!

기우뚱!

$D(t)$

$3km$

$O \longleftarrow s(t) \longrightarrow Q$

우리가 알고 있는 건 다음과 같아.

$$D^2 - s^2 = 3^2$$ 그리고 또

$D(t_0) = 5 \quad s(t_0) = 4 \quad D'(t_0) = -320$

함수 $s(t)$와 $D(t)$를 모르더라도, 첫 번째 식에서 그 도함수들 간의 관계를 구할 수 있어. 연쇄법칙에 따라 함수의 제곱을 미분할 수 있거든. $\frac{d}{dx}(f)^2 = 2f'f$ (116쪽 예제 7을 봐.) 그래서,

$$2DD' - 2ss' = 0$$

그래서,

$$s' = \frac{DD'}{s} \qquad (s(t) \neq 0)$$

시간 t_0에서,

$$s'(t_0) = \frac{5}{4}(-320) = -400 \text{ km/h}$$

도함수 s'과 D'은 상대적 비율이야.

지상에서 관측한 비행기의 대기속도를 구했어!

음함수의 미분법

앞의 예제에서, 방정식 $D^2-s^2=9$는 D와 s의 도함수 사이의 관계를 **암시**하고 있어. 이 관계를 찾는 과정을 **음함수의 미분법**이라고 해. 둘 중 어느 함수도 명시적인 식이 주어지지 않더라도 미분을 할 수 있어.

예제 2: 방정식

$$x^2 + y^2 = 1$$

은 원점이 중심이고 반지름이 1인 원을 나타낸다. 즉 y는 다음의 x의 함수 중 하나야.

$$y = \sqrt{1-x^2} \quad \text{그리고} \quad y = -\sqrt{1-x^2}$$

위 식은 각각 위쪽 반원과 아래쪽 반원이야.

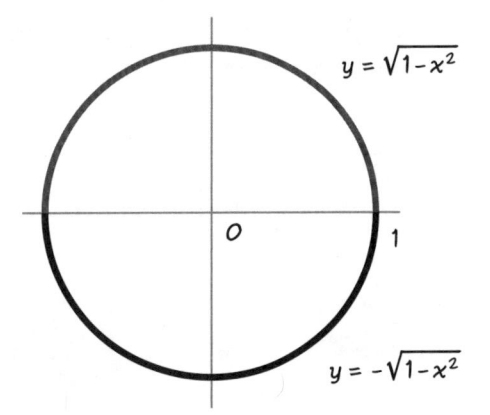

이 제곱근을 미분해서 $y'(x)$를 구할 수도 있지만, 그건 번잡해.
그래서 대신, 원래의 방정식을 x에 관해 그냥 미분해.

$$x^2 + y^2 = 1$$
$$2x + 2yy' = 0 \quad \text{그래서}$$
$$y' = -\frac{x}{y} \quad (y \neq 0)$$
$$= \frac{x}{\sqrt{1-x^2}} \quad \text{또는} \quad \frac{-x}{\sqrt{1-x^2}} \quad (x \neq \pm 1)$$

이것도 각각 위쪽 반원과 아래쪽 반원이야.
116쪽 예제 4와 비교해봐.

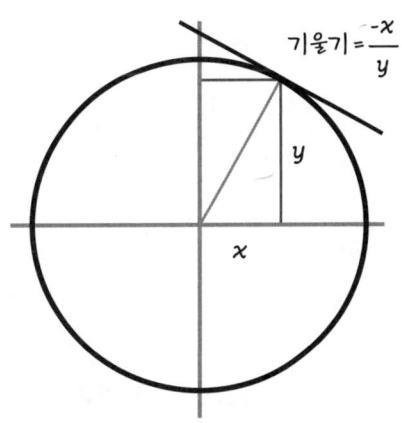

상대적 비율의 추가 예제들

3. 해안에 있는 석유저장탱크에서 기름이 분당 2배럴의 일정한 비율로 바닷물로 새고 있어. 방제선은 유출된 기름의 확산을 기름방제띠로 막기 위해, 반원 형태인 기름표면의 **원주길이**가 얼마나 빠르게 늘어나는지를 물었어.

주어진 조건: 부피의 변화율 $V'(t) = 2$
질문: 원주의 변화율 $C'(t)$

기름띠의 두께가 일정해서, 그 면적이 부피에 비례한다고 가정하자. 기름 1배럴이 $300 m^2$를 덮는다면, 시간 t에서,

$$A(t) = (300\ m^2/brl)\cdot(2\ brl/min)\cdot(t\ min) = 600t\ m^2$$

$$A'(t) = 600\ m^2/min$$

반원 형태의 기름띠로부터 상대적 비율이 나와.

$C = \pi r,\ A = \frac{1}{2}\pi r^2$ 그래서

$$A = \frac{C^2}{2\pi}$$

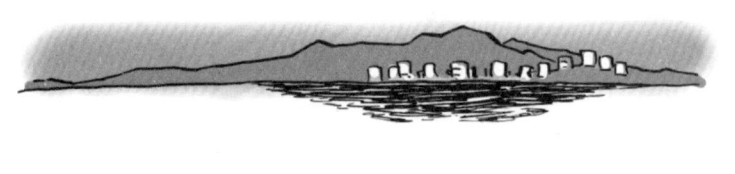

t에 관해 미분하면,

$$A'(t) = \frac{1}{2\pi} 2C(t)C'(t) = \frac{1}{\pi}C(t)C'(t)\quad \text{그래서}$$

$$C'(t) = \frac{\pi A'}{C(t)} = \frac{600\pi}{C(t)}\ m/min$$

예를 들어 기름띠의 둘레가 1000미터($C = 1000$)일 때, 그 증가율은

$$\frac{600\pi}{1000} \approx (0.6)(3.1416) \approx \mathbf{1.88}\ m/min$$

4. 델타가 윗면의 지름이 $6cm$이고 높이가 $8cm$인 고깔모양의 컵에 물을 붓고 있어. 시간 t에서 컵 안의 물의 부피가 $V(t)$이면, 물의 **높이**의 상승률을 $V'(t)$로 나타내면?

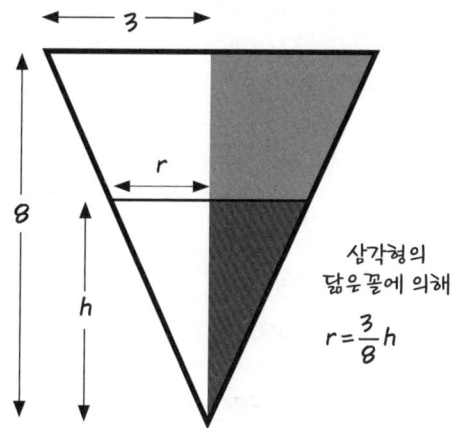

삼각형의 닮은꼴에 의해
$r = \frac{3}{8}h$

물의 부피는,

(1) $V = \frac{1}{3}\pi r^2 h = \frac{1}{3}\pi(\frac{3}{8}h)^2 h$

$= \frac{1}{3}\pi(\frac{3}{8})^2 h^3$

이를 t에 관해 미분하면,

$V' = h'\pi(\frac{3}{8})^2 h^2$

따라서,

(2) $h' = \dfrac{64V'}{9\pi h^2}$

예를 들어 물을 $10cm^3/sec$의 일정한 비율로 붓는다면 $h = 4cm$일 때,

$h' = \dfrac{(64)(10)}{9\pi(16)} \approx \dfrac{640}{452.4}$

$\approx 1.41 \, cm/sec$

그런데 $h = 0$에서 물을 붓기 시작한다면, h'이 **무한대**가 되네?!!

5. 이번은 각도 문제야. 비행기가 (다시) 속도 $s'(t)$로 고도 $3km$에서 날고 있어. 관측자가 비행기를 비디오로 녹화하고 있고, 각도 $\pi/3$라디안에서 카메라의 **각도**가 얼마나 빨리 변하는지 알고 싶어해.

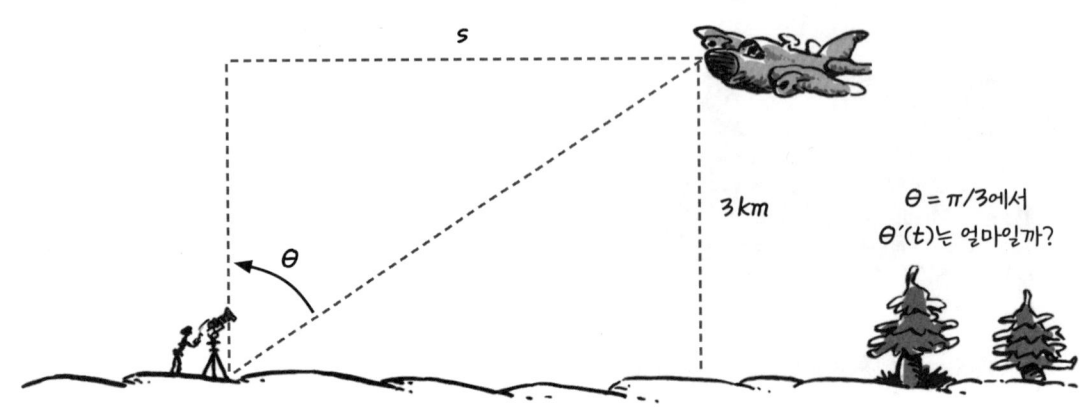

$\theta = \pi/3$에서 $\theta'(t)$는 얼마일까?

s는 관측자로부터 비행기까지의 수평거리야. s와 θ 사이의 관계식은

$$\tan\theta = \frac{s}{3}$$

시간에 관해 미분하면,

$$\theta' \sec^2\theta = \frac{s'}{3}$$

$\sec^2\theta$(절대 0이 아냐)로 나누면,

(1) $\quad \theta' = \frac{1}{3}s'\cos^2\theta$

비행기의 속도가 $-720km/h = -12km/min$*이고, $\theta = \pi/3$라디안이면,

$$\cos\theta = \frac{1}{2}, \quad s' = -12 \quad \text{그리고}$$

$$\theta' = \left(\frac{1}{3}\right)(-12)\left(\frac{1}{4}\right)$$

$$= -1 \text{ rad/min}$$

$$= -(1)(1/60) \approx -0.01667 \text{ rad/sec}$$

각도는 초당 0.01667라디안, 대략 초당 1도의 비율로 감소하고 있어.

* 비행기가 관측자를 향해 날고 있을 때 속도는 음수지.

'우등생 명부'에 실을 거예요. 턱을 긁으며 고개를 끄덕이는 모습을 몇 장 찍을게요….

상대적 비율의 서술식 문제(다른 서술식 문제도 마찬가지)의 핵심은 주어진 상황으로부터 알 수 있는 모든 것을 이용해서 두 함수 간의 관계를 찾아내고 그걸 미분하여 한 도함수를 다른 도함수로 나타내는 거지.

D는 라틴어 네 번째, S는 아홉 번째 알파벳이죠.
θ와 π는 그리스어이지만, 몇 번째 알파벳인지는 모르겠고, 난 그걸 찾아볼 만큼 부지런하지 않아요.
피타고라스 정리는 시칠리아섬에서 살았던 그리스인인 피타고라스의 이름을 딴 거죠. 그는 오직, 자연수와, 자연수의 비(比)만 있다고 믿었는데, $\sqrt{2}$란 무리수를 발견하고는 충격을 받았죠. '피타고라스' 정리는 많은 문화권의 수학자들이 수백 가지의 다른 방법으로 증명해왔어요.
아마추어 수학자인 미국 대통령 제임스 가필드도 전통적인 중국식 증명과 아주 유사한 증명법을 찾아냈죠.
비행기는 1903년 라이트 형제가 발명했고…

너도 알겠지만, 나라고 다 알고 있는 건 절대 아니!

쳇! 왜 이렇게 말하지 않았죠?

서술식 문제가 아닌 음함수 미분의 예제를 좀더 보여줄게.
여기서는 f'을 f, g, g'으로 나타내면 돼.
모든 함수의 변수는 x라고 가정해.

6. $\sin f = \ln g$

$f'\cos f = \dfrac{g'}{g}$

$f' = \dfrac{g'\sec f}{g}$ $(\cos f \neq 0, g \neq 0)$

내가 아는 것 하나 더.
이게 추상적인 생각보다 쉽게 식을 만들어내는 방법이란 거죠!

특히 내가 만들어내는 식이…

7. $f^3 + g^2 = x$, x에 관해 미분하면,

$3f'f^2 + 2g'g = 1$

$f' = \dfrac{1 - 2g'g}{3f^2}$ $(f \neq 0)$

8. $\tan^2 f + \tan f + 1 = g^2$

$f'(2\tan f)(\sec^2 f) + f'\sec^2 f = 2g'g$

$f'(\sec^2 f)(1 + 2\tan f) = 2g'g$

$f' = \dfrac{2g'g \cos^2 f}{1 + 2\tan f}$ $(\tan f \neq -\tfrac{1}{2})$

연습문제

1. 깊이와 반지름이 R인 반구 형태의 사발은 부피가 $2\pi R^3/3$이다. 깊이 h까지 물이 차 있으면, 물의 부피는

$$\pi(R-h)(R^2 - \tfrac{1}{3}(R-h)^2)$$

(당분간 의심 없이 믿어. 다음 장에서 예제로 나올 거야.)

물을 시간당 $V'(t)$로 사발 안에 부어넣을 때, $h'(t)$를 $V'(t)$와 h로 나타내어라. (잊지 마, R은 상수야!)

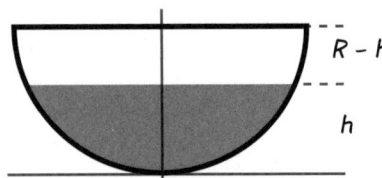

2. 곤충이 타원 형태의 철사 위를 기어가고 있다고 하자. 타원의 방정식은,

$$\frac{x^2}{a^2} + \frac{y^2}{b^2} = 1$$

시간 t에서, 곤충의 x좌표는 $x(t)$이고 y좌표는 $y(t)$다. 함수 $x(t)$와 $y(t)$가 어떤 것이든, 다음 식이 성립해.

$$\frac{(x(t))^2}{a^2} + \frac{(y(t))^2}{b^2} = 1$$

x'과 y' 사이의 관계식을 찾아봐.

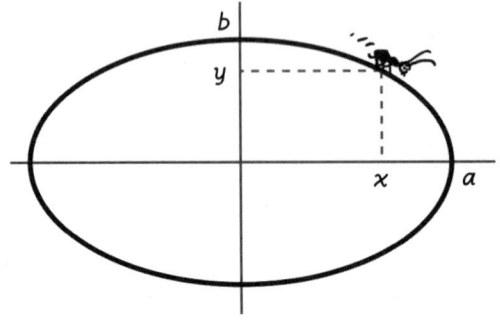

3. 자신의 꼬리를 먹고 있는 뱀이 원 모양을 이루고 있어. 뱀의 길이가 시간당 $C'cm$씩 줄어든다면, 뱀 몸통 안쪽 면적의 감소율은? 즉 A'을 C'과 C로 나타내면?

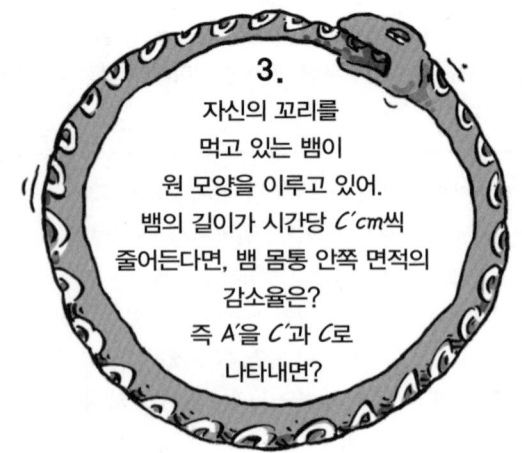

4. 길이가 $15m$인 사다리가 높은 벽에 기대져 있어. 사다리의 아래쪽 끝이 초당 $1m$씩 벽에서 멀어지고 있어. 사다리의 위쪽 끝이 $12m$ 높이에 있을 때, 위쪽 끝이 미끄러져내리는 속도는?

5. 달팽이가 한 변의 길이가 $25cm$인 정사각형의 변을 따라 기어가고 있어. 달팽이는 $1cm/sec$의 일정한 속도로 A에서 B로 기어가고 있어. 달팽이가 $10cm$ 기어갔을 때, 점 C를 향한 속도는? 같은 순간에 점 D에서 멀어지는 속도는?

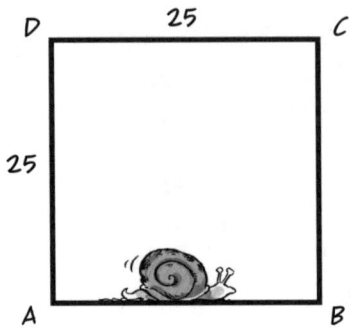

Chapter 5
도함수의 활용, 두 번째: 최적화
함수가 바닥(또는 꼭대기)을 칠 때

실생활에서는, 사람들이
어떤 것을 **최적화**하는 방법을 찾는 때가 많아….
어떤 일을 하는 **최상**의 방법을 찾는다는 거지.
사람들은 최고의 품질,
그리고 최대의 양을 원해!

예를 들면 운송회사는 최소량의 휘발유가 소모되는 최적의 경로를 찾아서 연료비를 최소화하려고 하지.
석유회사는 그 반대를 원해!

물고기 떼를 연구하는 생태학자는 물고기 자원의 고갈 없이 잡을 수 있는 최대 어획량을 계산하고 싶어해.

제조업자는 이익을 최대화하고 싶어하지.

이 모든 사례에서, 최적의 해답은 어떤 함수를 **최대화** 또는 **최소화**하는 거야.

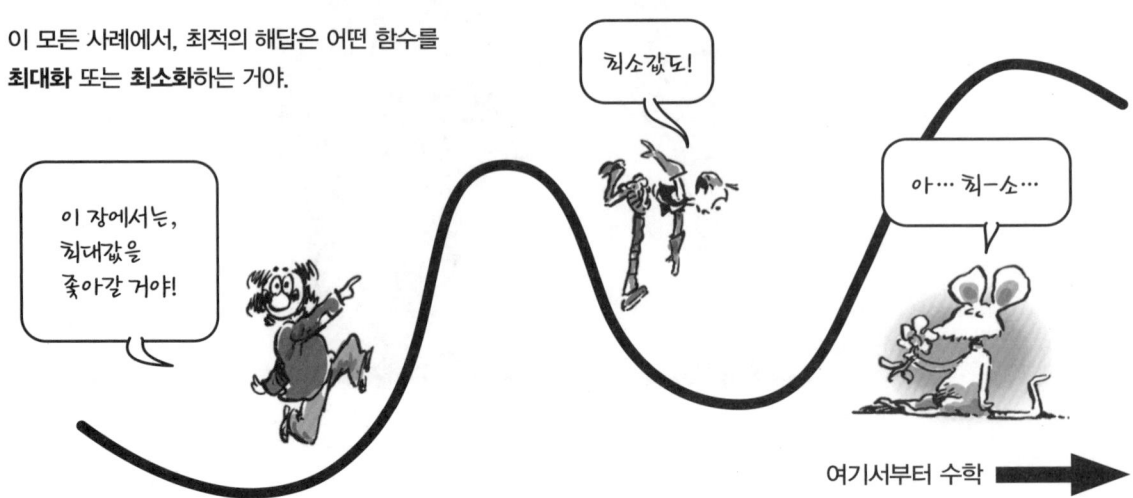

134

함수의 **국소 최대점(극대점)**은 그래프가 산꼭대기가 되는 점 a야. 함수 f의 극대점 a에서는, a 근방의 어떤 구간 내의 모든 점 x에 대해 $f(a) \geq f(x)$가 돼. **국소 최소점(극소점)** c는 계곡의 바닥이야. 여기서는 c 근방의 점 x에서 $f(x) \geq f(c)$가 돼. '국소'의 의미는 함수값 $f(a)$를 근처의 점에서의 값들하고만 비교한다는 의미야. 국소 최대점과 국소 최소점을 **극점** 또는 **최적점**이라고도 해.

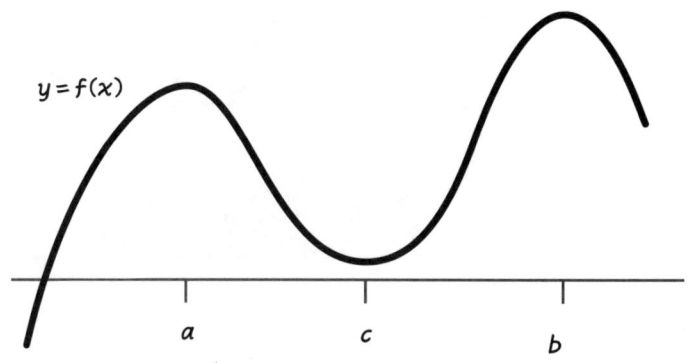

a와 b는 둘 다 극대점이고, $f(b) > f(a)$야. c는 극소점이야.

극점의 성질 1:

a가 미분가능한 함수 f의 극점이면,

$$f'(a) = 0$$

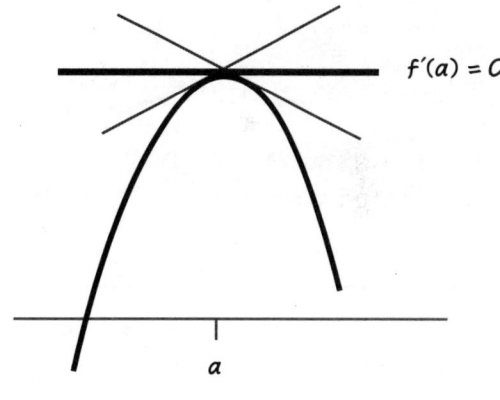

증명: a가 극대점이라고 하자.
그러면 작은 h에 대해,

$$\frac{f(a+h) - f(a)}{h} \leq 0 \quad (h > 0 \text{일 때})$$

$$\frac{f(a+h) - f(a)}{h} \geq 0 \quad (h < 0 \text{일 때})$$

그래서 $h \to 0$일 때의 극한값은 음수도, 양수도 아니어야 하므로 0이 될 수밖에 없어.
a가 극소점이면, a는 $-f$의 극대점이기 때문에, 도함수는 역시 0이야.

a에서의 그래프의 기울기는 양수에서 음수로, 또는 음수에서 양수로 바뀌는 도중이기 때문에, 극점에서는 0이 되는 거야.

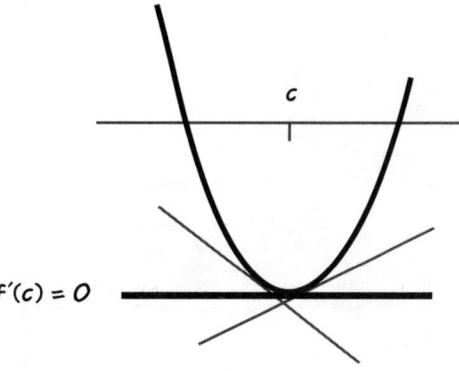

우리의 자동차 운전수가 극점에서 도함수가 0이 되는 이유를 설명해줄 수 있어.

델타가 한동안 전진하다가 시간 $t=a$부터 후진한다면, 방향을 바꾼 지점 $P=s(a)$는 극대점이다. 더 이상 전진하지 않기 때문이지. 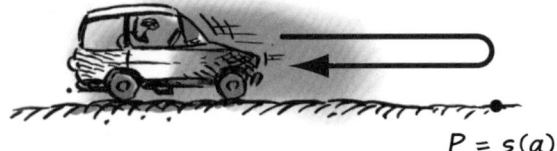	그녀의 속도는 시간 a까지는 양이고, 시간 a 이후에는 음이다. 
자동차가 정확히 극대점에 도달한 시간 $t=a$에서는 속도가 양에서 음으로 바뀌는 순간이니까 0이 되어야 해. $s'(a) = 0$. 	델타가 처음에 후진하다가 전진하는 경우도 마찬가지야. 운전 방향이 바뀐 지점은 극소점이 되고, 여기서의 속도 역시 0이 되어야 해. 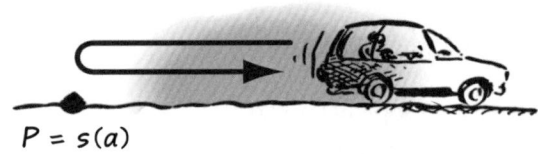

주의: 극점이 아닌 때에도 속도는 0이 될 수 있어. 자동차가 가다가 정지 표지판에서 정지했다가 다시 간다면, 정지순간(b라고 하자)에는 $s'(b)$가 0이야. 하지만 $s(b)$는 극점이 아니야!

그래서

함수 f의 극점을 찾으려면 $f'(a) = 0$인 a를 찾아야 해.

그러나

그다음에는 a가 함수 f의 진짜 극점인지 아니면 단순한 '정지 표지판'인지를 **검증해야 해**.

예제 1: 다시 트램펄린 위에 있는 뉴턴을 생각해보자. 앞에서와 같이 트램펄린의 막이 지상 1m에 있고, 위로 뛰어오르는 뉴턴의 속도가 100m/sec라고 하자. 그러면 뉴턴의 높이는 미터로,

$$h(t) = -4.9t^2 + 100t + 1$$

이다. 이제 질문은,
뉴턴이 도달할 수 있는
최고 높이는 몇 미터일까?

먼저 h의 도함수를 취하면,

$$h'(t) = -9.8t + 100 \text{ m/sec}$$

다음으로 던질 질문은,
$h'(t) = 0$이 되는 때는?
위 식을 0으로 놓고
t에 관해 풀면,

$$h'(t) = 0$$

$$-9.8t + 100 = 0$$

$$t = \frac{100}{9.8} = \mathbf{10.20} \text{ 초}$$

뉴턴이 최고 높이에 도달하는 **시간**은
$t = 10.2$초다. 이때의 높이를 구하기 위해
10.2를 $h(t)$에 대입하면,

$$h(10.2) = (-4.9)(10.2)^2 + (100)(10.2) + 1$$

$$= \mathbf{1{,}125} \text{ 미터}$$

우리가 구한 높이가 최대인 걸 확인하기 위해 뉴턴의 움직임을 슬로모션으로 살펴보자.

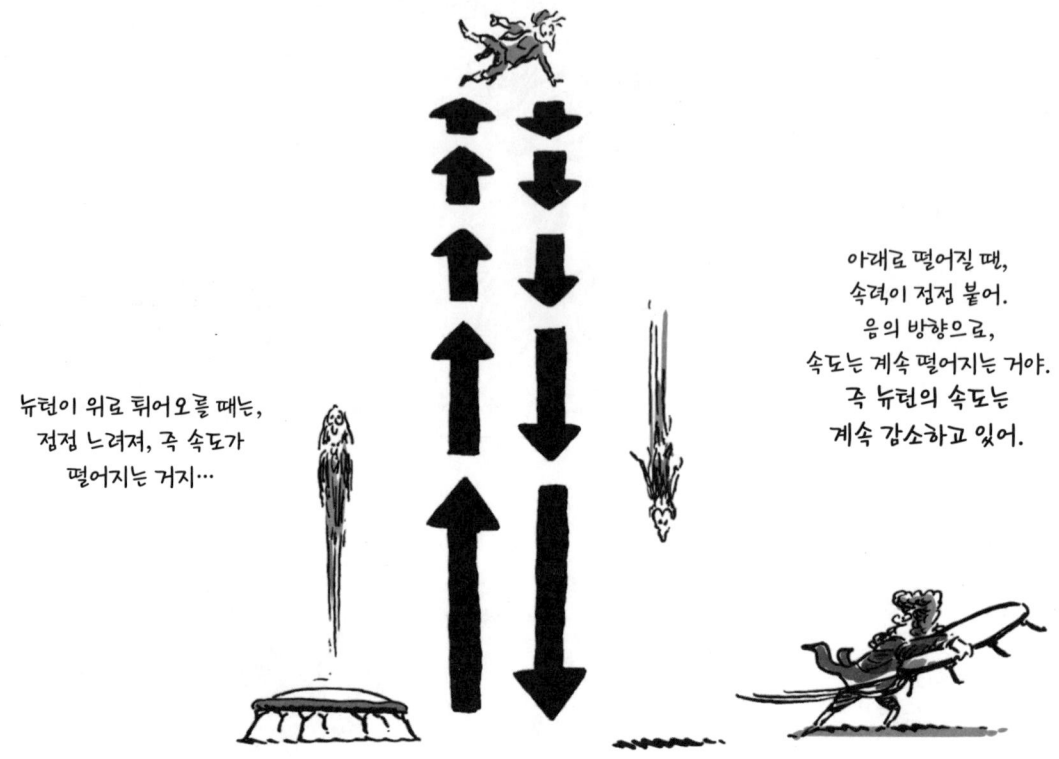

맨 꼭대기, 즉 $t=10.20$초에서는 뉴턴의 속도가 정확히 0이야. 그 순간에 뉴턴은 정지해 있지만, 그의 속도는 양의 방향에서 음의 방향으로 바뀌며, 계속 감소하고 있는 거야.

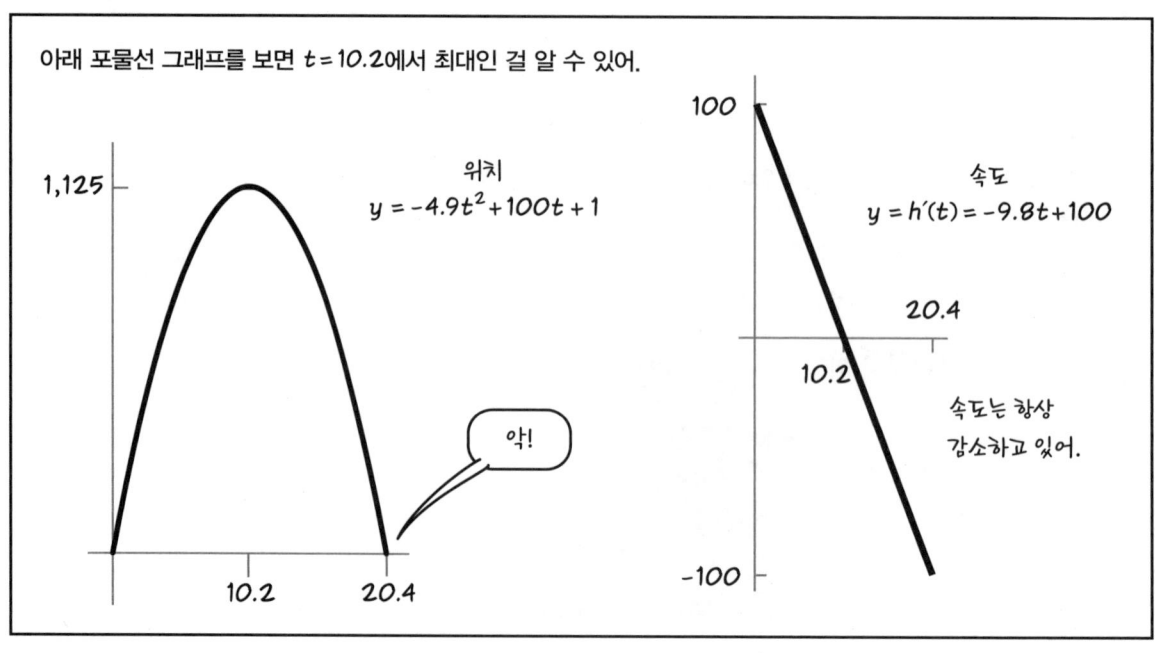

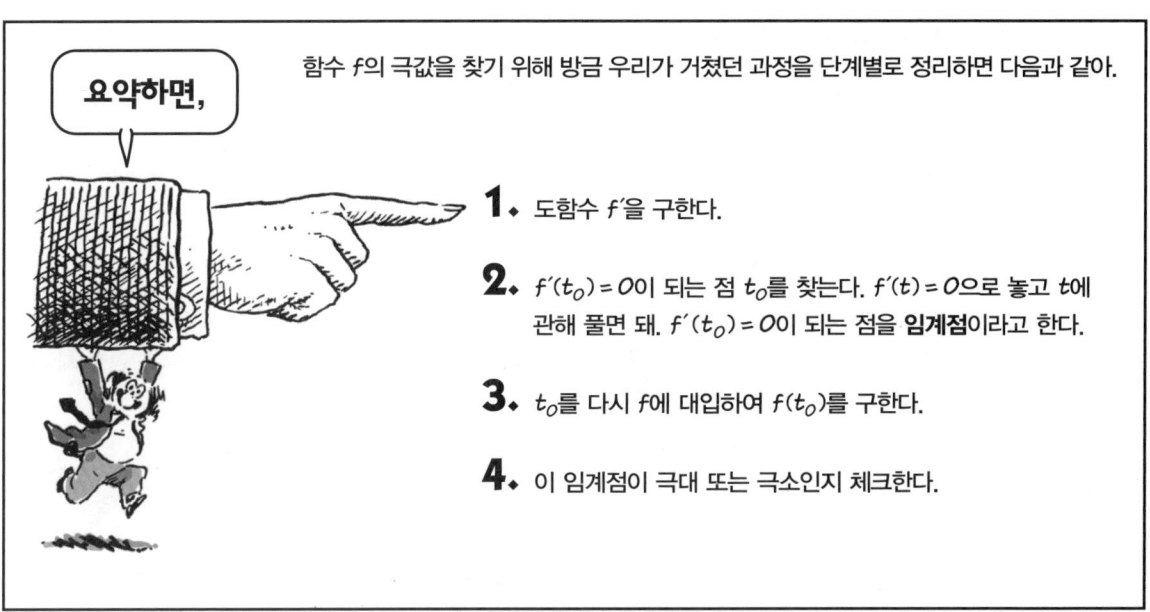

함수 f의 극값을 찾기 위해 방금 우리가 거쳤던 과정을 단계별로 정리하면 다음과 같아.

요약하면,

1. 도함수 f'을 구한다.

2. $f'(t_0) = 0$이 되는 점 t_0를 찾는다. $f'(t) = 0$으로 놓고 t에 관해 풀면 돼. $f'(t_0) = 0$이 되는 점을 **임계점**이라고 한다.

3. t_0를 다시 f에 대입하여 $f(t_0)$를 구한다.

4. 이 임계점이 극대 또는 극소인지 체크한다.

모든 최적화 문제는 이런 과정을 따라 풀면 돼. 물론 다른 상황에서는 임계점이 하나 이상일 수도 있어. 트램펄린 문제는 재수가 좋았던 거지….

예제 하나 더…

사업의 경우, 이익은 제품의 판매량에 달려 있어.

예제 2: SQUEEZ-U 올리브라는 농장은 고급 올리브유를 한 병당 100달러에 팔고 있어.

q병을 팔면 **수입** $R(q)$는 $100q$가 돼. 이때 발생하는 비용 C도 q에 따라 달라지는데, 그건 다음의 식과 같다고 하자.

$$C(q) = 800,000 + 4q^{\frac{5}{4}}$$

(비용에는 토지, 기름을 짜는 압착기, 병에 담는 장비, 올리브나무에 대한 초기 비용 80만 달러와, 임금, 운송료, 보관료, 재료비, 비료, 유지보수, 쓰레기 처분비용과 같은 운영비가 포함돼…)

이익 P는 수입과 비용의 차이이고, q의 함수야. 그건 판매량에 따라 달라져.

$$P(q) = R(q) - C(q)$$

이익을 **최대화**하려면, SQUEEZ-U 농장은 몇 병을 팔아야 하며, 그때의 이익은 얼마일까?

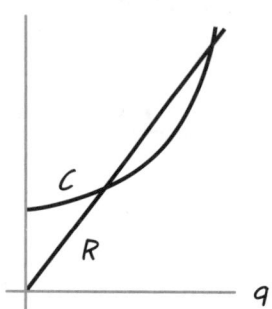

1. P를 q에 관해 미분해서 단위 판매량당 이익 변화율을 구한다.

$$P(q) = 100q - 800{,}000 - 4q^{\frac{5}{4}}$$
$$P'(q) = 100 - 5q^{\frac{1}{4}}$$

2. $P'(q) = 0$으로 두고 q에 관해 푼다.

$$100 - 5q^{\frac{1}{4}} = 0$$
$$q^{\frac{1}{4}} = 20$$
$$q = (20)^4 = 160{,}000 \text{병}$$

3. 160,000병을 판매한 때의 이익을 구한다.

$$P(160{,}000) =$$
$$= (100)(160{,}000) - 800{,}000 - (160{,}000)^{\frac{5}{4}}$$
$$= 16{,}000{,}000 - 800{,}000 - 3{,}200{,}000$$
$$= \mathbf{12{,}000{,}000} \text{ 달러}$$

4. $q = 160{,}000$에서 $P(q)$가 최대인지 체크한다.
q가 이보다 약간 작다면, 즉 15만 병이면,

$$P(150{,}000) =$$
$$(100)(150{,}000) - 800{,}000 - (150{,}000)^{\frac{5}{4}}$$
$$= 15{,}000{,}000 - 3{,}751{,}985$$
$$= 11{,}000{,}000 \text{ 달러와 잔돈}$$

이건 1,200만 달러보단 작아.
$q = 170{,}000$이나
근처의 다른 값을 넣어
계산해도 결과는 같아.

더 나은 판정법

앞에서 본 최적화의 4단계 중 마지막 것은 좀 기묘해. 임계점을 찾기 위해 '근처' 점에서의 함수값을 계산하는 건 어설픈 방법이야. 시간도 많이 들고⋯ 우아하지 못해!

사실, 그 방법은 아무것도 보장해주지 못해. '근처'의 점을 고른다고 하지만, 그게 아니라면 어떻게 되겠어? a에서 극소값을 갖는 그래프를 생각해봐. 비교점으로 b를 골랐다면, $f(b)<f(a)$가 되고, $f(a)$를 극소가 아니라 극대라고 생각하게 될 거야.

우리에겐 더 나은 판정법이 필요해!

이 책은 미적분 책이니까, **도함수를 이용하고 싶어**. 이렇게 질문을 던져보자, **도함수는 어떻게 변할까?**

극대점 주변에서, 도함수 $f'(x)$는
양에서 음으로 바뀌지….
극소점 주변에서는 음에서 양으로 바뀌고.
즉 **극대점**에서는 f'이 **감소**하고 있고,
극소점에서는 **증가**하고 있어.

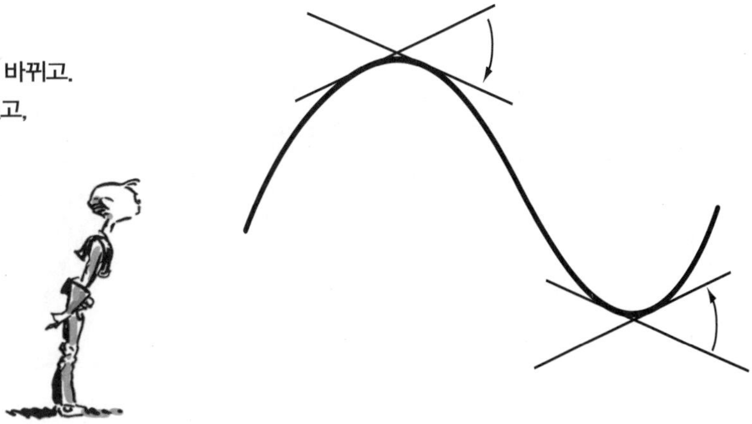

지금 우린 f'의 변화(증가 또는 감소)에 대해 얘기하고 있고, 그 변화는 도함수를 통해 알 수 있어.
그래서 f'의 변화는 **도함수의 도함수** $(f')'$, 즉 f''이 알려주지. f''을 f의 **이계도함수**라고 해.

f''을 달리 쓰면, $\dfrac{d^2f}{dx^2}$ 또는 $\dfrac{d^2y}{dx^2}$!!

기본함수들은 원하는 횟수만큼 계속 미분할 수 있고 각각 일계, 이계, 삼계… n계 도함수라고 해.

$f(x)$	x^5	$\sin x$
$f'(x)$	$5x^4$	$\cos x$
$f''(x)$	$20x^3$	$-\sin x$
$f'''(x)$	$60x^2$	$-\cos x$
$f^{(4)}(x)$	$120x$	$\sin x$
$f^{(5)}(x)$	120	$\cos x$
$f^{(6)}(x)$	0	$-\sin x$
$f^{(7)}(x)$	0	$-\cos x$
…	…	…

그런데 이들의 의미는 뭘까?

운동의 경우, 위치의 이계도함수는 아마도 낯이 익을 거야. 그건 속도의 변화율인 **가속도**야.

$s(t)$ = 시간 t에서의 위치
$s'(t) = v(t)$ = 시간 t에서의 속도
$s''(t) = v'(t) = a(t)$ = 시간 t에서의 가속도

자동차를 가속하면, 즉 속도를 증가시키면, 여러분은 뒤로 밀리는 걸 느껴.*

감속하면(속도가 떨어지면) 몸이 앞으로 쏠려.

뉴턴(또다시 등장!)은 이걸 자신의 두 번째 법칙 '힘은 질량과 가속도에 비례한다'로 발표했어.

$$F = ma$$

몰랐지롱!

가속도가 힘에 비례한다는 사실을 토대로 가속도를 측정하는 **가속도계**를 만들 수 있어. 그걸 스마트폰, 태블릿, 디지털카메라에 장착하면, 흔들림이나 회전을 감지할 수 있지.

도난을 막는 수단이야?

* 실제로는, 좌석이 떠밀어내는 느낌이 들 거야. 자세한 것은 『세상에서 가장 재미있는 물리학』을 봐.

f''은 그래프의 **요철** 모양을 알려줘. $f'(x)$가 증가하고 있을 때는, $f''(x) \geq 0$야. 이 부분의 그래프는 **아래로 볼록**해. $f'(x)$가 감소하고 있을 때는, $f'' \leq 0$이고, 이 부분의 그래프는 **위로 볼록**해.
그래프의 요철이 바뀌는 점 C를 **변곡점**이라고 하는데, 이 점에서는 $f''(c) = 0$이야.

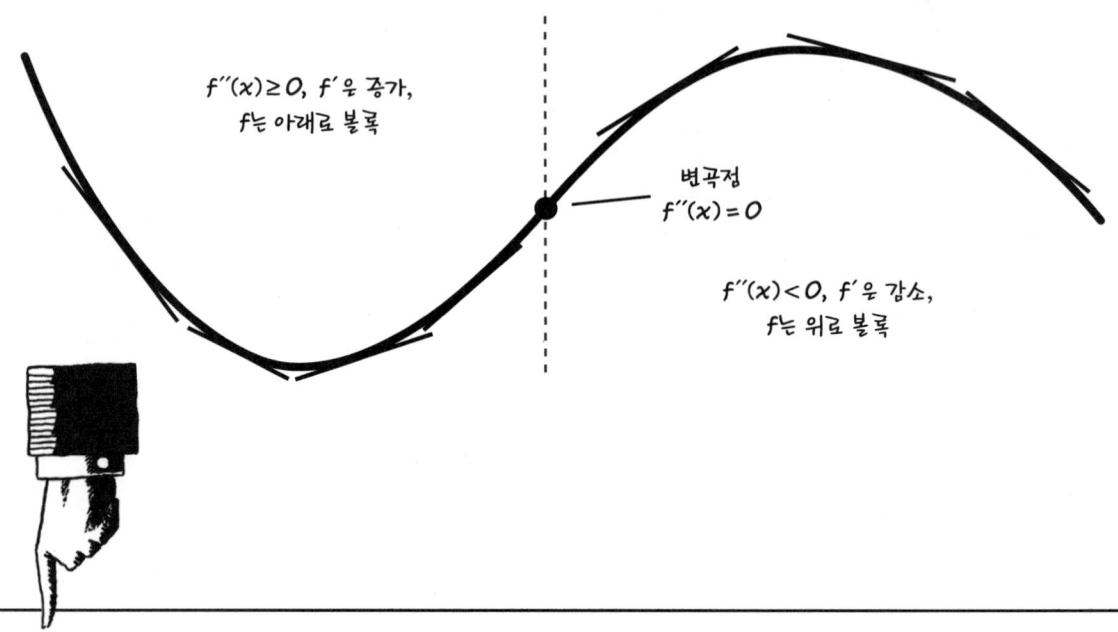

여기서 바로 새로운 판정법이 나오는 거야.

이계도함수 판정법:

f가 미분가능한 어떤 구간 내의 점 a에 대해, $f'(a) = 0$일 때,

$f''(a) < 0$이면, a는 f의 극대점

$f''(a) > 0$이면, a는 f의 극소점

극대는 위로 볼록한 낙타등 모양의 꼭대기에서 생기고, 극소는 아래로 볼록한 골짜기 모양의 밑바닥에서 생기기 때문이야.

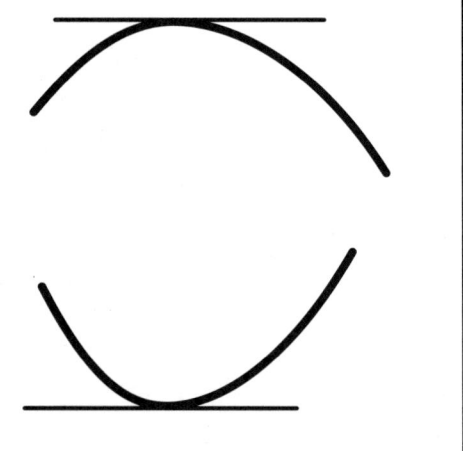

예제 3:

농부 프레디는 헛간 벽에 붙여서 직사각형 모양의 양 우리를 만들려고 해. 그녀는 길이 $80m$의 널빤지로 양 우리의 세 변을 만들 거야. 그녀가 만들 수 있는 양 우리의 **최대 면적**은 얼마일까?

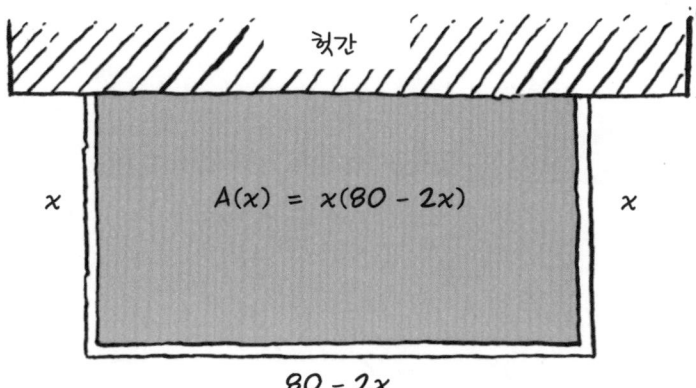

우린 $A(x)$를 최대로 만드는 길이 x를 찾아야 해.

1. $A(x)$를 미분한다.

$$A(x) = x(80 - 2x) = 80x - 2x^2$$
$$A'(x) = 80 - 4x$$

2. $A'(x) = 0$으로 두고 x에 관해 푼다.

$$80 - 4x = 0$$
$$x = 20$$

이제 바로 4단계로 가서, 최대인지 여부를 판정한다.

4. 이계도함수의 부호를 체크한다.

$$A''(x) = -4 < 0$$

A''은 항상 음이야. 이계도함수 판정법에 의해, $x = 20$은 **최대점**이야. 이제 3단계로!

3. 최대점에서, 양 우리의 면적은

$$A(20) = 1600 - 800$$
$$= 800 \, m^2$$

예제 4:

브루티시 석유회사는 저장탱크에서 강 너머 사업소까지 송유관을 연결하려고 해. 강의 폭은 $2km$이고, 저장탱크의 강 건너편 지점과 사업소 사이의 거리는 $9km$야. 송유관 $1m$를 설치하는 데 물에서는 8달러, 땅에서는 4달러의 비용이 들 때, 송유관의 **가장 싼 경로는?**

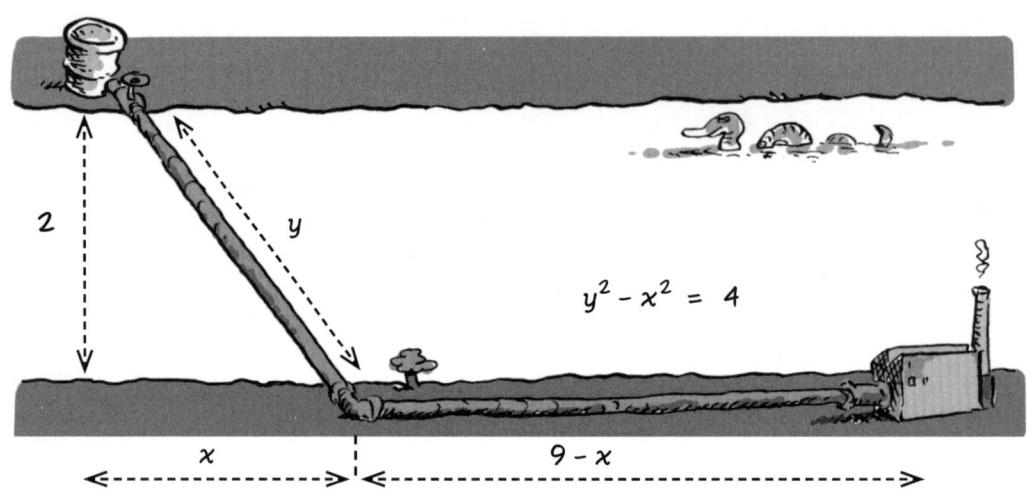

송유관은 두 구간의 직선관로로 구성된다고 생각해야 해. 곡선관로는 더 길기 때문이야. 위 그림처럼 x, y를 표시하면,

(1) $\quad y^2 - x^2 = 4$

천 달러 단위로 나타낸 비용은,

(2) $\quad C(x) = 4(9 - x) + 8y$
$\qquad\qquad = 36 - 4x + 8y$

이제 x에 관해 비용 C를 최적화하려고 해. 즉 비용을 최소화하는 길이 x를 찾는 거지. 그래서 먼저 $C'(x)$를 찾아야 해.

식 (1)은 **음함수 미분법**을 써야 해(이건 제곱근을 다루는 번잡을 피하기 위해서야). 식 (1)과 (2)를 x에 관해 미분하면,

(3) $\quad 2yy' - 2x = 0 \quad$ 그래서 $\quad y' = \dfrac{x}{y}$

(4) $\quad C' = -4 + 8y'$

비용 C를 최적화하기 위해 $C' = 0$이라 두면

$8y' - 4 = 0, \quad$ 그래서 $\quad y' = \dfrac{1}{2}$

(3)으로부터 $y' = x/y$이므로

(5) $\quad \dfrac{x}{y} = \dfrac{1}{2} \quad$ 또는 $\quad y = 2x$

이걸 (1)에 대입하면 $3x^2 = 4$, 그래서 $C'(x) = 0$이 되려면

$$\boxed{x = \dfrac{2}{\sqrt{3}}}$$

이제 이계도함수 판정법을 적용해서 C''의 부호를 살펴보자. (4)에서,

(6) $\quad C'' = 8y''$

또한 (3)에서, 몫규칙을 이용하면,

$$y'' = \frac{y - xy'}{y^2}$$

$y' = x/y$ (다시 (3)에서)를 대입하면

$$y'' = \frac{y^2 - x^2}{y^3} = \frac{4}{y^3} \quad \text{그래서}$$

$$C'' = \frac{32}{y^3} > 0 \quad \text{왜냐하면 } y > 0$$

이계도함수 C''은 항상 양이니까,
우리가 구한 답은 최소임을 알 수 있어.

그리고 최소비용은 얼마일까? $y = \sqrt{x^2 + 4}$ 를 (2)식에 대입하여 C를 완전히 x로만 나타낼 수 있어.

$$C(x) = 36 - 4x + 8\sqrt{x^2 + 4}$$

최소점 $x = 2/\sqrt{3}$ 에서,

$$C\left(\frac{2}{\sqrt{3}}\right) = 36 - 4\left(\frac{2}{\sqrt{3}}\right) + 8\sqrt{\frac{4}{3} + 4}$$
$$\approx 49.86\ldots$$

그래서 총 비용은 **49,860달러야.**

x	$C(x)$, 천 달러
0	52
1	49.90
$2/\sqrt{3}$	49.86
2	50.62
3	52.84
...	...
9	73.76

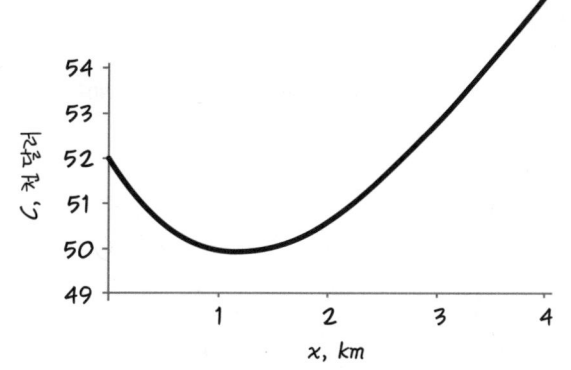

주목: 모든 x에 대해 $C''(x) > 0$인 것은 C의 그래프가 항상 아래로 볼록하다는 뜻이야. 이 경우는 변곡점도 없어.

중대 경고:

이계도함수 판정법은 멋진 방법이지만, 항상 성공하는 건 아냐! $f''(a) = 0$인 임계점 a에서는 어떻게 될까?
이 경우에는 이계도함수 판정법이 실패한다. 점 a가 극점인지 아닌지 **아무런 정보를 주지 않아**.
다음 두 예제를 봐.

예제 5:

거듭제곱함수 $f(x) = x^3$은
극대나 극소 없이 증가하는 함수다.
이 함수의 일계, 이계도함수는

$f'(x) = 3x^2$ 그리고
$f''(x) = 6x$,

그래서 $x = 0$일 때,

$f'(0) = f''(0) = 0$

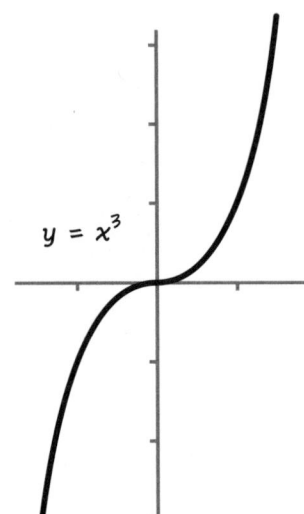

이것은 136쪽의 '정지 표지판'의 예와 같은 경우야. $x < 0$일 때 도함수는 양이지만, 일순간 0이 된다.

그리고 $x > 0$일 때 다시 양이 돼.

예제 6:

한편, $g(x) = x^4$은 $x = 0$에서 뭔가 달라. 일계, 이계도함수가 $g'(x) = 4x^3$과 $g''(x) = 12x^2$이고 $g'(0) = g''(0) = 0$
이지만, 점 $x = 0$에서 분명히 최소야.

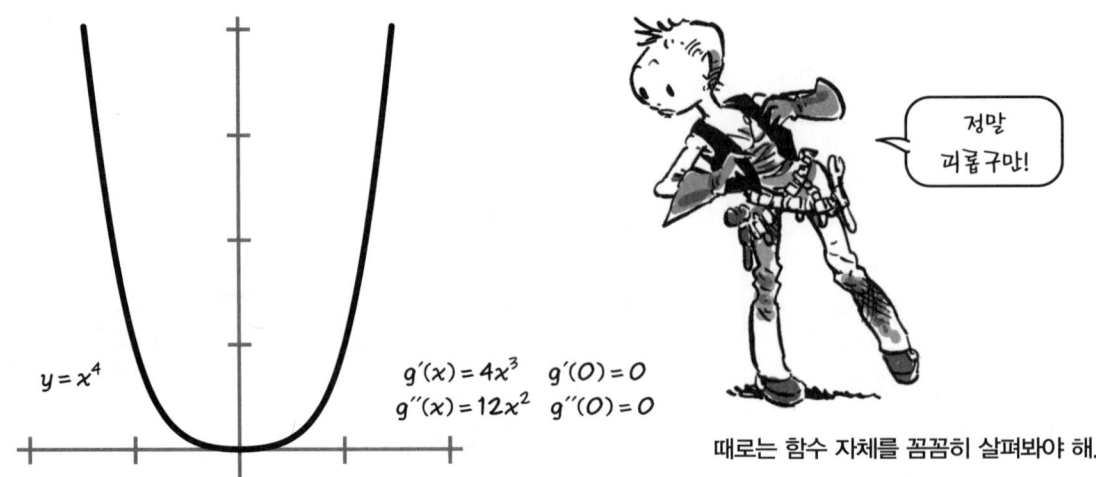

$y = x^4$

$g'(x) = 4x^3 \quad g'(0) = 0$
$g''(x) = 12x^2 \quad g''(0) = 0$

때로는 함수 자체를 꼼꼼히 살펴봐야 해.

이계도함수는 최대를 판정하는 잣대 이상의 역할을 해. 즉 함수의 그래프 모양에 대한 정보를 알려줘.

예를 들어 성장 중인 경제에서
(총 생산의) 이계도함수가 음이면
성장세가 최고조에 달해
꺾이기 시작하는 상황임을
의미할 수 있어….

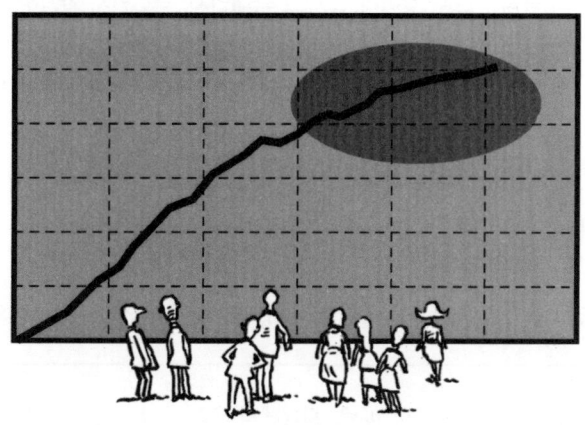

마찬가지로, 불경기에서 양의 f''은 최악의 상황이 끝나고 곧 회복세에 들어설 징조일 수 있어.

그러나, 꼭 그런 건 아냐!

한 가지 더: 도함수 판정법은
극점을 찾을 때 도움이 되는데,
함수의 '**전체적인**' 최대 또는 최소를
알고 싶을 때도 있어.
f가 폐구간 $[a, b]$에서 정의되어 있을 때,
f의 극값이 구간의 끝점에서 생길 수도 있어.
그래서 $f(a)$, $f(b)$를 f의 극대값,
극소값들과 비교해봐야 해.

아래 그래프에서 최대는 구간 내의 점 c에서,
최소값은 끝점 b에서 생겨.

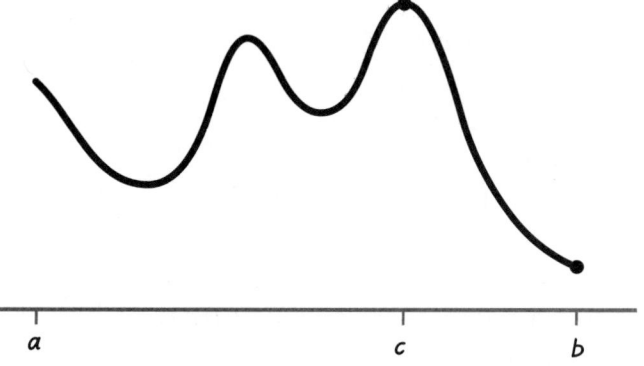

연습문제

1. 아래 함수의 극점을 모두 찾아라. 그리고 극대인지, 극소인지 확인하고 그래프를 그려라.

  a. $f(x) = x^2 + x - 1$
  b. $g(x) = x^3 - 3x + 8$
  c. $h(t) = 2t^3 - 3t^2 - 36t - 1$
  d. $S(x) = \sin^2 x$
  e. $F(\theta) = \cos\theta + \sin\theta$
  f. $A(x) = \sqrt{4 - x^2}$
  g. $Q(x) = x \ln x$
  h. $s(t) = e^{-t}\cos t$

2. $f(x) = \sin x$의 10계도함수는? 11계도함수는?

3. 둘레의 길이가 P인 모든 직사각형 중에서, 면적이 최대인 것은 한 변의 길이가 $P/4$인 정사각형임을 보여라.

4. 투석기가 돌덩이를 초기속도 v_0로, 지상에서 θ의 각도로 공중으로 던졌어. 이 속도의 수평성분은 $v_0\cos\theta$이고, 수직성분은 $v_0\sin\theta$야.

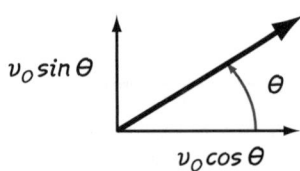

시간 t에서 지상으로부터의 돌덩이의 높이는 다음 식과 같아.

$$h(t) = -4.9t^2 + (v_0 \sin\theta)t$$

  a. 돌덩이가 최고 높이에 도달할 때의 시간 T를 구하라. (이건 θ의 함수야.)

돌덩이가 그 시간 동안 이동한 수평거리는 $D(\theta) = (v_0 \cos\theta)T$이고, 돌덩이가 땅에 떨어질 때까지 이동한 수평거리는 이것의 두 배, 즉

$$D(\theta) = (2v_0 \cos\theta)T$$

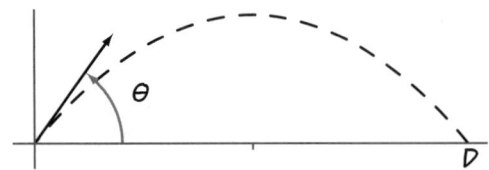

  b. D가 최대가 되는 각도 θ를 찾아라. (T는 θ의 함수임을 잊지 마!)

5. 도로포장 회사가 지름이 $2km$인 둥근 연못가의 한 지점에서, 지름 건너편 지점까지 도로를 건설하려고 해. 물 위로 도로를 건설하는 데는 $1m$당 5달러가 들고, 땅에서는 $1m$당 4달러가 든다. 최소의 비용이 드는 도로의 경로는?

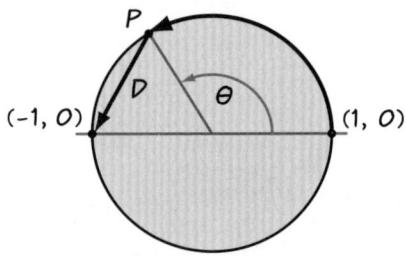

힌트: 도로의 경계점 P까지의 거리 D는 다음 식을 만족해. $D^2 = (\cos\theta + 1)^2 + \sin^2\theta$

6. 인부 두 사람이 직각으로 꺾이는 복도를 따라 아래쪽으로 벽판을 옮기고 있어. 위쪽 복도의 폭은 $3m$이고, 아래쪽 복도는 $4m$야. 직각부분을 돌아 옮길 수 있는 벽판의 최대 길이를 구하라.

힌트: 딱 들어맞는 가장 짧은 벽판의 길이를 구해. 그보다 짧은 것들은 다 옮겨져.

Chapter 6
국소적 거동
직선을 따라갈 거야

이제 우리의 시각을 조금 바꿔보자. 지금까지는 정의역에서 도함수가 변하는 모양을 살펴보았다. 이제 **하나의 점**에 주목해보자. 놀랄 만큼 많은 걸 알게 될 거야….

121쪽에서, 점 a 근방에서 일어나는 함수 f의 작은 변화를 기술하는 다음 식을 미분법의 **기본방정식**이라고 불렀어.

$$f(a + h) - f(a) = hf'(a) + 벼룩$$

이 식은 좌변의 $f(a+h)-f(a)$, 즉 Δf와 좌변의 $hf'(a)$ 사이의 차이가 h에 비해 작다는 걸 말해주고 있어. 그래서 f의 근사값들을 쉽게 계산할 수 있지.

수학에서는, 종종 표기의 작은 변화가 사람들의 시각을 확 바꿔놓곤 하지….

내가 늘 하던 얘기가 바로 그거야!

나를 차라

$x = a + h$, 즉 $h = x - a$라 하자.
그러면 기본방정식은

$$f(x) - f(a) = f'(a)(x - a) + 벼룩$$

또는

$$f(x) = f(a) + f'(a)(x - a) + 벼룩$$

이것도 a 근방에서 함수 f를 기술하는 한 방법이야.
여기서 이 식을 좀더 간단히 하기 위해,
벼룩을 빼버리면,

$$T_a(x) = f(a) + f'(a)(x - a)$$

이 식의 그래프는 직선이고,
점 a를 지나며 기울기는 $f'(a)$야.

$y = f(x)$

$P = (a, f(a))$

$y = f(a) + f'(a)(x - a)$
기울기 $= f'(a)$

a

이 직선은, 그래프 $y = f(x)$ 위의 점 a에서의 **접선**이며, 점 $P = (a, f(a))$에서 곡선과 만나고, 기울기는 그 점에서의 f의 도함수와 같아. a에서 이 직선함수와 f는 함수값과 도함수가 서로 같아.

그리고 T_a와 f의 차이는 벼룩이야.
이 의미는 아래와 같다는 걸 기억할 거야.

$$\lim_{x \to a} (T_a(x) - f(x)) = 0$$

또한

$$\lim_{x \to a} \frac{1}{(x-a)} (T_a(x) - f(x)) = 0$$

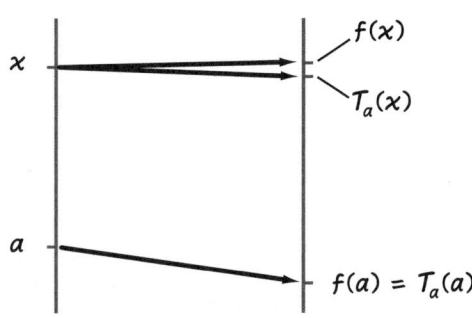

즉, 점 a 근방에서 $T_a(x)$와 $f(x)$의 차이는 $x-a$에 비해 훨씬 작다는 거지.

다시 말하면, **점 P를 가까이 들여다볼수록, 그래프 $y = f(x)$는 더욱더 직선으로 보인다**라고 할 수 있어.

점 x는 아래의 회색 직사각형의 모서리에 있고, 점 a는 중앙에 있다고 생각해봐. 이제 점점 가까이 가면…

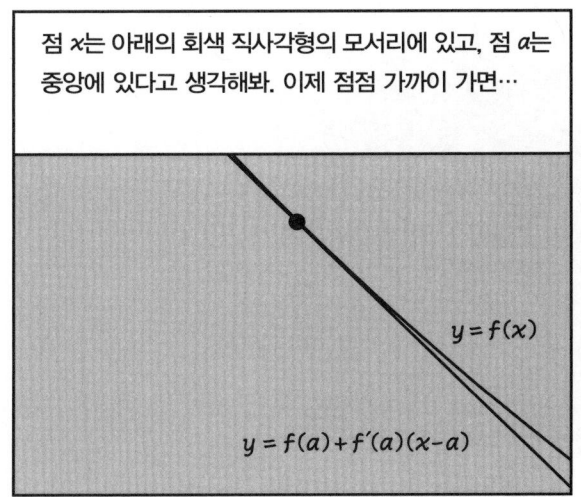

직사각형의 변인 $2(x-a)$에 비해, 곡선과 직선 간의 거리는 점점 줄어들어 무시할 수 있게 돼.

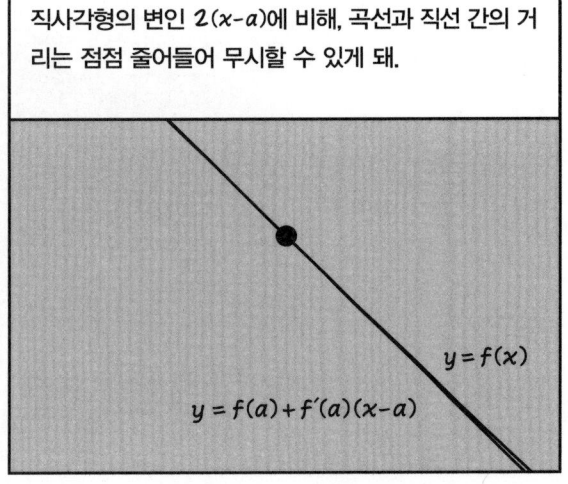

달리 말하면, a 근방의 x에 대해 $f(x)$는 $f(a)+f'(a)(x-a)$로 **근사된다**. 즉 함수의 근사값을 계산할 방법을 갖게 된 거지.

70의 제곱근이 오차 1/1000 이내에서 8.375라는데 10달러 걸게!!

예제: $f(x) = \sqrt{x}$, $a = 1$이라 하자. $f(a)$와 $f'(a)$를 알기 때문에, 1 근방에서 제곱근을 근사할 수 있어. 물론 $f(1) = \sqrt{1} = 1$이고,

$$f'(x) = \frac{1}{2\sqrt{x}} \quad 그래서 \quad f'(1) = \frac{1}{2}$$

x가 1 근방의 수라면,

$$f(x) \approx f(1) + f'(1)(x-1) = 1 + \frac{1}{2}(x-1)$$

예를 들어,

$$\sqrt{1.3} \approx 1 + \left(\frac{1}{2}\right)(1.3 - 1) = \mathbf{1.15}$$

실제값은 1.1402…이니까, 근사값의 오차가 1/100 이내야.

이와 유사하게, 자연로그 $\ln x$도 e 근방의 x에 대해 근사할 수 있어.

$$f(x) = \ln x, \quad f(e) = 1,$$
$$f'(x) = \frac{1}{x}, \quad f'(e) = \frac{1}{e} \quad 그래서$$

$$\ln 3 \approx 1 + \frac{(3-e)}{e}$$
$$\approx 1 + \frac{0.282}{2.718}$$
$$\approx \mathbf{1.104\ldots}$$

실제값은 1.0986…이니까 근사값과의 차이가 대략 5/1000 정도지. 나쁘지 않아!

편안한 밤이죠?

미분가능한 함수의 그래프는 가까이 확대해가면 '평평'해져. 그래서 점 a 근방에서 그래프가 평평해지지 **않는** 함수는 a에서 도함수를 갖지 못해!

절대값함수 $g(x) = |x|$를 예로 들어보자. $a = 0$에서 g는 도함수가 없어. 그래프가 **뾰족**하게 꺾이고, 이 부분을 아무리 확대해도 그 모양이 달라지지 않아. 그래서 0에서는 미분몫이 극한으로 수렴하지 않아.

$$\lim_{h \to 0} \frac{|h|}{h} = \begin{cases} -1 & (h<0) \\ 1 & (h>0) \end{cases}$$

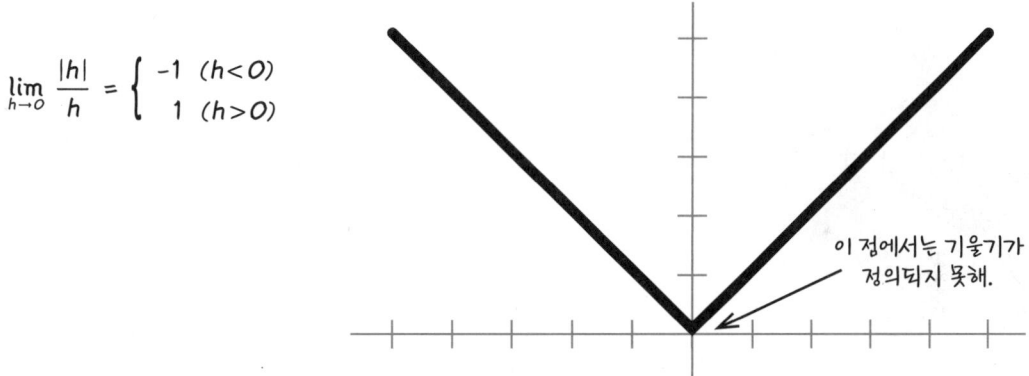

이 점에서는 기울기가 정의되지 못해.

그래프가 위든 아래든 뾰족하게 꺾이는 함수는 그 점에서는 도함수를 갖지 못해.

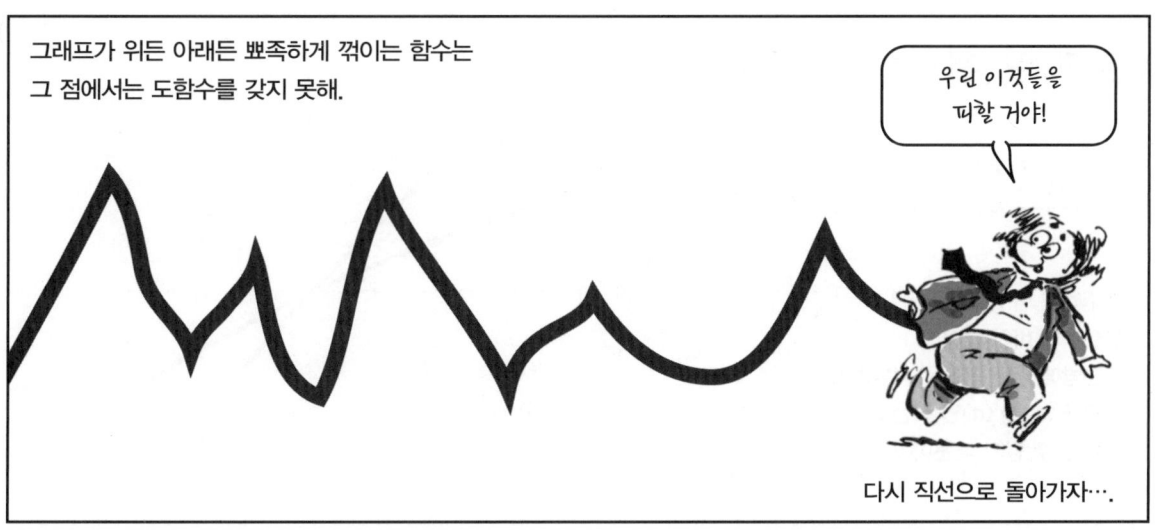

아마 여러분이 몰랐을 수도 있는 직선의 성질을 하나 말해줄게. 수직이 아닌 직선 $y = L_1(x)$, $y = L_2(x)$가 x축상의 점 a에서 만난다고 하자. 두 직선의 기울기가 각각 m, p라면, 직선의 방정식은 다음과 같아.

$$y = L_1(x) = m(x - a)$$
$$y = L_2(x) = p(x - a)$$

$p \neq 0$이고, $x \neq a$이면,

$$\frac{L_1(x)}{L_2(x)} = \frac{m(x-a)}{p(x-a)} = \frac{m}{p}$$

함수 L_1과 L_2는 0으로 접근하지만, 그 비(比)는 항상 **기울기의 비(比)**와 같아.

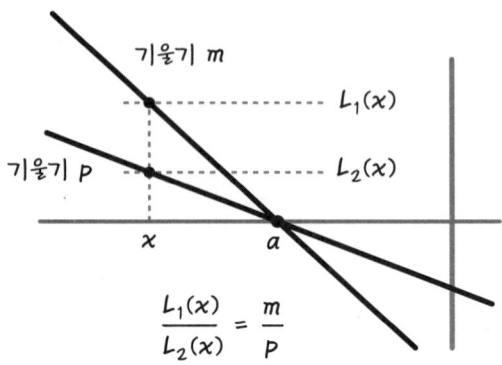

매끄러운 곡선은 직선과 같아— 극한에서는!

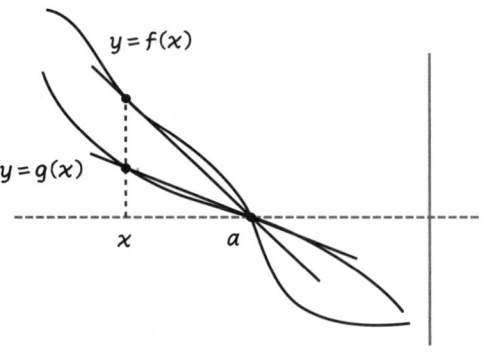

로피탈 정리: $f(a) = g(a) = 0$이면,

$$\lim_{x \to a} \frac{f(x)}{g(x)} = \frac{f'(a)}{g'(a)} \quad (g'(a) \neq 0)$$

함수**값**의 비(比)의 극한은 **도함수**의 비와 같아.
a 근방에서 두 곡선은 기울기가 각각 $f'(a)$, $g'(a)$인 직선과 구별할 수 없기 때문이야.

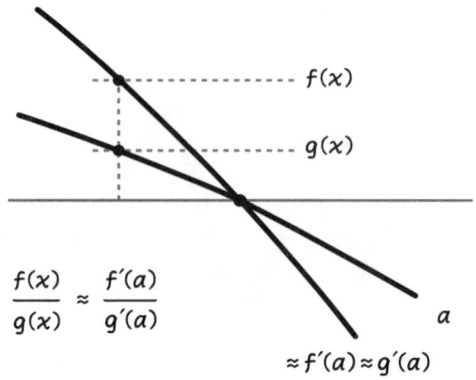

예제: $\lim_{x \to 0} \dfrac{e^x - 1}{\sin 2x}$ 을 구하라.

먼저 $x = 0$일 때 분자와 분모 모두 0임에 주목하라.

아주 중요한가봐!

그래서 로피탈 정리를 적용할 수 있어.

$$\dfrac{d}{dx}(e^x - 1) = e^x, \quad e^0 = 1$$

$$\dfrac{d}{dx}(\sin 2x) = 2\cos 2x, \quad 2\cos(0) = 2$$

그리고 극한은,

$$\dfrac{e^0}{2\cos(0)} = \dfrac{1}{2}$$

$f(a)$, $g(a)$, $f'(a)$, $g'(a)$ 모두 0이면 어떻게 될까? 이때는 이계도함수로 가면 되고, $f''(a) = g''(a) = 0$이면 삼계도함수… 로 가면 돼. 이렇게 로피탈 정리를 좀더 일반적인 형태로 쓰면,

$$f(a) = g(a) = 0 \text{이고 } \lim_{x \to a} \dfrac{f'(x)}{g'(x)} \text{가 존재하면,}$$

$$\lim_{x \to a} \dfrac{f(x)}{g(x)} = \lim_{x \to a} \dfrac{f'(x)}{g'(x)}$$

예제: $\lim_{x \to 0} \dfrac{e^{3x} - 1 - 3x}{1 - \cos x}$ 를 구하라.

기억할 것: 로피탈 정리를 적용하기 위해서는 분자와 분모 둘 다 극한점에서 0인지 **반드시** 확인해야 해! 옆 예제에서 분자를 f, 분모를 g라 하면, $f(0) = g(0) = 0$임을 알 수 있어.

불행히도 $x = 0$에서 도함수들도 둘 다 0이야.

$$f'(x) = 3e^{3x} - 3 \quad f'(0) = 0$$
$$g'(x) = \sin x \quad g'(0) = 0$$

이런 불행이….

너무해, 정말 너무해….

문제없어! **이계도함수**를 살펴보자.

$$f''(x) = 9e^{3x} \quad f''(0) = 9$$
$$g''(x) = \cos x \quad g''(0) = 1$$

그래서,

$$\lim_{x \to 0} \dfrac{e^{3x} - 1 - 3x}{1 - \cos x} = \lim_{x \to 0} \dfrac{f'(x)}{g'(x)}$$

$$= \dfrac{f''(0)}{g''(0)} = \dfrac{9}{1} = \mathbf{9}$$

로피탈 정리는 무한대로 가는 극한에서도 성립해.

$$\lim_{x \to \infty} f(x) = \lim_{x \to \infty} g(x) = \infty \text{ 또는}$$

$$\lim_{x \to \infty} f(x) = \lim_{x \to \infty} g(x) = 0 \text{ 이면,}$$

$$\lim_{x \to \infty} \frac{f(x)}{g(x)} = \lim_{x \to \infty} \frac{f'(x)}{g'(x)}$$

물론 마지막 식의 극한이 존재해야 해.

무한대인 경우의 예제:

다음 극한을 구해봐.

$$\lim_{x \to \infty} \frac{x^p}{\ln x}, \, p > 0$$

$x \to \infty$일 때 분모와 분자 모두 무한대로 간다.
로피탈 정리를 적용하기 위해 각 함수의 도함수를 구하면,

$$\frac{d}{dx}(x^p) = px^{p-1} \quad \frac{d}{dx}(\ln x) = \frac{1}{x} \quad \text{그래서}$$

$$\lim_{x \to \infty} \frac{x^p}{\ln x} = \lim_{x \to \infty} \frac{px^{p-1}}{\frac{1}{x}} = \lim_{x \to \infty} px^p = \infty$$

여기서 $\ln x$가 **어떤 양의 거듭제곱함수**보다도 천천히 무한대로 간다는 걸 알 수 있어. $x \to \infty$일 때 x^p이 $\ln x$보다 훨씬 더 커. 로그는 아주 서서히 커져!

x가 작은 곳에서는 그걸 볼 수 없어….
그러나 x가 아주 커지면, $\ln x$는 지상에서
벗어나려고 정말 애를 쓰는 모습을 보여!

x	$\ln x$	$x^{\frac{1}{3}}$
$e^{10} \approx 220{,}026$	10	28.02
$e^{15} \approx 3{,}269{,}017$	15	148.3
$e^{20} \approx 485{,}000{,}000$	20	785.2
…	…	…
e^N	N	$e^{N/3}$
…	…	…

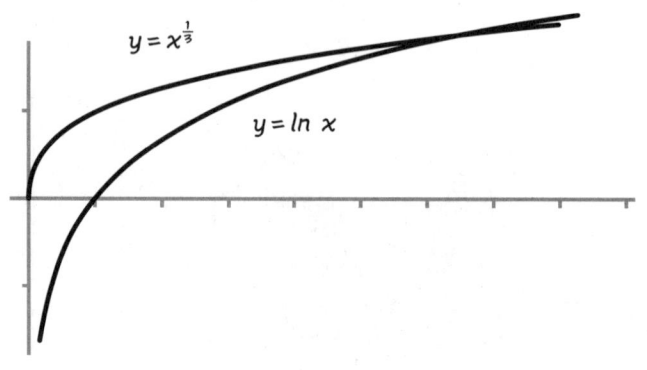

지난 여섯 개 장은 미적분법의 첫 번째 주제인 **도함수**를 살펴봤어. 두 번째 주제인 적분으로 넘어가기 전에, 함수의 순간변화율이라는 뉴턴과 라이프니츠의 위대한 발견의 용도에 대해, 우리가 공부한 걸 복습해보자.

상대적 비율

한 함수의 도함수를 다른 관련된 함수의 변화율을 찾는 데 이용한다.

$$V = \tfrac{4}{3}\pi r^3$$
$$V' = 4\pi r^2 r'$$

최적화

많은 실생활 문제에서 관심의 대상인 함수의 극점을 찾는 것.

근사

어느 점에서의 접선을 이용하여, 근방에서의 실제 함수값을 '벼룩'의 오차 내에서 쉽게 계산하는 것.

함수 비교

로피탈 정리를 이용해서 '무한대' 또는 두 함수 모두 0인 점에서 함수를 비교한다.

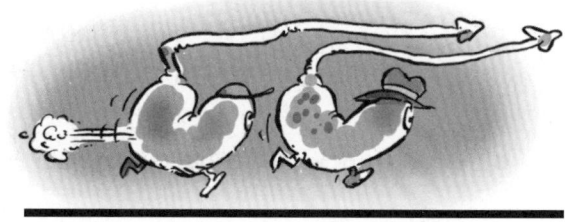

연습문제

1. 다음 근사식을 이용하여 $\sqrt{5}$의 근사값을 구하라.

$$f(x) \approx f(4) + f'(4)(x - 4)$$

2. $\sqrt{67}$의 근사값을 구하라.
   힌트: 근처의 완전제곱수를 이용.
   여러분이 구한 근사값과 계산기로 계산한 값을 비교해봐.

3. $\sin 3$의 근사값을 구하라.

4. $\arctan(1.1)$의 근사값을 구하라.
   ($\arctan 1 = \pi/4$ 이용)

로피탈 정리를 이용하여, 아래 극한을 구하라.
(먼저 분자와 분모의 극한을 확인할 것! 로피탈 정리를 적용하지 못할 수도 있어….)

5. $\lim\limits_{x \to 0} \dfrac{\sin(x^2)}{\cos x - 1}$

6. $\lim\limits_{x \to 0} \dfrac{x}{\sin 2x}$

7. $\lim\limits_{x \to 0} \dfrac{e^{-8x^2} - 1}{\cos 2x - 1}$

8. $\lim\limits_{x \to 1} \dfrac{x^7 - 1}{x^3 - 1}$

9. $\lim\limits_{x \to 0} \dfrac{6\sin x - 6x + x^3}{2\cos x + x^2 - 2}$

10. $\lim\limits_{x \to \infty} x^{\frac{1}{x}}$ 힌트: 로그를 취하라.

11. $\lim\limits_{x \to 1} \dfrac{\ln x}{x - 1}$

12. $\lim\limits_{x \to \pi} \dfrac{\sin x}{\cos x - 1}$

13a. 다항식 $P(x) = a_0 + a_1 x + a_2 x^2 + \cdots + a_n x^n$에 대해, $P'(0) = a_1$, $P''(0) = 2a_2$, $P^{(m)}(0) = m! a_m$임을 보여라.
   (단, $m \leq n$)

b. f가 a에서 미분가능한 임의의 함수일 때, 다음 다항식

$$P_n(x) = f(0) + f'(0)x + \frac{f''(0)}{2!}x^2 + \ldots + \frac{f^{(m)}(0)}{m!}x^m + \ldots + \frac{f^{(n)}(0)}{n!}x^n$$

에서, $P(0) = f(0)$이고 $P^{(m)}(0) = f^{(m)}(0)$임을 보여라 ($m = 1, 2, \ldots, n$).
이 다항식 P_n을 $x = 0$에서 f의 n차 **테일러 다항식**이라고 한다.

c. $x = 0$에서 $\cos x$의 8차 테일러 다항식을 쓰라.

Chapter 7
평균값 정리
격렬한, 마지막, 이론적 싸움

(미적분의 사용법에만 관심이 있고, 심오하고 아름답고 우아한 기초를
알고 싶지 않은 사람은 건너뛰어도 돼. 여러분 마음대로 해도 돼!)

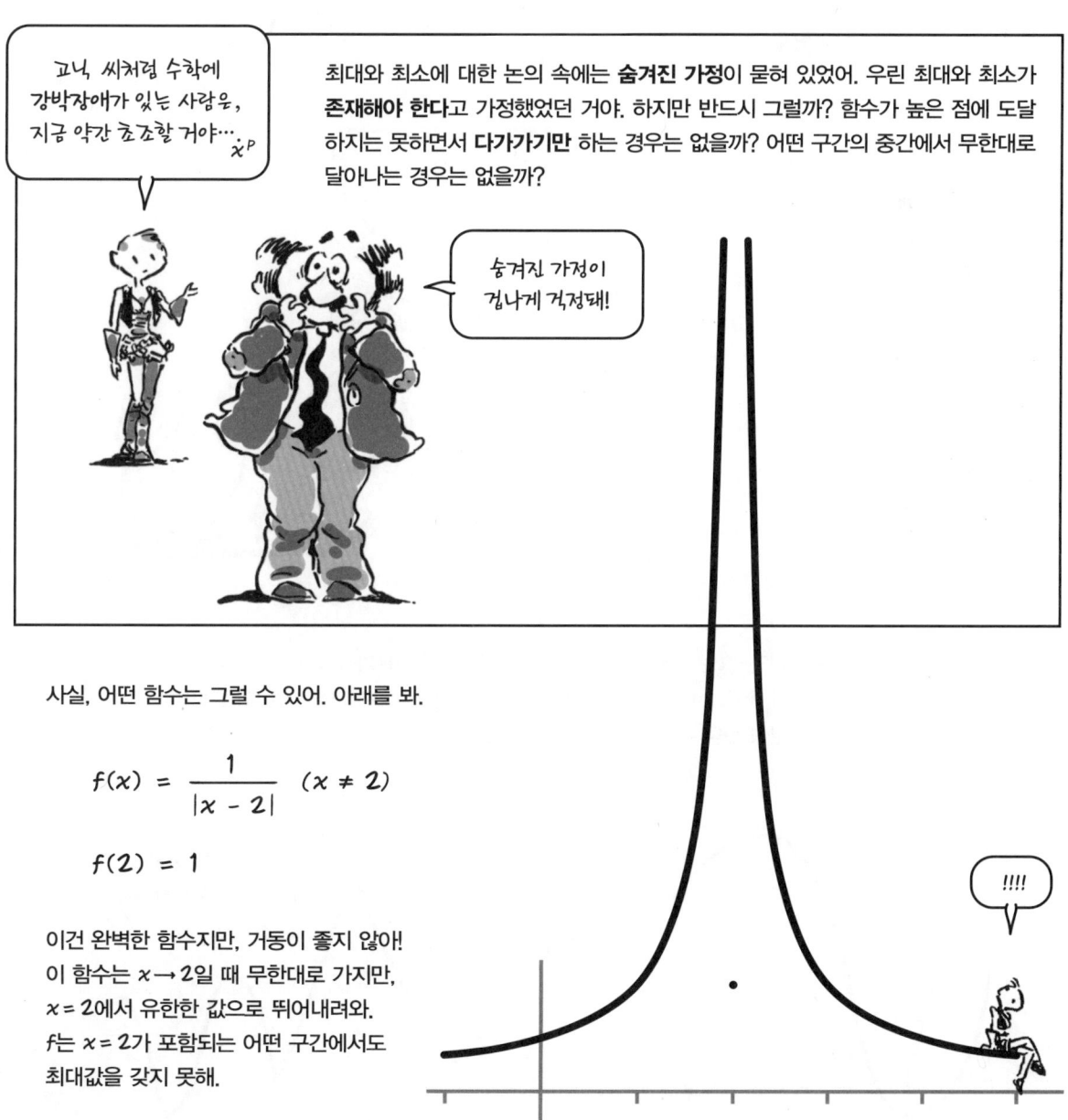

> 고닉, 씨처럼 수학에 강박장애가 있는 사람은, 지금 약간 초조할 거야... ;P

최대와 최소에 대한 논의 속에는 **숨겨진 가정**이 묻혀 있었어. 우린 최대와 최소가 **존재해야 한다**고 가정했었던 거야. 하지만 반드시 그럴까? 함수가 높은 점에 도달하지는 못하면서 **다가가기만** 하는 경우는 없을까? 어떤 구간의 중간에서 무한대로 달아나는 경우는 없을까?

> 숨겨진 가정이 겁나게 걱정돼!

사실, 어떤 함수는 그럴 수 있어. 아래를 봐.

$$f(x) = \frac{1}{|x-2|} \quad (x \neq 2)$$

$$f(2) = 1$$

이건 완벽한 함수지만, 거동이 좋지 않아! 이 함수는 $x \to 2$일 때 무한대로 가지만, $x = 2$에서 유한한 값으로 뛰어내려와. f는 $x = 2$가 포함되는 어떤 구간에서도 최대값을 갖지 못해.

이 함수의 문제는 그래프에서 고립된 점 (2, 1)이 있다는 거야… 말하자면, 함수가 이 점에 **접근**하는 것이 아니라, **점프**해서 도달한다는 거지. 점프가 없는 함수를 들여다보면… 연필을 한 번도 떼지 않고 그래프를 그릴 수 있어. 그런 '점프 없는' 함수들을 **연속함수**라고 해.

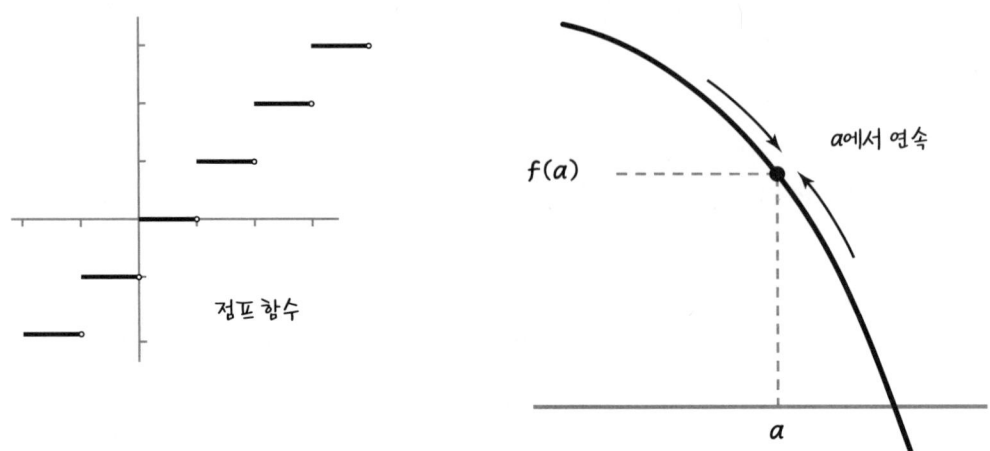

수학적으로는, 아래와 같을 때
f는 **점 a에서 연속**이라고 해.

$$f(a) = \lim_{x \to a} f(x)$$

함수가 $[c, d]$ 내의
모든 점에서 연속이면,
**f는 구간 $[c, d]$에서
연속**이라고 해.

미분가능한 함수는 모두 연속이지만, 그 반대는 성립하지 않아. f가 a에서 미분가능하면, $f(x)-f(a) = f'(a)(x-a)+$벼룩이 되고, $\lim_{x \to a}(f(x)-f(a)) = 0$ 또는 $\lim_{x \to a} f(x) = f(a)$가 되니까 연속이야. 그런데 연속함수라도 뾰족한 부분이 있을 수 있고, 거기에서는 미분이 안 돼.

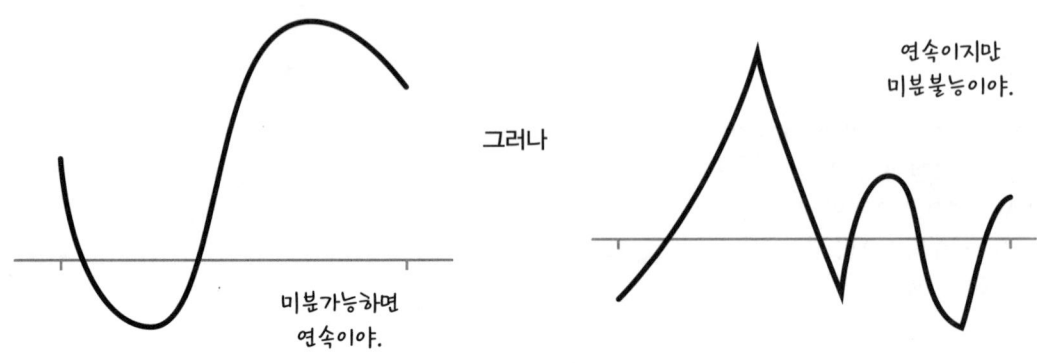

연속함수는 우리의 기대를 충족시켜준다.

극값 정리: 폐구간 $[c, d]$에서 정의되어 있는 연속함수 f는 그 구간에서 최대값 M을 갖는다.

즉 $[c, d]$ 내에 $f(a) = M$이고 $f(x) \leq M$인 점 a가 존재한다는 거지.

(같은 논리로 최소값의 존재도 설명할 수 있어. $-f$가 최대가 되는 경우이거든!)

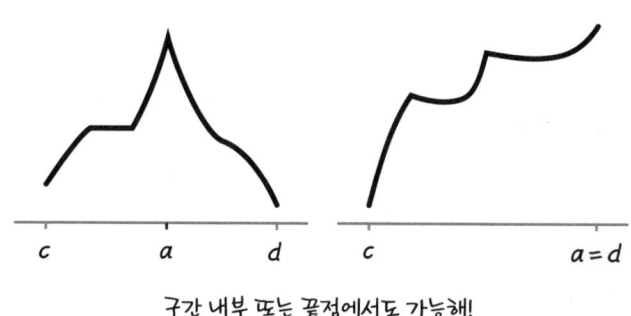

구간 내부 또는 끝점에서도 가능해!

이건 실수의 깊고 미묘한 성질에서 비롯되는 것이니까, 증명은 안할 거야.

1차원 수가 이리도 심오할 수 있나요?

극값 정리에서 미적분에 유용한 아래의 결과가 나와.

롤의 정리: f가 폐구간 $[c, d]$에서 연속이고 개구간 (c, d)에서 미분가능하며, $f(c) = f(d) = 0$이면, 개구간 (c, d) 내에 $f'(a) = 0$인 점이 적어도 하나 존재한다.

증명: f가 상수함수이면, 결과는 자명해. 구간 내의 모든 점이 $f' = 0$이야.

f가 상수함수가 아니면, 극값 정리에 따라 최대 $M > 0$ 또는 최소 $m < 0$인 점 a가 존재해. $f(c) = f(d) = 0$이니까 a는 끝점은 아냐. 따라서 $f'(a) = 0$이야.

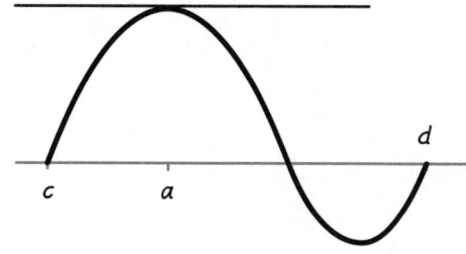

이번에는, 롤의 정리를 놀랍고도 중요한 다른 형태로 바꿀 수 있어.

평균값 정리: f가 폐구간 $[c, d]$에서 연속이고 개구간 (c, d)에서 미분가능하면, 다음 식을 만족하는 a가 (c, d) 내에 적어도 하나 존재한다.

$$f'(a) = \frac{f(d) - f(c)}{d - c}$$

즉 그래프의 끝점을 연결하는 선과 **평행**한 접선을 갖는 점이 구간 내에 적어도 하나 있다는 거야.

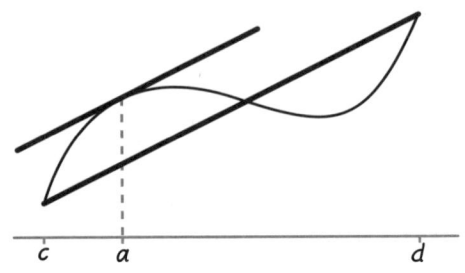

위의 세 정리가 모두 **존재함**을 말하고 있을 뿐이야. 즉 요구되는 성질을 가진 점들이 있다는 걸 입증하는 것이지. 그런 점들을 찾는 방법을 제시하는 건 아냐! 그런 측면에서 증명이 '건설적'이진 않아.

평균값 정리의 **증명:** 주어진 함수 f에 대해, 새로운 함수 g를 아래와 같이 정의하자.

$$g(x) = f(x) - \frac{f(d) - f(c)}{d - c}(x - c) - f(c)$$

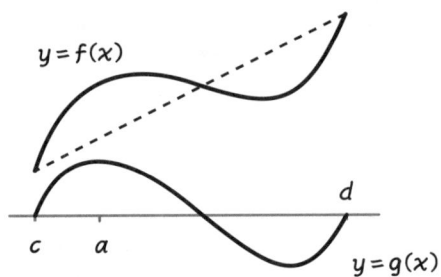

g는 롤의 정리의 가정인 $g(c) = g(d) = 0$을 만족해. 그래서 구간 내에 $g'(a) = 0$인 점 a가 존재해. 그런데,

$$g'(x) = f'(x) - \frac{f(d) - f(c)}{d - c}$$

$g'(a) = 0$이므로

$$f'(a) = \frac{f(d) - f(c)}{d - c}$$

누구처럼요, 난 알죠….

평균값 정리는 강력한 위력을 갖고 있어.

함수 f가 폐구간 $[c, d]$에서 연속이고 개구간 (c, d)에서 미분가능하다고 하자.

1. **양의 도함수는 단조증가함수를 의미해.**
구간 (c, d) 내의 모든 점에서 $f'(x) > 0$라고 하자. 그러면 f는 그 구간에서 단조증가해.

증명: 구간 내의 두 점 $a > b$를 취하면, 평균값 정리에 의해 a와 b 사이에 아래와 같은 점 x_0가 존재해.

$$f'(x_0) = \frac{f(b) - f(a)}{b - a}$$

가정에 따라 $f'(x_0) > 0$이니까, $f(b) - f(a) > 0$ 즉 f는 단조증가해.

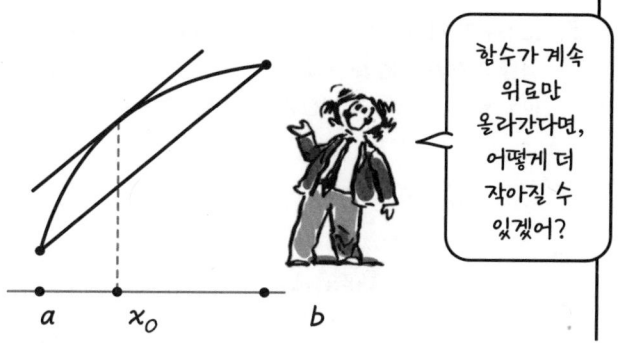

2. **상수함수만 0인 도함수를 갖는다.**
구간 (c, d) 내의 모든 x에 대해 $f'(x) = 0$이면, f는 그 구간에서 상수라는 거지.

증명: 구간 내의 두 점 $a > b$를 취하면, 평균값 정리에 의해 다음 식을 만족하는 점 x_0가 존재해.

$$f'(x_0) = \frac{f(b) - f(a)}{b - a}$$

가정에 따라 $f'(x_0) = 0$이니까, $f(a) = f(b)$이고, 이 함수는 상수야.

3. **추론:** f와 g가 $f' = g'$인 두 함수라면, f와 g는 상수부분만 다를 뿐이야. 함수 $f - g$에 위의 결과를 적용하면 쉽게 알 수 있어.

연습문제

아래의 각 함수 f에 대해, 주어진 구간의 끝점을 잇는 직선의 기울기 $m = (f(b)-f(a))/(b-a)$를 구하라. 그리고 $f'(c) = m$인 구간 내의 점 c를 모두 찾아보자. 필요하면 계산기를 써도 돼.

1. $f(x) = x^3 + 2x + 3$ $[0, 2]$

2. $f(x) = e^{-x}$ $[-1, 3]$

3. $f(x) = \dfrac{4 + x}{4 - x}$ $[0, 2]$

4. $f(x) = \cos x$ $[0, 3\pi]$

5. $f(x) = 2x^4 - x^2$ $[-50, 50]$

6. $f(x) = \tan x$ $[-a, a], (a < 0 < \pi/2)$

롤의 정리는, 어느 구간에서 연속이고 미분가능한 함수 f의 도함수가 **0이 될 수 없다면**, 그 구간 내에 $f(a) = f(b)$인 점 a와 b가 있을 수 없다는 걸 의미해.

7. 함수 $y = 3x - \sin x + 7$은 기껏해야 1개의 근만 가진다는 걸 보여라. 이 함수는 근을 가지는가, 아닌가? 그 이유는?

8a. 이차함수 $P(x) = x^2 + bx + c$는 최대한 2개의 근만 가진다는 걸 보여라.

b. 삼차함수는 최대한 3개의 근만 가진다는 걸 보여라.

c. n차함수는 최대한 n개의 근만 가진다는 걸 보여라.

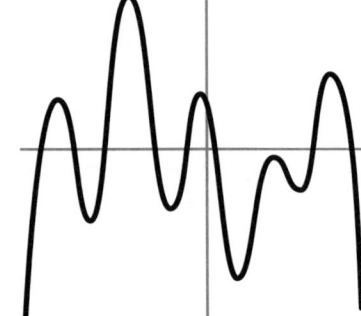

9. 경주용 자동차의 운전자가 20마일 지점에 있어. 속도가 시속 150마일을 초과할 수 없다면, 이후 2시간 내에서 도달할 수 있는 최대 지점은?

10. 구간 $[a, b]$에서 연속이고 구간 (a, b)에서 미분가능한 함수 f에 대해, $f(a) = 20$야. (a, b) 내의 모든 x에 대해 $f'(x) \leq 7$이면, 이 구간에서 가장 큰 $f(x)$는 얼마일까? 힌트: 9번 문제와 비교해봐.

11. $f(x) = (x-2)^{-2}$이라 하자. 구간 $(0, 3)$ 내에 $f(3) - f(0) = f'(c)(3-0)$인 c가 없음을 보여라. 이것이 평균값 정리에 어긋나지 않는 이유는?

12. f와 g가 $[a, b]$에서 평균값 정리의 가정을 만족하고, $f(a) = g(a)$라 하자. (a, b) 내의 모든 x에 대해 $f'(x) > g'(x)$이면, $f(b) > g(b)$임을 보여라.

13. 도함수가 자기 자신인 함수는 $f(x) = Ce^x$ (C는 상수)의 꼴을 가져야 함을 보여라.
  힌트: $f'(x) = f(x)$라고 가정하고 아래 함수를 미분해.

$$g(x) = \dfrac{f(x)}{e^x}$$

그리고 보조정리 2를 적용해.

Chapter 8
적분 소개
둘과 둘과 둘과 둘을 합치기

앞에서 본 대로, 미분은 어떤 양을 h, Δx, Δy, Δt, Δf와 같은 이름을 가진 작은 조각으로 잘게 쪼개는 거야. P가 파이라면, ΔP는 파이 조각이지.

지금까지, 우린 이 조각들을 다른 조각으로 **나누어** $\Delta f/h$와 같은 비율을 만들 때 어떤 일이 일어나는지 살펴봤어. 그러나 이제는 이 조각들로 다른 걸 하려고 해. **서로 더하는 거야.**

더하기는 곱하기보단 쉬워…. 그래서 학교에서 제일 먼저 더하기를 배우는 거야. 사실 수학자들은 뉴턴과 라이프니츠가 도함수를 발견하기 이전의 수천 년 동안 더하는 방법을 사용했어.

여러 개를 더하는 걸 나타내는 표준기호가 있어.
'합'을 뜻하는 그리스어 s의 대문자 **시그마**야.

거정 마.
전혀 위험하지
않아….

예를 들어, 항이 5개인 수열 $\{2, 4, 8, 16, 32\}$는 $a_i = 2^i$이고, $n = 5$이다.

i	a_i
1	2
2	4
3	8
4	16
5	32

항이 n개인 수열을 생각해보자.

$$a_1, a_2, a_3, \ldots a_i, \ldots a_n$$

a_i는 이 수열의 i번째 **항**이고, 모든 항의 합은 이렇게 써.

$$\sum_{i=1}^{n} a_i$$

이걸 '시그마, $i = 1$에서 n까지, a_i'라고 읽어.
i는 수열의 **항 번호**야.

a_p부터 a_q까지의 연속된 항들의 합은 아래와 같아.

$$\sum_{i=p}^{q} a_i = a_p + a_{p+1} + \ldots + a_q$$

이 경우,

$$\sum_{i=1}^{5} a_i = 2 + 4 + 8 + 16 + 32 = 62$$

$$\sum_{i=2}^{4} a_i = 4 + 8 + 16 = 28$$

오케이…
이걸 제압할 수
있을 것 같아요….

파이 P를 n개의 조각(크기가 다를 수도 있어)으로 나누고, 그걸 $\Delta P_1, \Delta P_2, \Delta P_3, \cdots, \Delta P_n$이라 하면 전체 파이는,

$$P = \sum_{i=1}^{n} \Delta P_i$$

이제, 우리가 미분에서 했듯이, 이 조각의 크기를 (라이프니츠가 말한 대로) 무한소인 dP로 줄이고, 합을 뜻하는 s를 길게 잡아늘인 적분기호를 $\sum$ 대신 쓸 거야.

$$P = \int dP$$

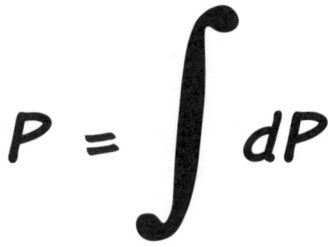

좋아… 이건 표기법일 뿐이야.
모두 여기서 저기까지의 합을 의미해….

좋은 질문:

여러분은 궁금할 거야. 더하기가 나누기보다 더 간단하고 뉴턴의 도함수가 나오기 훨씬 전부터 더하기(적분)를 사용해왔다면, 왜 이 장부터 먼저 공부하지 않냐고?

놀라운 답변:
합이 더 쉬울 것으로 **상상**하지만,
도함수를 이용해야
최상의 **계산**이 가능해!!
뉴턴과 라이프니츠가
발견한 것처럼,
합과 도함수 사이에는
놀라운 관계가 있어!

다시, 델타가 직선을 따라 차를 운전하고 있다고 하자. 이번에는 창문이 모두 막혀 있어.

그녀가 볼 수 있는 건 속도계와 시간뿐이야. 10시간단위가 지난 후 그녀는 자신의 위치를 추정할 수 있을까?

델타는 자주 t와 $v(t)$를 체크해서, 시간 t_0, t_1, t_2, … t_i, …, t_n에서 속도 $v(t_0)$, $v(t_1)$, $v(t_2)$, … $v(t_i)$ 등등의 데이터를 얻었어. 여기서 $t_0 = 0$, $t_n = 10$이야.

그녀는 아주 짧은 시간구간 $[t_{i-1}, t_i]$에서는 속도가 $v(t_{i-1})$로 거의 **일정**하다는 걸 알았어. 그래서 **그 시간구간 동안**의 위치변화는 속도 $v(t_{i-1})$과 경과시간의 곱으로 근사할 수 있어.

$$s(t_i) - s(t_{i-1}) \approx v(t_{i-1})(t_i - t_{i-1})$$
$$= v(t_{i-1})\Delta t_i$$

여기서 $\Delta t_i = t_i - t_{i-1}$이야.
i번째 구간 동안의 위치변화는
$v(t_{i-1})\Delta t_i$와 거의 같아.

이것들을 모두 합하면 (근사적으로) $t_0 = 0$과 10 사이의 총 위치변화량이 돼.

$$s(10) - s(0) \approx \sum_{i=1}^{n} v(t_{i-1})\Delta t_i$$

그래프로 보면, 각 항은 밑변 Δt_i, 높이 $v(t_{i-1})$인 얇은 직사각형의 면적이야.*
총 위치변화는 **이 면적들의 합**이야.

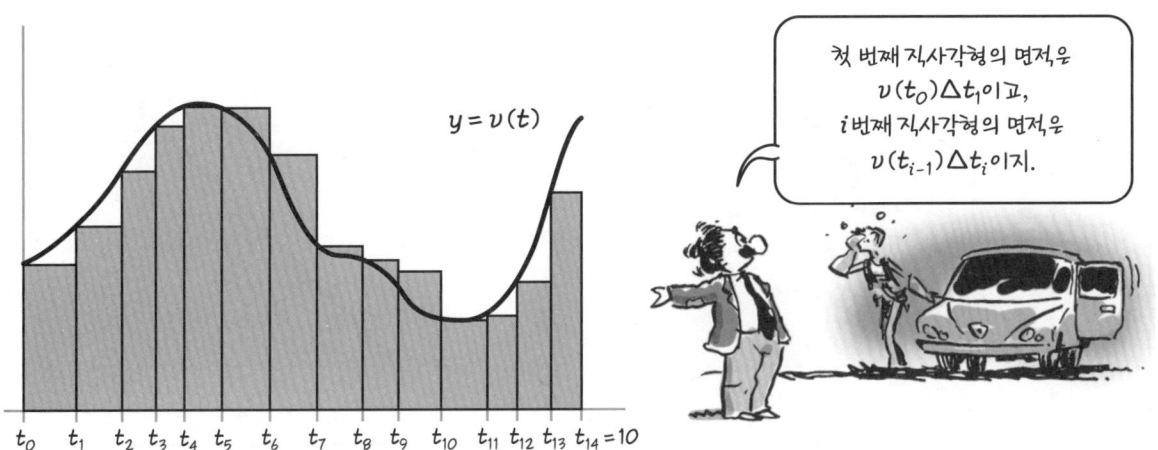

속도계를 더 자주 읽으면, Δt_i는 더 작아지고, 합은 위치변화의 실제값에 더욱 가까워져. 그리고 직사각형들은 압축되어 그래프와 같아져.

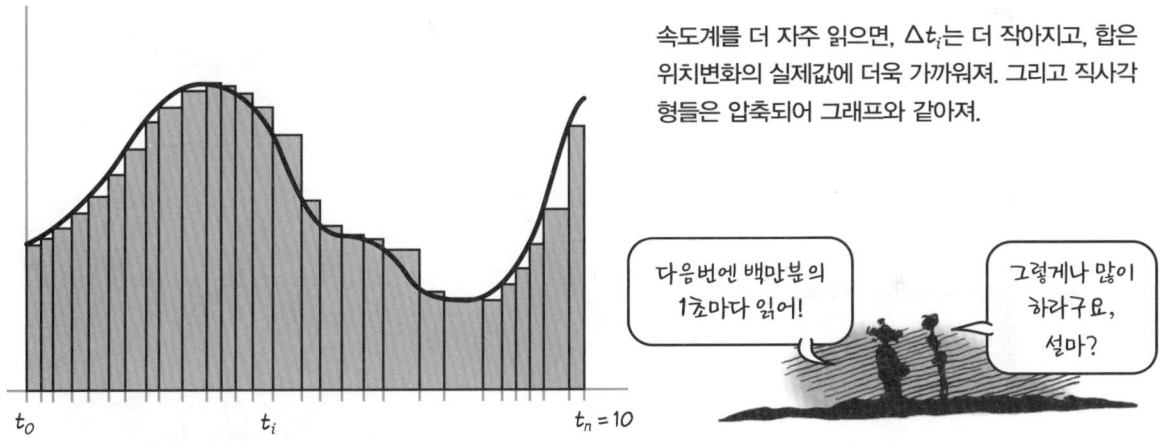

$\Delta t \to 0$이면, 근사는 점점 완벽해지고, 직사각형들은 $t=0$과 $t=10$ 사이의 **곡선 $y=v(t)$ 아래**의 면적과 같게 돼.

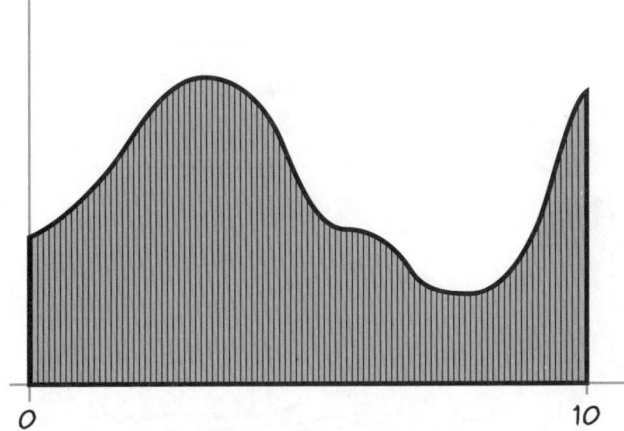

* 당분간, 속도는 음이 아니라고 가정한다.

예를 들어 속도가 $v(t) = t\,m/sec$의 간단한 식으로 주어졌다고 하자.
그러면 10초 후의 위치변화 $s(10) - s(0)$은, $t = 10$까지의 $y = t$ 아래의 면적이고, 그건 삼각형의 면적이다.

사실, 10 대신에 임의의 시간 T를 대입할 수 있어.

T는 임의의 수이므로, s를 시간의 함수인 다음 식으로 나타낼 수 있어.

$$s(T) = s(0) + \tfrac{1}{2}T^2$$

여기서 $s(0)$은 출발점의 위치야.

이제 $s(t)$를 **미분**해보자.

$$s'(t) = \frac{d}{dt}(\tfrac{1}{2}t^2) = t$$
$$= v(t)$$

당연히 그래야 하듯이, 위치함수 s의 도함수는 속도 v야. (놀라운 건, 위치함수가 속도 곡선 아래의 면적이라는 거야!)

속도로부터 위치를 찾는 것은
미분을 역으로 하는 거야.
주어진 함수 v가
도함수가 되는
함수를 찾은 거지.

지금까지 우리는
항상 함수 f에서
도함수 f'을 구했어.
이제 우린 f에서
$F' = f$인 함수 F를
구하는 또 다른 길을
가려고 해.

미분

적분

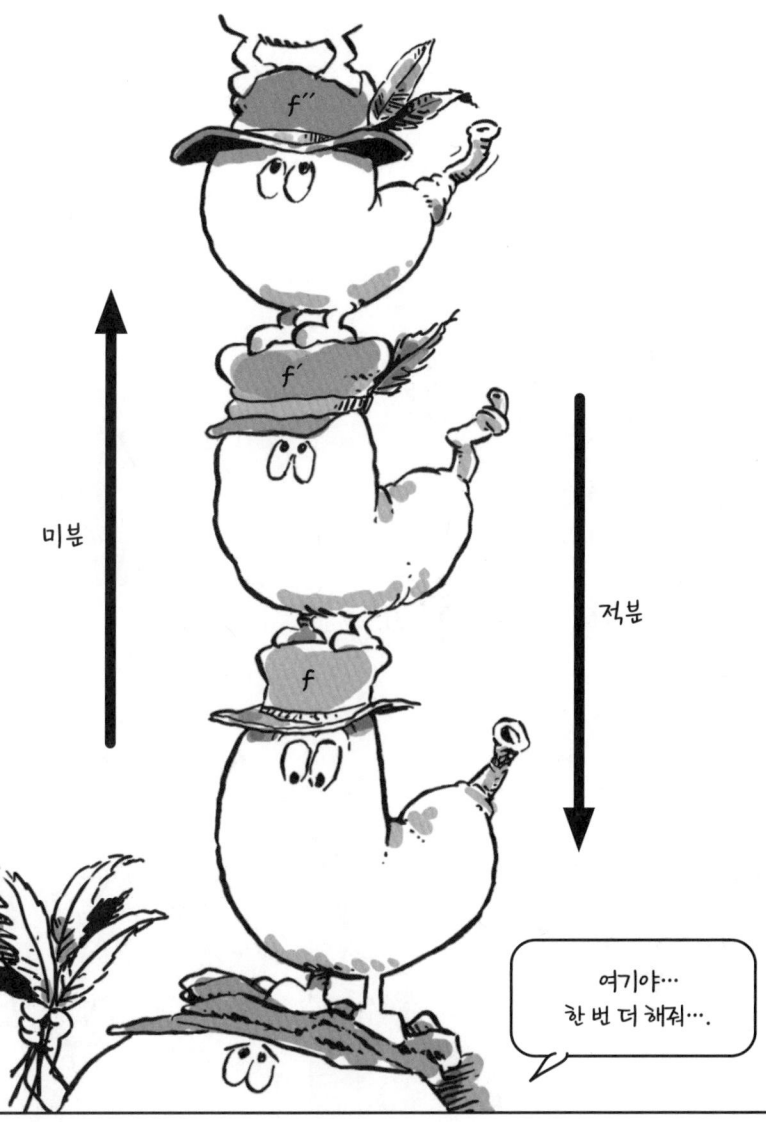

여기야…
한 번 더 해줘….

함수 F를 f의 **원시함수**라고 해. 예를 들어 위치 s는 속도 v의 원시함수야.

넌 늘 거기 있었구나.
재밌네….

속도의 예를 통해 알 수 있듯이, 역의 방향은 더하는
과정을 포함하고 있어. 그리고 그건, 결국 면적을
찾는 문제가 되는 거야.

175

연습문제

시간 t에서 자동차의 속도가 $v(t) = 3t^2 m/sec$라 하자. $t = 0$에서 $t = 4$초까지 이동한 거리를 직사각형들을 더해서 구하라. 구간 $[0, 4]$를 4개의 같은 조각으로 나누고 $t_i (i = 0, 1, 2, 3, 4)$라 하면, 각 조각의 길이 $\Delta t_i = 1$이야.

1. 곡선 **아래**의 직사각형을 합한 면적(하합이라 한다)을 구하라.

$$E_{LOW} = \sum_{i=0}^{3} f(t_i) \Delta t_i = \sum_{i=0}^{3} 3i^2$$

2. 곡선 **위**의 직사각형을 합한 면적(상합이라 한다)을 구하라.

$$E_{HIGH} = \sum_{i=1}^{4} f(t_i) \Delta t_i = \sum_{i=1}^{4} 3i^2$$

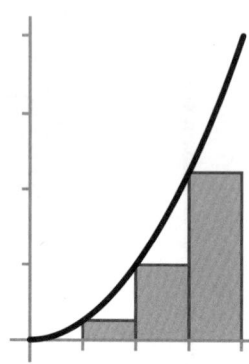
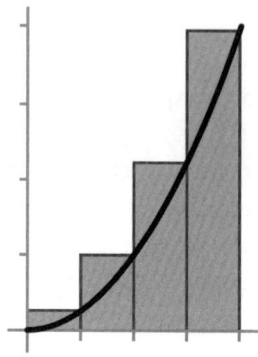

3. 두 값의 합을 2로 나눈 아래 값을 찾아라.

$$\tfrac{1}{2}(E_{HIGH} + E_{LOW})$$

이것이 옅은 부분의 사다리꼴 면적인 걸 알겠어?

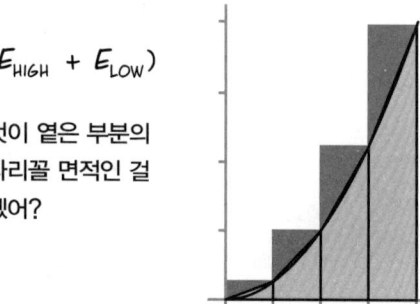

4. 한 번 더: t_i를 $[i, i+1]$의 **중점**, 즉 $t_i = (2i+1)/2$이라 할 때, 아래 값을 구하라.

$$E_{MID} = \sum_{i=0}^{3} f(t_i) \Delta t_i$$

$$= 3 \sum_{i=0}^{3} \left(\frac{2i+1}{2}\right)^2$$

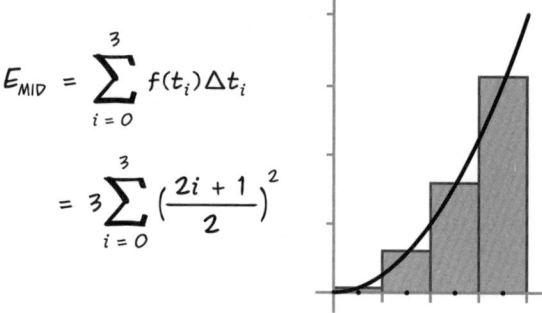

5. $s'(t) = 3t^2$인 함수 $s(t)$를 생각해낼 수 있겠어? $s(4) - s(0)$은? 위의 방법으로 구한 값 중에서 $s(4) - s(0)$과 가장 가까운 것은?

6. $v(t) = 1/t$에 대해 $t = 1$과 $t = e^2$ 사이의 구간에서 문제 1~5를 다시 풀어봐. 구간을 1, 2, …, 7, e^2으로 나눠서 직사각형을 만들어라.
   (밑변이 $\Delta t_i = 1$인 직사각형 6개와 $\Delta t_7 = e^2 - 7 \approx 0.39$인 직사각형 1개가 생겨.)

7. 직사각형의 수를 2배로 늘려서 위의 두 그래프 아래의 면적을 구하라.

Chapter 9
원시 함수
더하기 상수!

불행히도, 원시함수를 찾는 과정은
미분의 역과정보다 약간 더 **복잡해**.

지난 400년간 거론이 가장 안 된 부분일 거야….

예를 들어 $f(x) = x^3$이면, $F(x) = \frac{1}{4}x^4$이 원시함수야.

$$F'(x) = \frac{1}{4}(4x^3) = x^3$$

일반적으로,
$g(x) = x^n$의 원시함수는

$$G(x) = \frac{1}{n+1}x^{n+1}$$

그런데 이건 g의 원시함수가 아니라 그중 하나야.
왜냐하면 그런 유의 함수가 많아.
아래 함수 모두 도함수가 x^n이야.

$$G(x) = \frac{x^{n+1}}{n+1} + 3$$

$$H(x) = \frac{x^{n+1}}{n+1} + 7$$

$$P(x) = \frac{x^{n+1}}{n+1} + C$$

여기서 C는 임의의 상수다.

상수의 도함수는 0이기 때문이지.

F가 함수 f의 원시함수 중 하나이면,
F+C(C는 상수)도 원시함수야.
$(F+C)' = F' = f$거든.
즉 그래프 $y = F(x)$를 수직방향으로
위아래로 이동해도 어떤 점 x에서의
기울기는 바뀌지 않아.

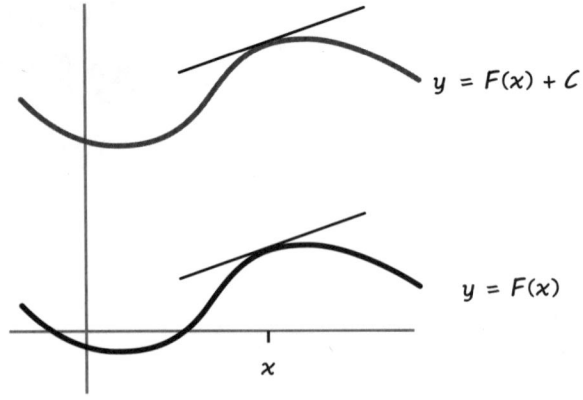

바꿔 말하자면, $F' = f$이면 f의 **어떤 원시함수**도 F와 상수만 달라.
증명: G가 또 다른 원시함수라면, 모든 x에 대해 $(F-G)'(x) = f(x)-f(x) = 0$이야.
평균값 정리의 결과(3)에 의해(167쪽), 도함수가 0인 함수는 상수이므로, 어떤 상수 C에 대해 $F-G = C$야.

← 도함수가 0인 모든 함수

'f의 원시함수는 F+C'를 수식으로 나타내면 다음과 같아.

$$\int f = F + C \quad \text{또는} \quad \int f(x)\, dx = F(x) + C$$

긴 기호는 **적분기호**이고… 함수 f는 **피적분함수**라고 해. 기호 dx는, df/dx에서처럼, 변수를 나타내는 역할만 하며, 독립된 항이 아냐. 통상, 변수를 어떤 것으로 쓰든 중요치 않아. 아래 식은 모두 f의 원시함수를 의미해.

$$\int f(x)\, dx, \quad \int f(t)\, dt, \quad \int f(y)\, dy$$

원시함수를
f의 **부정적분**이라고
부르기도 해.
부정이란 말은
추가된 상수가 결정되지
않았기 때문이야.
예를 들면,

$$\int x \, dx = \frac{1}{2}x^2 + C$$

이미 도함수를 많이 구해봤기 때문에, 아래 식도 알고 있을 거야.

$$\int dx = x + C$$
(적분기호 뒤에 1이라는 숫자가 있는 거야.)

$$\int x^p \, dx = \frac{1}{p+1}x^{p+1} + C$$

$$\int e^x \, dx = e^x + C$$

$$\int \sin x \, dx = -\cos x + C$$

$$\int \cos x \, dx = \sin x + C$$

$$\int \frac{dx}{1+x^2} = \arctan x + C$$

$$\int \frac{dx}{\sqrt{1-x^2}} = \arcsin x + C$$

$$\int \frac{1}{x} \, dx = \ln|x| + C$$

주목: 위의 마지막 식에 있는 절대값기호는 당연해.
왜냐하면 $x < 0$이면,

$$\frac{d}{dx} \ln(-x) = \frac{-1}{(-x)} = \frac{1}{x}$$

또한 $x > 0$이면, $\frac{d}{dx}(\ln x) = \frac{1}{x}$이야.

이 두 경우를 합쳐 쓰면, $\frac{d}{dx} \ln|x| = \frac{1}{x}$, $x \neq 0$

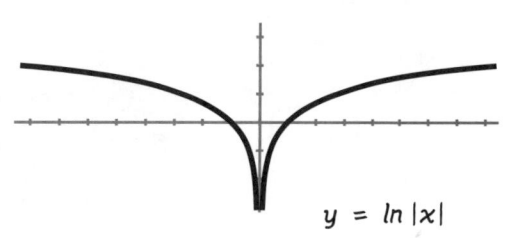

그리고 $\int \ln x \, dx$는… 음… 아… 으흠! 낯이 익어?

아뇨… 이걸 전에 본 적이 있다면 기억할 텐데….

불행히도, 어떤 함수를 적분하려면, 그 함수가 이미 본 적이 있는 함수의 도함수라는 걸 알아야만 해. 지금까지 도함수로 $\ln x$가 나타난 적은 없었어.

분명히 여기쯤 있었는데….

단순한 법칙이 적용되던 미분과는 달리, 적분은 다소의 경험이 필요해.
도함수를 많이 알면 알수록, 원시함수를 찾기가 쉬워지지….

적분기호 안에 있는 함수(**피적분함수**)가 알고 있는 도함수와 '비슷한 것'이면, 추측과 약간의 조정을 통해 간단하게 원시함수를 찾을 수 있어.

예제 1: $\int e^{2x} dx$

$f(x) = e^{2x}$은 $G(x) = e^{2x}$의 도함수와 비슷하다는 걸 우린 알고 있어. 사실, $G'(x) = 2e^{2x}$이야.
그래서 $F(x) = \frac{1}{2}e^{2x}$ 이라고 하면,

$$F'(x) = \frac{1}{2}(2)e^{2x} = e^{2x} = f(x)$$

F는 원시함수 중 하나이고, 우린 다음과 같은 결과를 얻게 되지.

$$\int e^{2x} dx = \frac{1}{2}e^{2x} + C$$

우린 다음과 같은 단계를 거쳤어.

1. 피적분함수 f가 알고 있는 도함수에 상수를 곱한 것인지를 살펴본다.
2. 비슷한 원시함수 G를 추측한다.
3. G를 미분한다.
4. G'이 상수$\times f$이면, G에 적절한 인자를 곱해서 F를 만든다.
5. $F' = f$인지 체크한다.
6. 필요하면 이 과정을 반복한다.

이 과정을 바로 이렇게 불러!

추측과 검증방법

예제 2: $\int \frac{1}{4+x^2} dx$

1. 피적분함수 f는 아래와 비슷해.

$$\frac{1}{1+x^2}$$

이건 $arctan$의 도함수야. 이걸 다시 쓰면

$$f(x) = \frac{1}{4} \frac{1}{\left(1+\left(\frac{x}{2}\right)^2\right)}$$

2. 그래서 $G(x) = arctan \frac{x}{2}$

3. 이걸 미분하면,

$$G'(x) = \frac{1}{2} \frac{1}{\left(1+\left(\frac{x}{2}\right)^2\right)} = 2f(x)$$

인자 2가 곱해져 있어.

4. $F(x) = \frac{1}{2} arctan\left(\frac{x}{2}\right)$라 하자.

5. $F'(x) = f(x)$를 검증하는 마지막 단계는 여러분, 행운아들에게 남겨둘게! 우리의 결론은,

$$\int \frac{1}{4+x^2} dx = \frac{1}{2} arctan\left(\frac{x}{2}\right) + C$$

생각이 필요한 단계는 1번뿐이야. 나머지는 크랭크를 돌리는 거고….

어떤 함수가 도함수인지 확인하는 데 연쇄법칙이 도움이 될 때가 많아. 연쇄법칙은,

$$\frac{d}{dx}(u(v(x))) = v'(x)u'(v(x))$$

피적분함수가 우변처럼 보이면(즉 내부함수와 그 도함수가 포함되어 있으면) 이 함수는 합성함수의 도함수라고 보면 돼. 그리고 역으로 원시함수 $F(x) = u(v(x))$를 찾으면 돼.

더하기 상수!

예제 3: $\int 2xe^{x^2} dx$

1. 피적분함수에서, $2x$가 지수함수의 내부함수인 x^2의 도함수인 걸 알 수 있어.

2. $F(x) = e^{x^2}$

3. 검증:

$$F'(x) = 2xe^{x^2} = f(x)$$

우린 행운아야. 한 번만에 바로 성공했어! 그래서,

$$\int 2xe^{x^2} dx = e^{x^2} + C$$

예제 4: $\int \dfrac{x}{\sqrt{1+x^2}}\, dx$

1. 분자의 x는 내부함수 $1+x^2$의 도함수와 상수만 달라.

2. $G(x) = (1+x^2)^{\frac{1}{2}}$이라고 추정해.

3. $G'(x) = (2x)\dfrac{1}{2}(1+x^2)^{-\frac{1}{2}} = x(1+x^2)^{-\frac{1}{2}}$
   $=$ 피적분함수

더 이상 손댈 필요가 없어. 그래서 4, 5단계로 건너뛰어 다음과 같이 쓸 수 있지.

$$\int \dfrac{x}{\sqrt{1+x^2}}\, dx = \sqrt{1+x^2} + C$$

예제 5a: $\int \sin^n \theta \cos d\theta$

1. 임의의 함수 f에 대해, f^n의 도함수는 $nf^{n-1}f'$이라는 거 기억할 거야. 피적분함수에서 $\sin$과 그 도함수인 $\cos$이 곱해져 있는 걸 알 수 있어. 이것이 $\dfrac{d}{d\theta}(\sin^{n+1}\theta)$일까?

2. $G(\theta) = \sin^{n+1}\theta$라 하자.

3. 검증. $G'(\theta) = (n+1)\sin^n \theta \cos \theta$. $(n+1)$만 없을 뿐이야.

4. 그래서 $F(\theta) = \dfrac{\sin^{n+1}\theta}{n+1}$는 주어진 도함수를 가져(5. 체크해봐!). 그래서,

$$\int \sin^n \theta \cos d\theta = \dfrac{\sin^{n+1}\theta}{n+1} + C$$

다음 장에서는 이러한 적분의 요술들, 아니, **기법**들이 더 많이 나올 거야.
하지만 우선…

연습문제

다음의 원시함수를 찾아라. 상수 더하는 거 잊지 마!

1. $\int 6\, dx$

2. $\int \frac{2}{3} x^4\, dx$

3. $\int (x-2)^{50}\, dx$

4. $\int (1-x)^{-2}\, dx$

5. $\int (a-x)^n\, dx$

6. $\int \frac{2x}{9+x^2}\, dx$

7. $\int \frac{1}{\sqrt{4-x^2}}\, dx$

8. $\int \sin 2x\, dx$

9. $\int 2\sin x \cos x\, dx$

10. $\sin 2x = 2\sin x \cos x$와 위 문제를 이용하여 다음을 보여라.

    $\cos 2x = -2\sin^2 x + C$

    여기서 C는 상수야.

11. 위의 상수 C를 구하라.

12. $\int \frac{3}{2} x^2 e^{(x^3+1)}\, dx$

13. $\int \sin x\, e^{\cos x}\, dx$

14. $\int \frac{x^2 - 4x}{\sqrt{x^3 - 6x^2}}\, dx$

15. $\int \frac{1}{x+1}\, dx$

16. $\int \frac{1}{x^2 - 1}\, dx$

    힌트: 피적분함수를 35~36쪽에서 공부한 부분분수로 전개해.

17. F가 f의 원시함수이고, G가 g의 원시함수이고, C와 D가 상수이면, $CF+DG$가 $Cf+Dg$의 원시함수임을 보여라.

    힌트: $CF+DG$를 미분해봐.

아래의 원시함수를 구하라.

18. $\int (2x^3 + 15x^2 - \frac{1}{2}x - 7)\, dx$

19. $\int (\sin^2\theta \cos\theta + \cos^2\theta \sin\theta)\, d\theta$

20. $\int \frac{e^x + e^{-x}}{2}\, dx$

21. $\int \frac{3t^2}{t^3 - t^2 + 1}\, dt - \int \frac{2t}{t^3 - t^2 + 1}\, dt$

22. $\int (t^{3/2} + t^{5/2} - 4t^{-7/2})\, dt$

23. $\int |x|\, dx$

    힌트: x가 양과 음일 경우로 나눠서 생각할 것. 원시함수의 그래프를 그려라.

24. $F'(x) = f(x)$일 때,

    $\int f(x-a)\, dx$?

25. f가 미분가능한 함수일 때,

    $\int \frac{f'(x)}{f(x)}\, dx$?

Chapter 10
정적분
위 또는 아래의 면적!

그림 안의 면적을 어떻게 구할 수 있을까? 이 부분이 직사각형이나 삼각형들로 이루어져 있다면, 어렵지 않아. 삼각형과 직사각형들의 면적을 단순히 합산하면 되거든.

하지만 그림의 **경계선이 곡선**이라면? 면적을 어떻게 구해야 할까?

지금까지 배운 지식으로, 여러분은 아마 그 답이 뭔가 **극한을 구하는** 과정과 관련이 있을 거라고 생각할 거야.

문제를 단순화하기 위해 세 개의 직선으로 둘러싸인 면적, 즉 좌우는 수직선 $x=a$, $x=b$ 아래는 축, 위는 어떤 함수 $y=f(x)$의 그래프로 둘러싸인 면적을 생각해보자. 그리고 당분간 음이 아니라고 하자. 이 부분은 한쪽만 곡선이야.

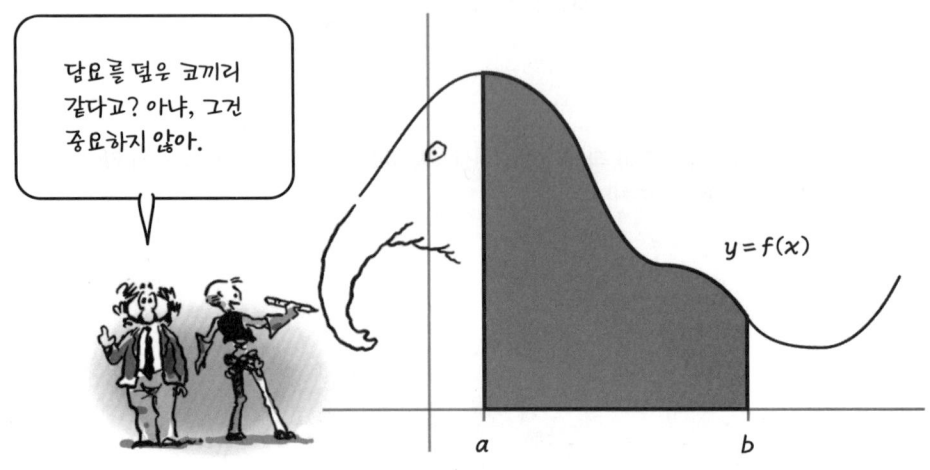

173쪽에서 했듯이, 구간 $[a, b]$를 n개의 작은 구간으로 나누고 각 경계점을 $x_0, x_1, x_2, \cdots x_i, \cdots x_n$이라 하자. 여기서 $x_0=a$, $x_n=b$야. 각 $i \geq 1$에 대해, i번째 구간 $[x_{i-1}, x_i]$ 내의 점 x_i^*를 뽑아서, 각 구간마다 높이가 $f(x_i^*)$이고 밑변이 $\Delta x_i = x_i - x_{i-1}$인 직사각형을 만들어. 마지막으로, 이 직사각형들의 면적을 합하면 구하고자 하는 면적의 근사값이 돼.

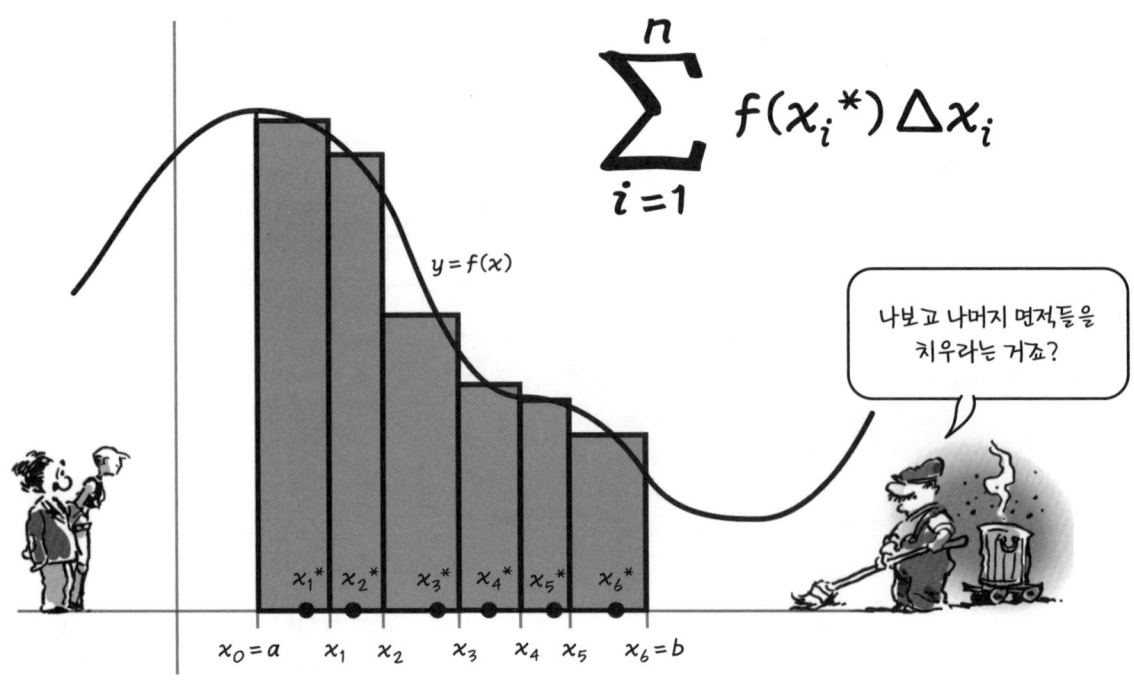

이 식을 19세기의 수학자인 베른하르트 리만의 이름을 따서 **리만 합**이라고 해.
리만은 누구도 칭찬하지 않았던 위대한 수학자 가우스의 칭찬을 받은 뛰어난 사람이었어.

그다음 계획은, 직사각형을 점점 더 잘게 쪼개서, 즉 $\Delta x_i \to 0$으로 해서,
직사각형들의 면적의 합이 극한으로 가는지 보자는 거야.

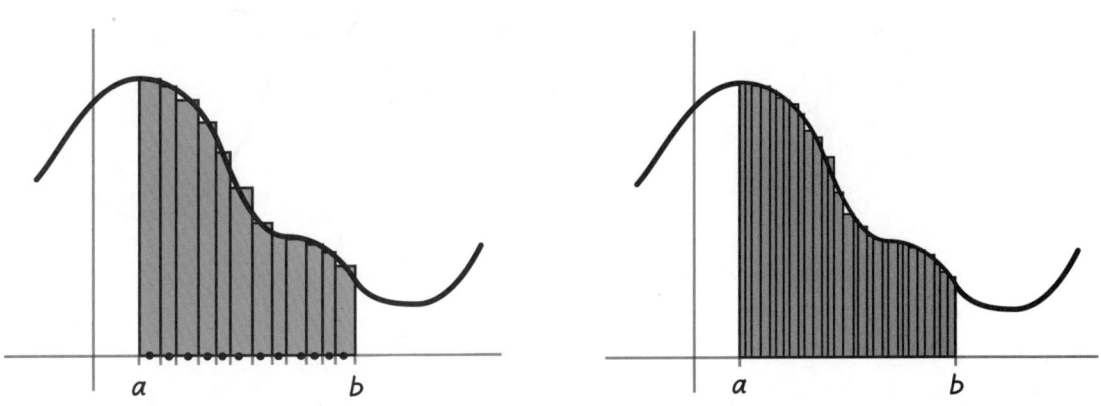

함수 f가 구간 $[a, b]$에서 연속이라면(164쪽을 봐), 답은 (왜 머뭇거려?) **예스**야.
이 경우 그 극한값을 **정적분**이라 하며, 이는 곡선 아래의 면적으로서 아래와 같이 써.

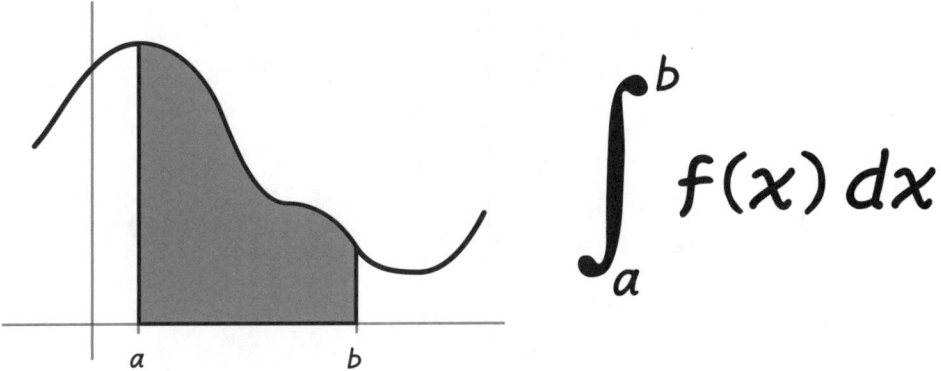

$$\int_a^b f(x)\,dx$$

경고!
여러분이 싫어하는 이론이야!
지금부터, f가 연속일 때 리만 합이
특정 수, 즉 정적분으로 수렴한다는
것을 증명할 거야.
적분의 이용에만 관심이 있는 독자는
190쪽으로 건너뛰어도 괜찮아.
그래도 여전히 건강하고 생산적인
생활을 할 수 있어….

증명에 대한 설명: f가 $[a, b]$에서 연속이고, $\{a = x_0, x_1, \cdots x_n = b\}$가 작은 구간들이라고 하자.
극값 정리에 따라 f는 각 작은 구간 $[x_{i-1}, x_i]$에서 최대값 M_i와 최소값 m_i를 가져.

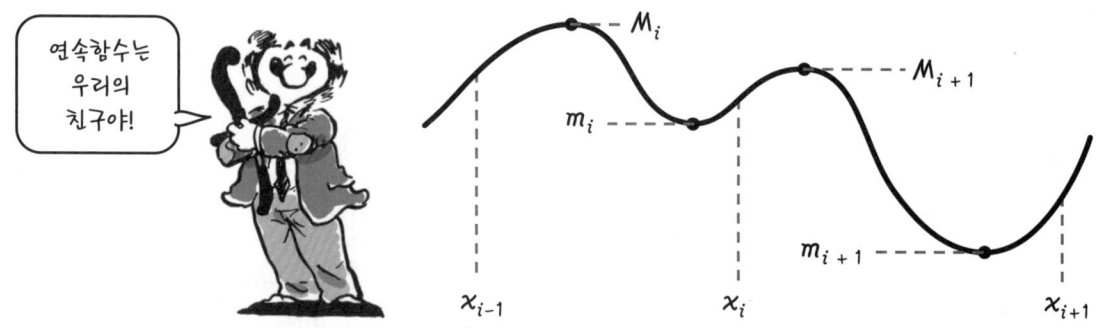

이제 그래프 위와 아래의 리만 합을 구해보자.
작은 구간들의 **하합**(lower sum)은,

$$s = \sum_{i=1}^{n} m_i \Delta x_i$$

상합(upper sum)은,

$$S = \sum_{i=1}^{n} M_i \Delta x_i$$

분명히, $S > s$야. 작은 구간들이
어떻든 간에 **각 구간**의 상합이 하합보다
크다는 걸 보이는 건 어렵지 않아….

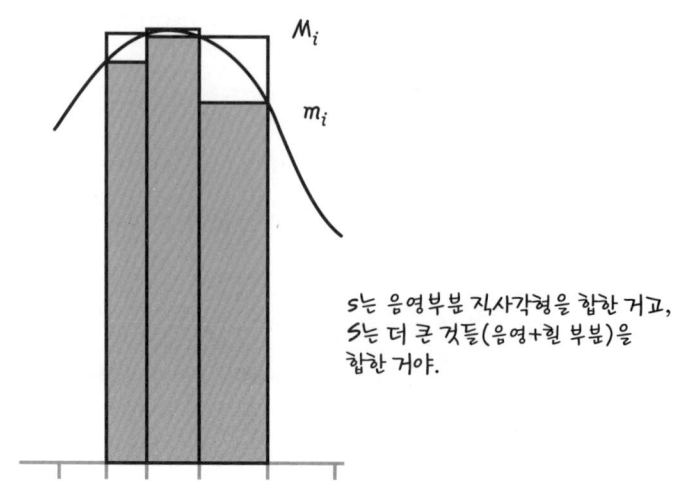

다음으로 우리는 「임의의 $\varepsilon > 0$에 대해, c와 d가 같은 소구간 내에 있을 경우 $[a, b]$를 $|f(c)-f(d)| < \varepsilon$가 되도록 소구간으로 나누는 것이 가능하다」는 걸 증명 없이 사실로 인용하자. 이렇게 하면 **모든** i에 대해 $M_i - m_i < \varepsilon$야.

이는 소구간을 점점 더 작게 만들수록 상합과 하합이 서로 압축된다는 의미야. 임의의 작은 $\varepsilon > 0$에 대해, 아래 식이 성립하도록 소구간을 충분히 작게 만들면,

모든 i에 대해 $M_i - m_i < \dfrac{\varepsilon}{b-a}$

이 경우,

$$S - s = \sum_{i=1}^{n} (M_i - m_i) \Delta x_i$$

$$< \sum_{i=1}^{n} \frac{\varepsilon}{b-a} \Delta x_i = \frac{\varepsilon}{b-a} \sum_{i=1}^{n} \Delta x_i$$

$$= \frac{\varepsilon}{b-a}(b-a) = \varepsilon$$

상합과 하합이 서로 끝없이 가깝게 압축되기 때문에, 결국 둘 사이에는 **정확히 하나의 수만** 있게 돼. a에서 b까지 f의 정적분은 이 수로 **정의**되는 거야!

$$\int_a^b f(x)\, dx$$

이제 다시 우리가 정말 알아야 할 내용으로 돌아가자.

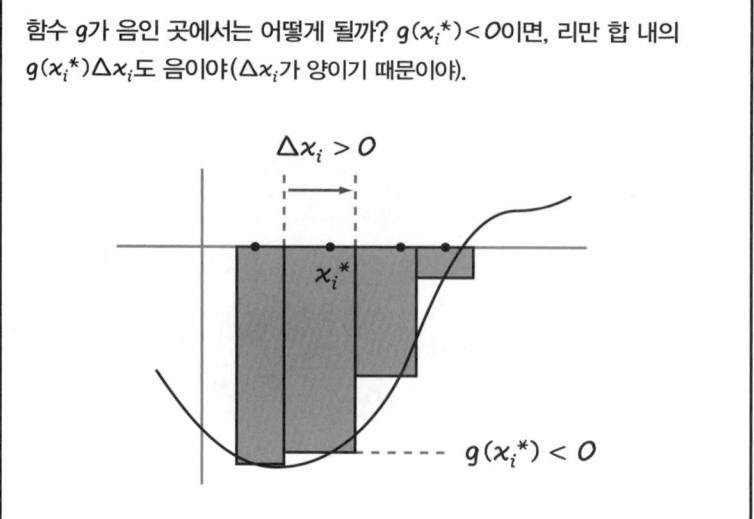

다시 만났네!

예를 설명하기 위해, 이 장을 음이 **아닌 함수**로 시작했어. 그러나 실제로는 폐구간에서 연속인 **어떤** 함수도 리만 합이 정적분으로 수렴해.

함수 g가 음인 곳에서는 어떻게 될까? $g(x_i^*) < 0$이면, 리만 합 내의 $g(x_i^*)\Delta x_i$도 음이야(Δx_i가 양이기 때문이야).

$\Delta x_i > 0$

x_i^*

$g(x_i^*) < 0$

다시 말해서, x축 **아래**의 면적은 **음**이라는 거지. 정적분에서 축 아래의 면적은 축 위의 면적과 상쇄돼. 도함수가 '부호가 달린 속력'이듯이, 적분은 '부호가 달린 면적'이야.

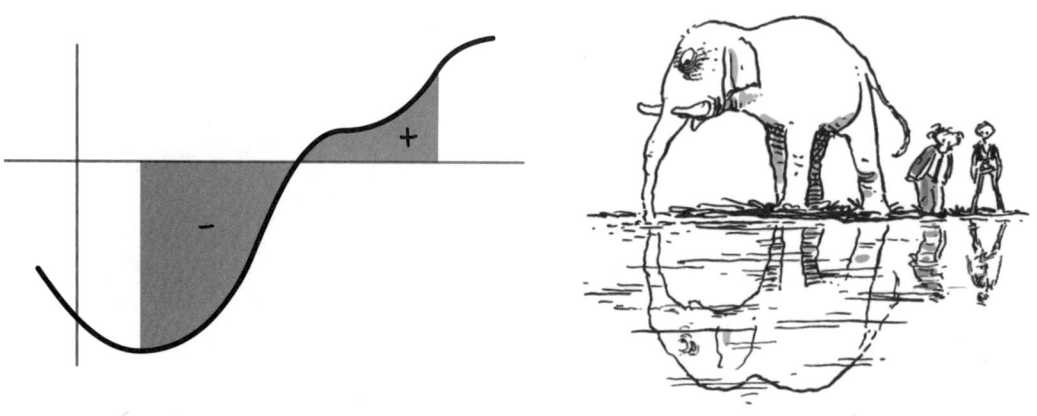

예제: 정적분을 계산하는 방법을 모르더라도, 다음 식은 바로 알 수 있어.

$$\int_0^{2\pi} \sin\theta \, d\theta = 0$$

π와 2π 사이의 x축 아랫부분은 0과 π 사이의 양인 부분과 완전히 같기 때문이야. 이 두 부분의 면적이 서로 상쇄되어버리기 때문이지.

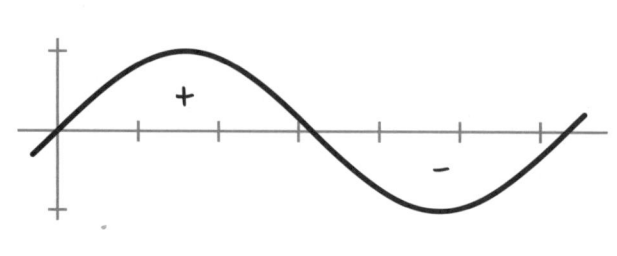

또한 불연속인 함수도 적분할 수 있어.

예제: 자동차의 와이퍼는 **간헐적**으로 닦는 특성이 있어. 제어시스템의 축전기 속에 전하가 모이는데…

전하가 한계점에 이르면, 간격을 뛰어넘어 회로가 연결돼. 그리고 와이퍼가 한 번 움직여.

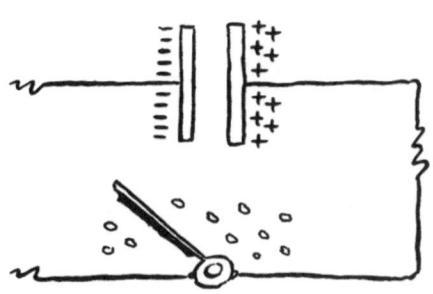

축전기 속 전하의 그래프를 시간의 함수로 그리면 다음과 같아. 점프가 있지.

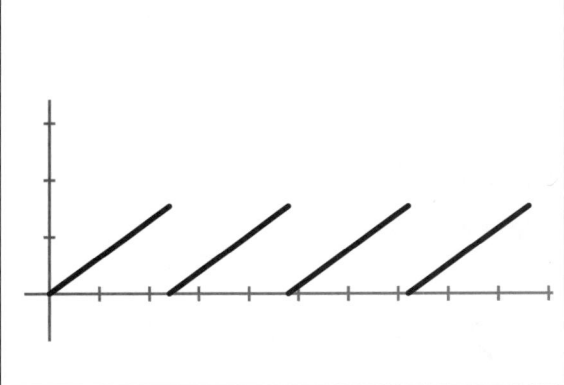

그렇지만 적분은 할 수 있어. 함수가 연속인 부분의 면적만 더하면 돼.

$$\int_a^b q(t)\,dt =$$

삼각형 또는 삼각형 일부분의 면적의 합

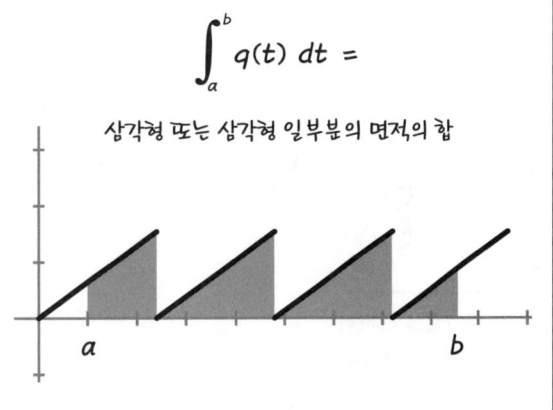

이것은 중요한 공식을 보여주고 있어.
c가 a와 b 사이의 점이면,

$$\int_a^c f(x)\,dx + \int_c^b f(x)\,dx = \int_a^b f(x)\,dx$$

이건 명백하니까, 증명은 안해.
총 (부호 달린) 면적은 두 부분의 합이거든.

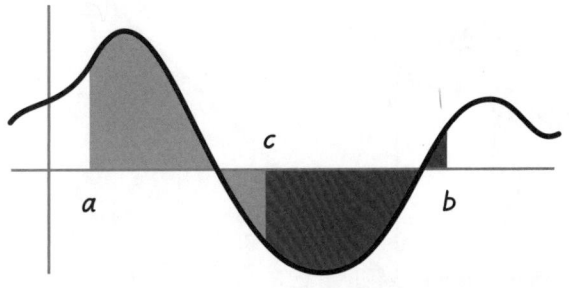

리만 합의 극한을 취하는 어려운 방법으로 시작해보자.

예제: $\int_0^1 x\,dx = \frac{1}{2}$을 보여봐.

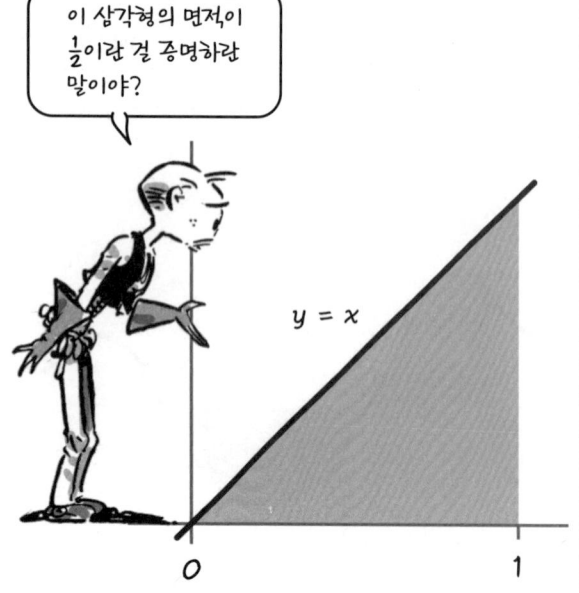

구간 [0, 1]을 점 {0, 1/n, 2/n, ⋯, 1}을 이용해서 동일한 n개의 소구간으로 나눠. 각 소구간의 밑변은 $\Delta x = 1/n$이고 $f(x_i) = i/n$야. 상합은,

$$\sum_{i=1}^{n} f(x_i)\Delta x$$

$$= \sum_{i=1}^{n} \left(\frac{i}{n}\right)\left(\frac{1}{n}\right) = \frac{1}{n^2}\sum_{i=1}^{n} i$$

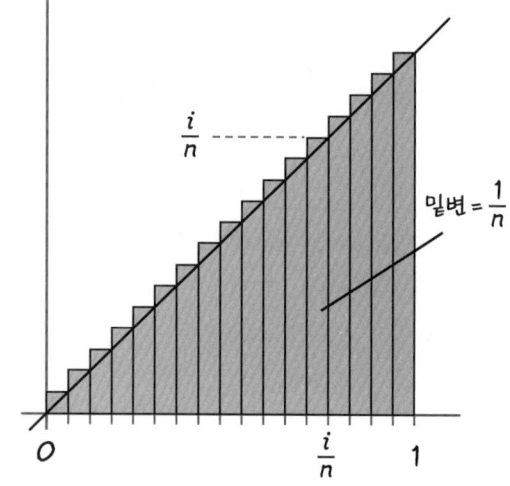

기억하겠지? (기억이 나지 않으면 찾아봐!) 처음 n개의 자연수의 합은,

$$\sum_{i=1}^{n} i = \frac{n(n+1)}{2} = \frac{n^2 + n}{2}$$

그러면 리만 합은,

$$\frac{1}{n^2}\sum_{i=1}^{n} i = \frac{n^2+n}{2n^2} = \frac{1}{2} + \frac{1}{2n}$$

$n \to \infty$이고 소구간이 점점 작아지면, 이 식은 1/2에 접근해. 즉,

$$\int_0^1 x\,dx = \frac{1}{2}$$

오케이… 그건 삼각형이었어…. 하지만 이처럼 성가신 방법을 택한 이유는,
뉴턴과 라이프니츠가 미적분법을 발견함으로써 우리가 엄청난 수고를 덜게 된 사실을 알려주기 위해서야.
적분에 대한 그들의 위대한 통찰력은 사실 아주 중요해서 **적분의 기본정리**라고 해. 다음 장에서 다룰 거야….

그리고… 앞의 마지막 식에 상수가 더해지지 않은 이유를 모르는 사람은, 정적분은 값이 **정해진다**는 걸 기억해.
정적분은 부호가 달린 면적, 즉 숫자이거든. **부정적분**, 또는 원시함수는 상수가 더해져.

$$\int x\,dx = \tfrac{1}{2}x^2 + C$$

$$\int_0^1 x\,dx = \tfrac{1}{2}$$

연습문제

1. 함수 g는 다음과 같이 정의되어 있어.

$$g(x) = 1, \quad 2n \leq x < 2n + 1$$
$$g(x) = -1, \quad 2n + 1 \leq x < 2n + 2$$

모든 정수 $n = 0, \pm1, \pm2, \cdots$에 대해
g의 그래프를 그려라.

다음 적분의 값을 구하라.

$$\int_{-4.086}^{7.358} g(x)\, dx$$

---

2. 주어진 함수 $g(t) = t^2$과 임의의 T에 대해, 다음의 방법에 따라 0과 T 사이의 리만 합을 구하라.
점 $\{0, T/n, 2T/n, \cdots T/n, \cdots, nT/n = T\}$을 이용하여, 구간 $[0, T]$를 n개의 같은 소구간으로 나눠.
$t_i = iT/n$로 두면 $\Delta t_i = 1/n$이고, 리만 합 s_n은

$$s_n = \sum_{i=1}^{n} \left(\frac{iT}{n}\right)^2 \left(\frac{T}{n}\right)$$

이 식을 간단히 한 후, (고대 그리스인들이 발견한)
아래 공식을 이용해서…

$$\sum_{i=1}^{n} i^2 = \frac{n(n+1)(2n+1)}{6}$$

… s_n을 n과 T로 나타내고, $n \to \infty$일 때
다음 식이 됨을 보여봐.

$$s_n \to \tfrac{1}{3} T^3$$

$T < 0$일 때 위 식이 음이 된다는 사실을
어떻게 생각해?

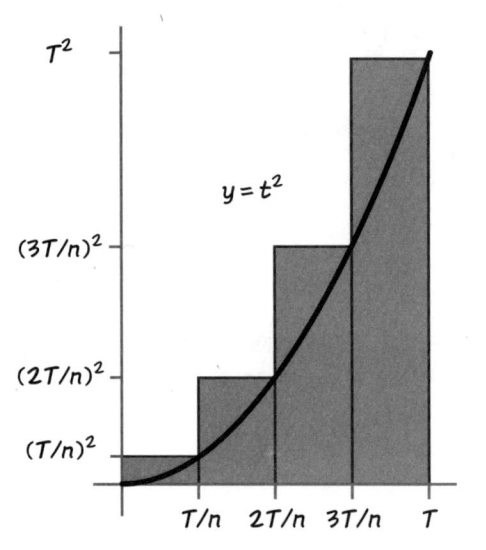

---

3. 세제곱의 합에 대한 아래 공식을 이용해서,

$$\sum_{i=1}^{n} i^3 = \left(\frac{n(n+1)}{2}\right)^2$$

다음이 성립함을 보여봐.

$$\int_0^T t^3\, dt = \tfrac{1}{4} T^4$$

4. 163쪽에서, $x = 2$에서 불연속인 아래 함수를 소개했어.

$$f(x) = \frac{1}{|x-2|} \quad (x \neq 2)$$
$$f(2) = 1$$

$x = 2$가 포함된 어떤 구간에서도 f의 상합이 없는
이유를 설명해봐.

Chapter 11
기본적으로…
여기선 모든 것이 합쳐져

8장에서, 속도의 원시함수인 위치가
속도 그래프 아래의 면적이라는 걸 배웠어.
이 결과는, 드러나고 있듯이,
우연의 일치가 아니었어.
모든 우량함수의 적분은
그 원시함수로부터 구해지는 거야!
그럼, 야단법석을 더 떨 것도 없이,
여기에….

적분의 기본정리 1: f가 구간 $[a, b]$에서 연속이고, f의 **어느** 원시함수가 F라면,

$$\int_a^b f(x)\, dx = F(b) - F(a)$$

이 놀라운 정리는
도함수와 적분을 통합하고 있어.
풀어서 말하면,
정적분을 구하기 위해서는,
먼저 피적분함수의 원시함수
하나를 구한 다음,
두 끝점에서 원시함수의 값을 구하여,
그 차이를 구하면 돼!
그걸로 끝이야!

예제: $\int_0^1 x\,dx$를 구하라.

먼저 $f(x) = x$의 원시함수를 찾는다. 그중 하나가 $F(x) = \frac{1}{2}x^2$이야. 정리에 따라

$$\int_0^1 x\,dx = F(1) - F(0)$$
$$= \frac{1}{2}(1)^2 - \frac{1}{2}(0)^2$$
$$= \frac{1}{2}$$

세 쪽 앞에서 아주 어렵게 공부한 내용이야.

예제: $\int_{-1}^5 x^3\,dx$

$F(x) = \frac{1}{4}x^4$이 원시함수란 걸 아니까, 적분은

$$F(5) - F(-1) = \frac{1}{4}(5)^4 - \frac{1}{4}(-1)^4$$
$$= \frac{625 - 1}{4} = 156$$

이 차이를 $\frac{1}{4}x^4 \Big|_{-1}^5$ 이라고 쓸 때가 많다.

예제: $\int_0^b x^n\,dx$

$G(x) = \dfrac{x^{n+1}}{n+1}$이 원시함수이고, 그래서

$$\int_0^b x^n\,dx = \frac{x^{n+1}}{n+1}\bigg|_0^b = \frac{b^{n+1}}{n+1}$$

예제: $\int_0^{\pi/2} \sin\theta\,d\theta = -\cos\theta\,\Big|_0^{\pi/2}$
$$= -\cos\left(\frac{\pi}{2}\right) - (-\cos 0)$$
$$= 0 + 1 = 1$$

예제: $\int_0^1 \dfrac{1}{1+u^2}\,du = \arctan u\,\Big|_0^1$
$$= \arctan 1 - \arctan 0$$
$$= \frac{\pi}{4} - 0 = \frac{\pi}{4}$$

(여기서는 적분변수를 u로 했는데, 어떤 문자를 쓰든 상관없다는 거 기억할 거야!)

도함수와 적분 사이의 근본적인 관계를 이해하는 방법은 여러 가지가 있어. 그중 하나는 '면적의 도함수'가 원래 함수 자체인 이유를 직접 살펴보는 거야. 이걸 하려면, 적분을 함수로 만들어야 해.

그래서 주어진 함수 f에 대해, 적분의 한 끝점을 고정하고, 다른 끝점은 변하게 해. 그러면 면적도 변해. 즉 면적은 **두 번째 끝점의 함수**야.

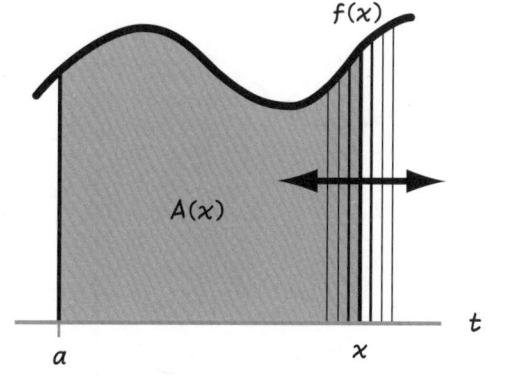

x가 변하는 끝점의 좌표이고 $A(x)$가 면적이면, 이 면적*은 다음과 같이 쓸 수 있어.

$$A(x) = \int_a^x f(t)dt$$

그래서 우리가 말하고자 하는 것은,

$$A'(x) = f(x)$$

---

* 면적은 항상 부호가 달려 있어. 그리고 변하는 끝점이 a의 **왼쪽**으로 갈 가능성도 인정해야 해. 이 경우에는 $\int_a^x f(t)dt$가 $-\int_x^a f(t)dt$를 의미해.

격식을 갖춰 표현하면 이렇게 돼.

적분의 기본정리 2

연속함수 f와, 정의역 내의 a에 대해, A가 다음과 같이 정의되면,

$$A(x) = \int_a^x f(t)\,dt$$

A는 미분가능하고, $A'(x) = f(x)$이다.

증명: A가 도함수를 갖는다면, 다음의 극한 형태로 나타낼 수 있어.

$$A'(x) = \lim_{h \to 0} \frac{A(x+h) - A(x)}{h}$$

A의 정의로부터,

$$A(x+h) - A(x) =$$

$$\int_a^{x+h} f(t)\,dt - \int_a^x f(t)\,dt = \int_x^{x+h} f(t)\,dt$$

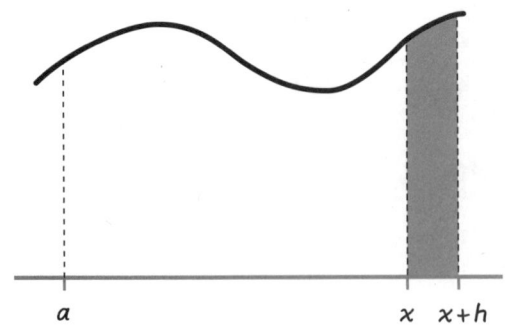

이 띠는 높이 $\approx f(x)$, 밑변 $= h$이니까 면적 $\approx hf(x)$이야. 그래서,

$$\frac{\text{면적}}{h} \approx \frac{hf(x)}{h} = f(x)$$

이 논의를 정확한 수식으로 표현하면 이렇다. 정적분은 상합과 하합 사이에 있어.

$$mh \leq \int_x^{x+h} f(t)\,dt \leq Mh$$

여기서 m과 M은 각각 구간 $[x, x+h]$에서 f의 낮은 값과 높은 값이야. 그래서,

$$m \leq \frac{A(x+h) - A(x)}{h} \leq M$$

$h \to 0$일 때 m과 M은 서로 압착돼!

f는 **연속**이므로, $h \to 0$일 때 m과 M은 둘 다 $f(x)$로 접근해. 그래서 샌드위치 정리에 의해

$$\lim_{h \to 0} \frac{A(x+h) - A(x)}{h} = f(x)$$

"저걸 다시 한 번 해보자. 느낌이 훨씬 좋아질 거야!"

ΔA는 정적분의 끝부분에 있는 얇은 띠의 면적이야. 이 띠의 밑변은 h이고 높이는 거의 $f(x)$와 같아. 그래서 그 면적의 근사값은 $hf(x)$*야. 그래서

$$\frac{\Delta A}{h} \approx \frac{hf(x)}{h} = f(x)$$

윗부분의 작은 쐐기 모양은 $(M-m)h$보다 크지 않아. 다시 말해 벼룩이지!

$$\Delta A = hf(x) + 벼룩$$

그래서 $A'(x) = f(x)$

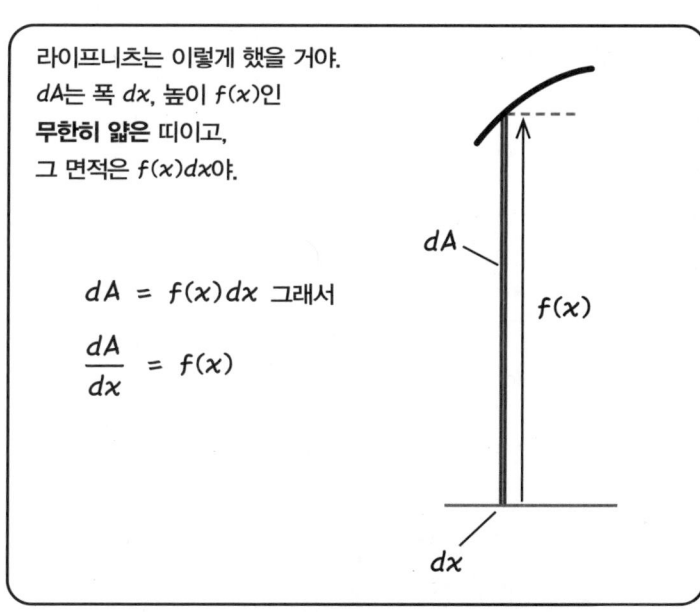

라이프니츠는 이렇게 했을 거야. dA는 폭 dx, 높이 $f(x)$인 **무한히 얇은 띠**이고, 그 면적은 $f(x)dx$야.

$$dA = f(x)dx \text{ 그래서}$$

$$\frac{dA}{dx} = f(x)$$

"내 표기법이 더 낫다고 말했잖아!"

어느 방법이든, 요지는 이거야. **어느 점에서의 면적의 변화율은 그 점에서의 그래프의 높이다.**

* f가 연속함수로 가정되기 때문에 $f(x+h)$는 거의 $f(x)$와 같아. f가 x 근방에서 사납게 점프하지는 않거든.

이제 우린 기본정리 1을 증명할 수 있어. 그건 어떤 원시함수도 A(x)와 상수부분만 차이가 난다는 사실에서 바로 나오거든.

기본정리 1의 증명:

연속함수 f의 **어떤** 원시함수를 G라 할 때, 다음 식이 성립함을 보이려고 해.

$$\int_a^b f(t)\,dt = G(b) - G(a)$$

증명: 기본정리 2에 따라 다음의 A는 f의 원시함수 중 하나야.

$$A(x) = \int_a^x f(t)\,dt$$

$A(a) = 0$인데, 어쨌든 이 원시함수에 대해

$$\int_a^b f(t)\,dt = A(b) - A(a)$$

그런데 G는 상수부분만 다르기 때문에

$$G(x) = A(x) + C \quad \text{그래서,}$$

$$\int_a^b f(t)\,dt = A(b) - A(a)$$
$$= A(b) + C - (A(a) + C)$$
$$= G(b) - G(a)$$

예제: $\int_1^x \frac{1}{t} dt = \ln x \; (x > 0)$ 임을 보여라.

기본정리 1에 의해,

$$\int_1^x \frac{1}{t} dt = F(x) - F(1)$$

여기서 F는 $1/t$의 원시함수 중 하나야.
$F(t) = \ln t$도 그중 **하나**이므로,

$$\int_1^x \frac{1}{t} dt = \ln t \Big|_1^x = \ln x - \ln 1 = \ln x$$

왜냐하면 $\ln 1 = 0$이거든.

음영부분 면적 = $\ln x$

$x < 1$일 때는, 적분을 우에서 좌로 하니까, 적분이 음이야. (피적분함수는 양이지.)

예제:

$$\int_0^x \frac{1}{\sqrt{1-u^2}} du = \arcsin x$$

왜냐하면 $\arcsin 0 = 0$

적분을 우측에서 좌측으로 해야 할 수도 있어.
$-1 \leq x < 0$일 때는 $\arcsin$이 음이야.

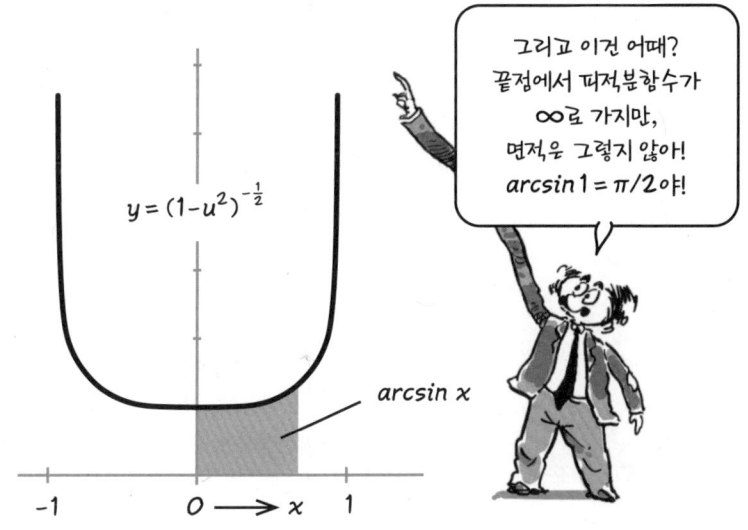

그리고 이건 어때? 끝점에서 피적분함수가 ∞로 가지만, 면적은 그렇지 않아! $\arcsin 1 = \pi/2$야!

연습문제

아래 적분을 구하라.

1. $\int_{-3}^{20} 6\, dx$

2. $\int_{-1}^{5} \frac{2}{3} x^4\, dx$

3. $\int_{3}^{4} (x-2)^{50}\, dx$

4. $\int_{1/2}^{2/3} (1-x)^{-2}\, dx$

5. $\int_{a}^{a+1} (a-x)^n\, dx$

5번에서 적분이 정의되지 않는 때는?

6. $\int_{\sqrt{2}}^{2} \frac{1}{\sqrt{4-x^2}}\, dx$

7. $\int_{\pi/4}^{7\pi/2} \sin 2x\, dx$

8. $\int_{2}^{e^2+1} \frac{dx}{1-x}$

9. $\int_{4}^{25} (t^{3/2} + t^{5/2} - 4t^{-7/2})\, dt$

10. $\int_{-1}^{2} \frac{3}{2} x^2 e^{(x^3+1)}\, dx$

11. $\int_{5\pi}^{11\pi/6} (\sin^2\theta \cos\theta + \cos^2\theta \sin\theta)\, d\theta$

12. 어떤 수 M에 대해 구간 $[a, b]$에서 $|f(x)| \le M$이면,

$$\left| \int_a^b f(x)\, dx \right| \le M(b-a)$$

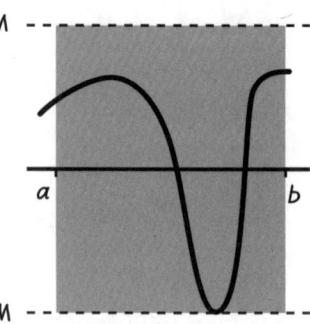

임을 보여라. 또 $|f(x) - g(x)| \le \varepsilon$인 두 함수 f, g가 존재할 때

$$\left| \int_a^b (f(x) - g(x))\, dx \right| \le \varepsilon(b-a)$$

임을 보여라. 다시 말해, 두 함수가 서로 가까우면, 그 적분도 마찬가지야.

13. 다음은 대수학에서 배운 거야.

$$1 - t^n = (1-t)(1 + t + t^2 + \ldots + t^{n-1})$$

또는

$$\frac{1-t^n}{1-t} = 1 + t + t^2 + \ldots + t^{n-1}$$

t가 작을 때 $1 + t + t^2 + \cdots + t^{n-1}$은 $1/(1-t)$에 가까워짐을 보여라.

14. 위에서 $t = -x^2$을 대입하면,

$$\frac{1}{1+x^2} \approx 1 - x^2 + x^4 - x^6 - \ldots + (-1)^n x^{2n}$$

0에서 1까지 적분해봐.

$$\int_0^1 \frac{1}{1+x^2}\, dx \approx \int_0^1 (1 - x^2 + x^4 - \ldots + (-1)^n x^{2n})\, dx$$

양변을 적분하면 라이프니츠의 이름을 딴 수열이 돼. (사실은 수 세기 전에 인도에서 이미 발견되었어!)

Chapter 12
여러 가지 적분법
원시함수를 찾는 또 다른 방법들

함수를 적분하기 위해,
우리가 해야 할 일은
원시함수를 찾는 것이 '전부'야.
그러나 그게 말처럼 쉬운 건 아냐.
함수가 낯설 수도 있고…
어떤 함수의 도함수인지
도무지 알 수가 없고…
희망도 안 보이고….
그래서 수학자들은 적분을
'해결'하기 쉽게 다루는
방법들을 고안해냈어.

훌륭해!
아주
좋은 도구야!

변수의 치환

지금부터, 작은 양을 나타내는 라이프니츠의 표기인 dx, dt, du, dV, dF 같은 걸 쓸 거야. 걱정하지 마! 문제가 훨씬 쉬워질 거고, 성가시게 될 일은 없을 거야….

x의 함수인 u에 대한 기본방정식에서 시작하자.

$$\frac{du}{dx} = u'(x)$$

이 식은 이렇게 돼.

$$du = u'(x)\,dx$$

이것이 의미하는 바는,

$$\int du = \int u'(x)\,dx = u + C$$

기본정리에 따라 이 식이 사실인 걸 우린 알아!

이제 u의 함수인 또 다른 함수 v를 생각해보자. 그러면 앞에서처럼

$$dv = v'(u)\,du$$

$du = u'(x)\,dx$를 대입하면

$$dv = v'(u(x))\,u'(x)\,dx$$

이건 다름 아닌 연쇄법칙의 다른 형태야. 다시 쓰면,

$$v + C = \int v'(u)\,du = \int v'(u(x))\,u'(x)\,dx$$

이게 무슨 이유로 도움이 될까? 이건 우변의 적분을 좌변처럼 **단순하게** 만들거나 변형할 수 있기 때문이야! $u'(x)dx$를 du로 **치환**하면, 적분이 훨씬 간단해져!!!

예제 1: $\int 2t\cos(t)^2\,dt$

$u = t^2$으로 두면, $du = 2t\,dt$가 되어 적분이 아래처럼 돼.

$$\int 2t\cos(t)^2\,dt = \int \cos u\,du$$
$$= \sin u + C$$
$$= \sin(t)^2 + C$$

이 과정을 단계적으로 해보자.

1. 피적분함수 속에서 도함수가 u'인 내부함수 u를 찾아.

2. $du = u'(t)dt$라고 써.
($u'(x)dx$도 좋고, 변수는 어떤 것이든 상관없어.)

3. 식을 모두 u로 바꿔.

4. u에 관해 적분해. 성공하면, 답에 있는 u를 $u(t)$로 바꾸면 돼.

예제 2: $\int x^3 \sqrt[3]{x^4+9}\, dx$

이 문제는 $u = x^4+9$를 내부함수로 두면 좋을 것 같아.
왜냐하면 도함수가 $4x^3$이고, 피적분함수에 그게 있거든.

$$du = 4x^3\, dx \quad \text{그래서} \quad x^3\, dx = \tfrac{1}{4} du$$

그래서,

$$\int x^3 \sqrt[3]{x^4+9}\, dx = \tfrac{1}{4} \int u^{1/3}\, du =$$

$$\left(\tfrac{1}{4}\right)\left(\tfrac{3}{4}\right) u^{4/3} + C = \frac{3}{16}(x^4+9)^{4/3} + C$$

오, 예에에에…

예제 3: $\int u\sqrt{2u-3}\, du$

때로는 치환이 깔끔하지는 않지만 어쨌든 문제는 없어.
이 피적분함수는 u가 내부함수의 도함수가 아니기 때문에,
우리의 변형틀에 맞지는 않아. 하지만 어쨌든 해보자….

$$v = 2u - 3, \quad u = \tfrac{1}{2}(v+3), \quad du = \tfrac{1}{2} dv$$

이제 식을 전부 v로 바꾸면,

$$\int u\sqrt{2u-3}\, du = \int \tfrac{1}{2}(v+3) v^{1/2} \left(\tfrac{1}{2}\right) dv =$$

$$\tfrac{1}{4} \int (v^{3/2} + 3v^{1/2})\, dv = \tfrac{1}{4}\left(\tfrac{2}{5}\right) v^{5/2} + \tfrac{1}{4} \cdot 3 \left(\tfrac{2}{3}\right) v^{3/2} + C$$

$$= \frac{(2u-3)^{5/2}}{10} + \frac{(2u-3)^{3/2}}{2} + C$$

이러한 치환은 일반적으로 피적분함수가 $u^n(au+b)^m$의 형태일 때 사용한다 (n은 양의 정수, m, a, b는 임의의 수).
$P(u)(au+b)^m$ 형태도 마찬가지야 (P는 다항식).

치환과 정적분

정적분에서 치환을 이용할 때는, 적분의 끝점들도 치환에 맞게 바꿔줘야 해. F가 f의 원시함수일 때,

$$\int_a^b f(u(x))\,u'(x)\,dx = F(u(b)) - F(u(a)) = \int_{u(a)}^{u(b)} f(u)\,du$$

u에 관해 미분할 땐 끝점 a, b를 $u(a)$, $u(b)$로 바꿔야 해.

나무 솎질과 같아!

예제 4: $\int_0^{\pi/4} \dfrac{\tan^2 x}{\cos^2 x}\,dx$

아래 식을 기억할 거야.

$$\frac{d}{dx}(\tan x) = \frac{1}{\cos^2 x}$$

$u(x) = \tan x$라 하면, $du = \dfrac{dx}{\cos^2 x}$

u에 관한 적분의 끝점은 이렇게 돼.

$$\tan\left(\frac{\pi}{4}\right) = 1 \quad \text{그리고} \quad \tan 0 = 0$$

그래서 적분은,

$$\int_0^1 u^2\,du = \left.\frac{1}{3}u^3\right|_0^1 = \frac{1}{3}$$

예제 5: $\int_{-\ln 2}^{0} \dfrac{e^x}{\sqrt{1-e^{2x}}}\,dx$

$u(x) = e^x$이라 하면, $du = e^x dx$

새로운 끝점은,

$$e^{-\ln 2} = \frac{1}{2} \quad \text{그리고} \quad e^0 = 1$$

그래서 적분은,

$$\int_{1/2}^{1} \frac{du}{\sqrt{1-u^2}} =$$

$$\arcsin 1 - \arcsin\left(\frac{1}{2}\right) =$$

$$\frac{\pi}{4} - \frac{\pi}{6} = \frac{\pi}{12}$$

그런데 지수함수뿐인 적분 계산에서 π가 튀어나와서 놀라지 않았어?

별로요. 렌치나 주실래요?

변수의 치환은 적분의 **형태를 변형하는 조작**이야.
놀라워, 정말… 어려운 적분이 완전히 다른 단순하고 낯익은 형태로 바뀌지.

$$\int \frac{\tan^2 x}{\cos^2 x}\,dx \text{ 가 변형돼서 } \int u^2\,du \quad (u = \tan x,\ du = dx/(\cos^2 x))$$

$$\int \frac{2x}{1+x^2}\,dx \text{ 가 변형돼서 } \int \frac{dy}{y} \quad (y = 1+x^2,\ dy = 2x\,dx)$$

$$\int x^2\sqrt{1+x}\,dx \text{ 가 변형돼서 } \int (t^{5/2} - 2t^{3/2} + t^{1/2})\,dt \quad (t = 1+x,\ dt = dx)$$

$$\int \frac{e^t}{1+e^{2t}}\,dt \text{ 가 변형돼서 } \int \frac{dv}{1+v^2} \quad (v = e^t,\ dv = e^t\,dt)$$

위력적이야….

사실, 적분을 성공하기 위한 핵심개념은 이거야. 주어진 적분이 낯설면,
여러분이 아는 형태가 될 때까지 변형을 해.

흠…
도구상자에
다른 도구가 없을까….

부분적분

이건 아래의 미분의 곱규칙에서 나오는 거야.

$(uv)' = uv' + vu'$ 또는
$d(uv) = udv + vdu$

양변을 적분하면,

$uv = \int u\,dv + \int v\,du$

이걸 오른쪽처럼 다시 정리하면 아주 쓸 만해져.

$$\int u\,dv = uv - \int v\,du$$

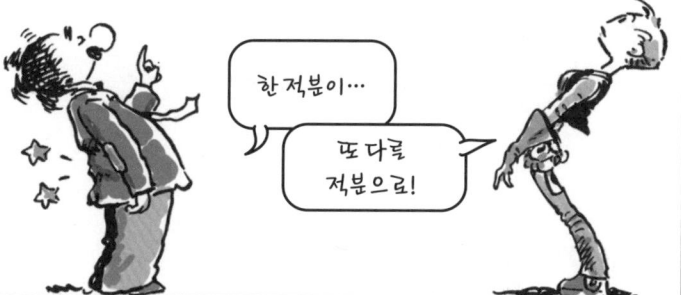

한 적분이…
또 다른 적분으로!

예제 5: $\int 3x^2 \ln x\, dx$

여기선 치환이 도움이 안 돼. 그러나 dv의 후보가 있긴 해….

$3x^2 dx = d(x^3)$

따라서 이렇게 해보자.

$v(x) = x^3,\quad dv = 3x^2 dx$
$u(x) = \ln x,\quad du = \frac{1}{x} dx$

그래서,

$\int 3x^2 \ln x\, dx = uv - \int v\,du$
$= x^3 \ln x - \int (x^3)\left(\frac{1}{x}\right) dx$
$= x^3 \ln x - \int x^2 dx$
$= x^3 \ln x - \frac{1}{3}x^3 + C$

미분을 해서 답이 맞는지 점검해보면

$\frac{d}{dx}\left(x^3 \ln x - \frac{1}{3}x^3\right) =$
$3x^2 \ln x + \frac{x^3}{x} - x^2 =$
$3x^2 \ln x + x^2 - x^2 =$
$3x^2 \ln x$

원래의 피적분함수가 나왔어.

이거 써보고 싶어서 못 참겠네.

예제 6: $\int \ln x \, dx$

v가 어디 있는지 의아스럽겠지만, 사실, 이건 앞의 예제와 아주 비슷해. 그냥 $dv = dx$로 두자!

$$u = \ln x, \quad du = \frac{1}{x}, \quad v = x$$

그리고,

$$\int \ln x \, dx = x \ln x - \int x \left(\frac{1}{x}\right) dx =$$
$$x \ln x - \int dx = x \ln x - x + C$$

예제 7: $\int x \cos x \, dx$

여기선 dv를 $\cos x \, dx = d(\sin x)$와 $x \, dx = d\left(\frac{1}{2}x^2\right)$ 중에서 선택할 수 있어. 두 번째가 문제를 더 어렵게 만든다는 걸 여러분이 알았으면 해…. 그러니 첫 번째로 해보자.

$$u = x, \quad du = dx, \quad dv = d(\sin x), \quad v = \sin x, \quad 그래서$$

$$\int x \cos x \, dx = x \sin x - \int \sin x \, dx = x \sin x + \cos x + C$$

예제 8: $\int x^2 \sin x \, dx$

예제 7에서와 같이,

$$u = x^2, \quad du = 2x \, dx,$$
$$dv = \sin x \, dx, \quad v = -\cos x$$

$$\int x^2 \sin x \, dx = -x^2 \cos x - \int 2x(-\cos x) \, dx =$$
$$-x^2 \cos x + 2 \int x \cos x \, dx =$$
$$-x^2 \cos x + 2x \sin x + 2 \cos x + C$$

예제 7과 8은 아래 적분의 방법을
보여주고 있어(n은 양의 정수).

$$\int x^n \sin x \, dx \quad \text{또는} \quad \int x^n \cos x \, dx$$

이 경우는 부분적분을 '계속해나가야 해'.
부분적분을 하면 x^n 대신 x^{n-1}이 있는
비슷한 적분이 또 나오고…
다시 부분적분을… 계속해야 해.
피적분함수에 $\sin x$ 또는 $\cos x$만
남을 때까지.

예제 9: $\int \sin^2 x \, dx$

우리의 유일한 희망은 이렇게 해보는 거야.

$$u = \sin x, \quad du = \cos x \, dx,$$
$$dv = \sin x \, dx, \quad v = -\cos x$$

이 경우,

$$\int \sin^2 x \, dx = -\sin x \cos x + \int \cos^2 x \, dx$$

$\cos^2 x$가 있는 두 번째 적분은 첫 번째보다 나아진 게 없어 보여.
그러나 $\cos^2 x = 1 - \sin^2 x$이니까… 이걸 우변의 적분에
대입하여 다시 정리하면,

$$2 \int \sin^2 x \, dx = -\sin x \cos x + \int dx$$
$$= -\sin x \cos x + x + C$$

그래서,

$$\int \sin^2 x \, dx = \frac{1}{2}(-\sin x \cos x + x) + C$$

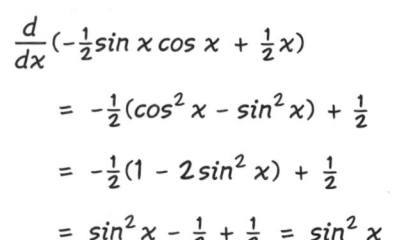

$$\frac{d}{dx}\left(-\frac{1}{2}\sin x \cos x + \frac{1}{2}x\right)$$
$$= -\frac{1}{2}(\cos^2 x - \sin^2 x) + \frac{1}{2}$$
$$= -\frac{1}{2}(1 - 2\sin^2 x) + \frac{1}{2}$$
$$= \sin^2 x - \frac{1}{2} + \frac{1}{2} = \sin^2 x$$

아래 형태의 모든 적분은 위와 같은
삼각함수 공식을 써서 풀 수 있어.

$$\int \sin^m x \cos^n x \, dx$$

연습문제

준비, 적분⋯ 시작!

1. $\int \dfrac{x}{1+x^2}\, dx$

2. $\int x(1+x^2)^{-2}\, dx$

3. $\int \sin t\, e^{n\cos t}\, dt$

4. $\int \tan u\, du$

   힌트: $\tan$를 $\sin$과 $\cos$으로 바꿀 것.

5. $\int x^2(3x-1)^{-1/2}\, dx$

6. $\int \sqrt{1-x^2}\, dx$

   힌트: $x = \cos\theta$로 치환하고, 예제 9에서 본 삼각함수 공식을 써라. 답을 구하면 다시 x의 식으로 바꾸는 거 잊지 마.

7. $\int_0^1 (x^3 + x + 1)(\sqrt{2x+5})\, dx$

8. $\int e^x \sin x\, dx$

9. $\int t e^{-t}\, dt$

10. $\int_1^5 (\ln x)^2\, dx$

11. $\int (\ln x)^3\, dx$

12. $\int_0^x \arctan v\, dv$

아래는 자연로그 $y = \ln t$의 그래프야. 이건 또 $t = e^y$의 그래프이기도 해. 로그와 지수함수는 서로 역함수이기 때문이야. 그래서 음영부분의 면적은

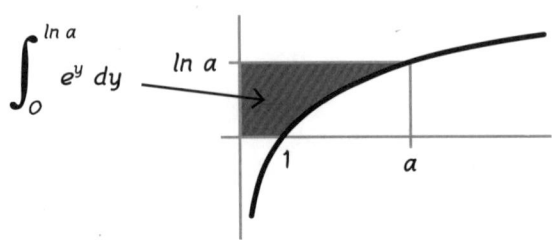

알겠지? 그리고 로그 그래프 아래의 면적은 직사각형의 면적에서 음영부분을 뺀 거야.

$$\int_1^a \ln t\, dt = a\ln a - \int_0^{\ln a} e^y\, dy$$
$$= a\ln a - a + 1$$

이건 부분적분을 한 것과 똑같아.

13. 이 개념을 $\int_0^x \arctan v\, dv$에 적용해봐.

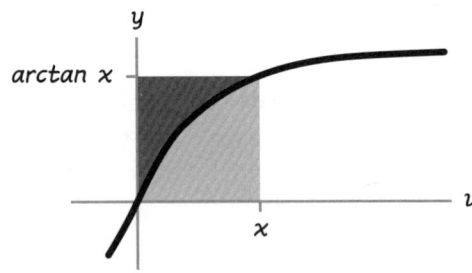

구한 답이 12번 문제와는 다를 수 있어. 만일 그렇다면, 아래 삼각형을 참고해서 답의 형태를 정리해봐⋯.

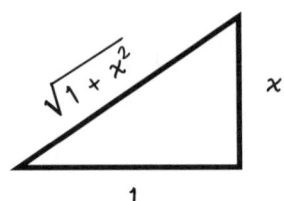

Chapter 13
적분의 활용
이 장의 내용은 정말 쓰임새가 있어, 알지?

적분은 도처에 널려 있어…
필요한 건 그걸 알아보는 눈이야.

이 장에서는,
적분이 기하학, 물리학, 경제학, 통계학, 비즈니스 등에서
널리 쓰이고 있는 걸 알게 될 거야.
어디에나 적분과 관련된 일들이 쌓여 있어.

면적과 부피

우린 두 함수 사이의 **차이**를 적분함으로써 **두 그래프 사이**의 면적을 구할 수 있어.

예제: 다음 포물선 사이의 면적을 계산하라.

$$y = f(x) = x^2 + 1 \quad \text{그리고}$$
$$y = g(x) = -2x^2 + 4$$

풀이: 먼저 두 곡선이 만나는 교점의 x값을 찾아. 즉,

$$x^2 + 1 = -2x^2 + 4$$

이 식을 풀면,

$$3x^2 = 3 \quad \text{또는} \quad x = \pm 1$$

이제 $g-f$를 -1에서 1까지 적분해.

$$\int_{-1}^{1} (g(x) - f(x))\, dx = \int_{-1}^{1} (-3x^2 + 3)\, dx$$
$$= (-x^3 + 3x)\Big|_{-1}^{1} = -1 + 3 - (1 - 3)$$
$$= 4$$

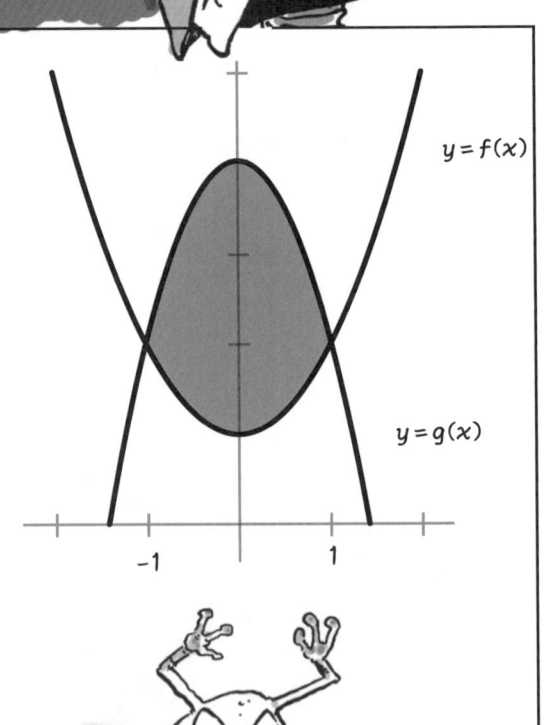

실생활에서도, 이와 비슷한 게 있어.
도로의 기점에 정지해 있는 자동차가
가속할 때의 속도를 $v = v(t)$라 하자.
O에서 T까지 곡선 아래의 면적

$$\int_0^T v(t)\, dt$$

은 시간 T에서의 자동차의 위치야.

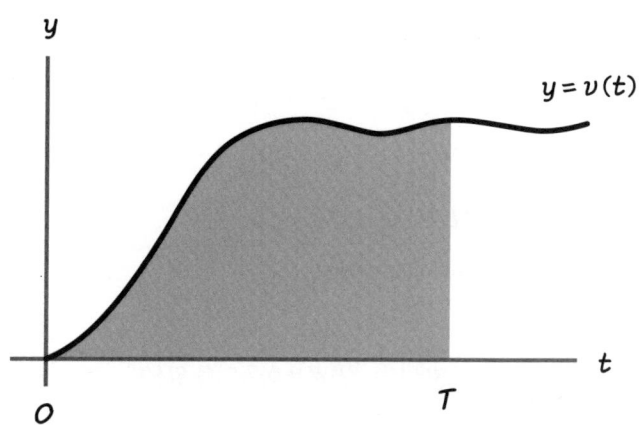

아우디(A)와 BMW(B)가 같은 장소에서 동시에 출발했고, 두 자동차의 속도 그래프는 다음과 같아.*

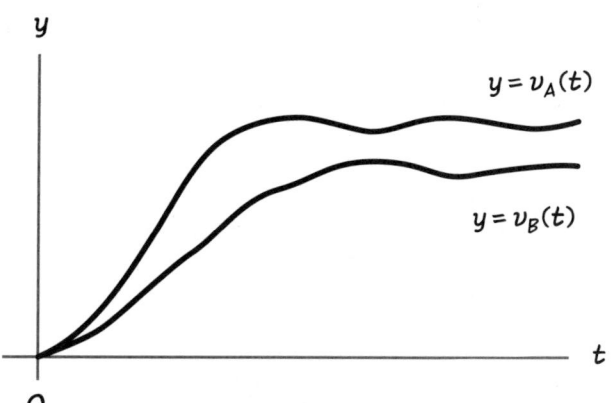

그러면 그래프 v_A와 v_B 사이의
(부호가 있는) 면적은
아우디가 BMW보다 앞서 있는 거리야.
그건,

$$\int_0^T (v_A(t) - v_B(t))\, dt$$

(BMW가 앞서 있는 경우에는 음수가 돼).

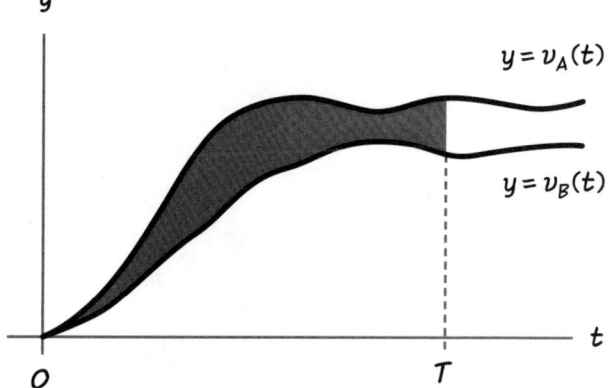

* 이건 BMW가 실제로 완전 정지해 있었다고 가정한 거야. 한 번도 그런 경우를 보진 못했지만, 언젠가는 그러리라는 희망을 갖고 있어.

문제를 단순화하기 위해, 아우디의 속도는

$$v_A(t) = 3t \text{ m/sec} \quad (0 \leq t < 10)$$
$$= 30 \text{ m/sec} \quad (t \geq 10)$$

라 하고, BMW의 속도는,

$$v_B(t) = 5t \text{ m/sec} \quad (0 \leq t < 4)$$
$$= 20 \text{ m/sec} \quad (t \geq 4)$$

라고 가정하자. 앞부분에서는 BMW가 아우디를 앞선다.

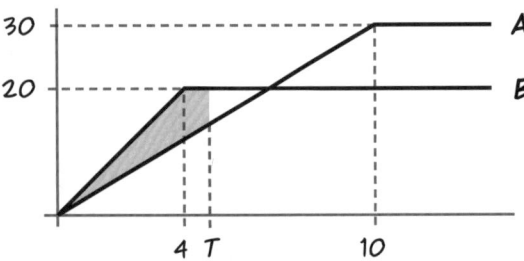

그러나 T가 커지면, 아우디가 추월한다. 결국 짙은 부분의 면적이 옅은 부분보다 커질 거야.

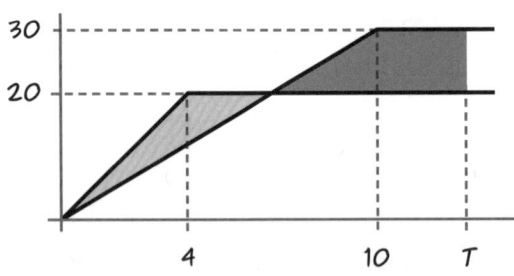

질문: **언제?**

흠. 내가 낡아빠진 스즈키를 모는 이유를 묻는 거 아냐?

$T \geq 10$일 때, 두 자동차의 위치는,

$$s_A(T) = \int_0^{10} 3t \, dt + 30(T - 10)$$

$$s_B(T) = \int_0^4 5t \, dt + 20(T - 4)$$

가속할 때는 적분되는 부분이 '삼각형' 부분이고…

나머지는 '직사각형' 부분이야!

적분의 값을 구하면,

$$s_A(T) = \left.\frac{3}{2}t^2\right|_0^{10} + 30(T - 10)$$
$$= 150 + 30T - 300$$
$$= 30T - 150$$

$$s_B(T) = \left.\frac{5}{2}t^2\right|_0^4 + 20(T - 4)$$
$$= 20T - 40$$

아우디가 BMW를 추월하는 시점은 두 자동차의 위치가 같을 때야.

$$s_A(T) = s_B(T)$$
$$30T - 150 = 20T - 40$$
$$10T = 110$$
$$T = \mathbf{11}\text{초}$$

극좌표에서의 면적

(r, θ)로 나타내는 **극좌표**는 보통의 '직교'좌표 대신에 사용되는데, 좌표평면상의 점 P는 원점으로부터의 거리 r과, 수평축과 선분 OP 사이의 각도 θ로 나타내.

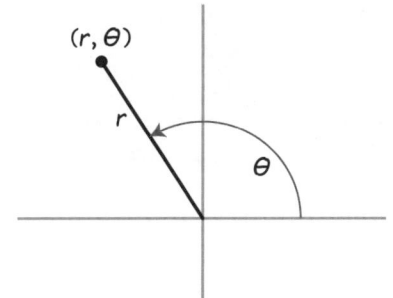

좌표들 사이의 관계식은,

$$r^2 = x^2 + y^2 \quad tan\,\theta = \frac{y}{x} \quad (0 \leq \theta < 2\pi)$$

변수 r은 **원의 면적**을 적분으로 구할 때 사용할 수 있어.

주어진 반지름 R인 원에 대해
반지름을 길이 Δr인 구간으로 세분해.
즉 원을 폭이 Δr인 얇은 고리로 나누는 거지.

r_i가 어떤 고리의 반지름이라면,
그 고리는 면적 $\approx 2\pi r_i \Delta r$이야.
(고리를 잘라서 펴면, 길이가 대략 $2\pi r_i$이고
폭이 Δr인 리본이 된다고 상상해봐.)

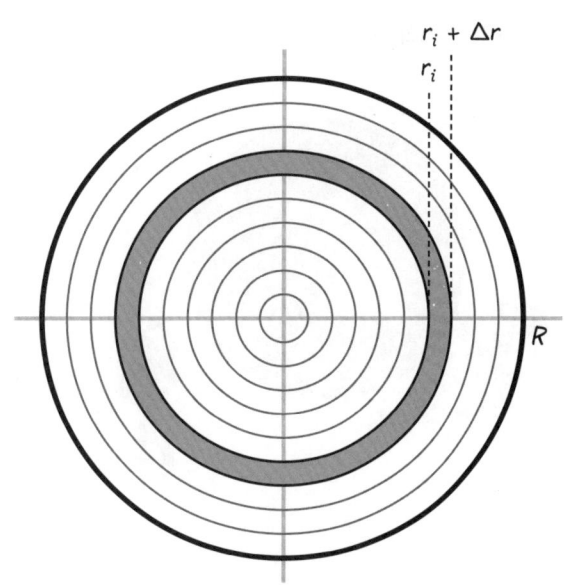

A고리의 면적 $\approx 2\pi r_i \Delta r$

원 전체 면적의 근사값은

$\sum 2\pi r_i \Delta r$이고, $\Delta r \to 0$일 때,

이건 아래처럼 돼.

$$\int_0^R 2\pi r\, dr = \pi r^2 \Big|_0^R = \pi R^2$$

우린 초등학교 때부터
원의 면적이 πr^2이라는 걸 들어왔어.
그러나 증명은
적분을 배울 때까지
기다려야 했어!
둥근 것은 사각형보다
훨씬 어렵거든.

이제 계산할 수 있는 또 다른 둥근 것은 이거야.

구의 부피: 구는 어디서 보나 둥글어!

이걸 어떻게 처리해야 하나?

그래, 적분방법은 그걸 얇은 조각으로 자르는 거야.
한번 해보자…

각 조각의 테두리는 곡면이어서 부피를 계산하기가 어려워! 그래서 각 조각을 근사적으로 평판이라고 생각하자.

이제 각 평판의 부피를 합한 다음, 그 두께가 0으로 간다고 하자….

구의 중심이 원점이고 반지름이 R이라 하자.
축을 따라, 구간 $[-R, R]$을
점 $\{x_0, x_1, \cdots, x_i, \cdots, x_n\}$으로
길이가 $\triangle x$인 소구간으로 나눠.
점 x_i에서의 단면의 반지름은,
피타고라스 정리에 의해,
$\sqrt{R^2 - x_i^2}$이야.

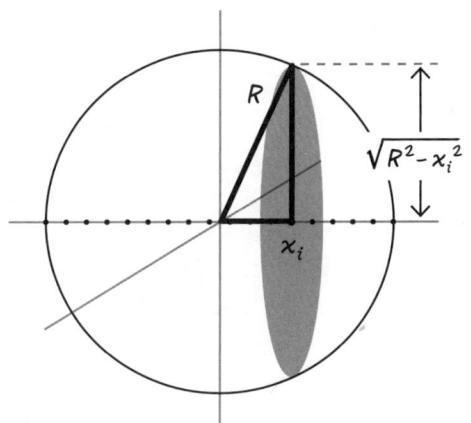

평판의 부피는 밑면의 면적과 높이의 곱이야.
여기서 밑면의 면적은,

$$\pi(\sqrt{R^2 - x_i^2})^2 = \pi(R^2 - x_i^2)$$

높이는 $\triangle x$이니까, 부피는

$$\text{밑면} \cdot \text{높이} = (\pi R^2 - \pi x_i^2)\triangle x$$

모든 평판의 부피를 합하면,

$$\sum_{i=1}^{n} (\pi R^2 - \pi x_i^2)\triangle x$$

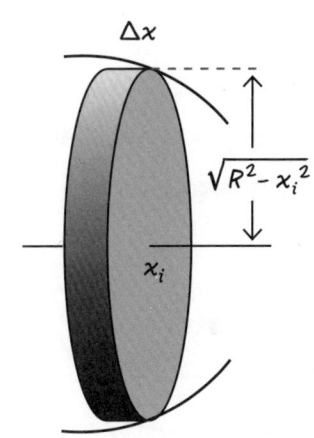

$\triangle x \to 0$하면 적분값이 나와!

$$V = \int_{-R}^{R} (\pi R^2 - \pi x^2)\, dx$$

$$= \pi R^2 x \Big|_{-R}^{R} - \frac{1}{3}\pi x^3 \Big|_{-R}^{R}$$

$$= 2\pi R^3 - \frac{2}{3}\pi R^3 = \frac{4}{3}\pi R^3$$

너도 이미 '알고 있는' 거지!

맞아요…. 학교에서 선생님께 배웠어요!

평판을 쌓은 것으로 근사할 수 있는 다른 부피문제도 구에 적용했던 방법으로 구할 수 있어. 특히 축 주위로 곡선을 회전시킨 **회전체**가 그래.

원뿔:
원뿔은 직선 $y = ax$를 y축 주위로 회전시킨 거야. 원뿔의 높이가 H이면, 밑면의 반지름은 H/a야. y축에 수직인 조각들을 만들어서 y에 관해 적분하면 돼. 점 y_i에서 단면의 반지름은 y_i/a야.

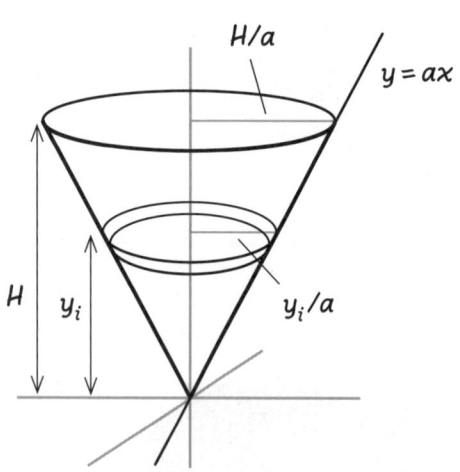

그러면 원의 면적은 $\pi(y_i/a)^2$이고 높이가 dy인 얇은 원통의 부피는,

$$\pi \frac{y_i^2}{a^2} dy$$

이 조각을 적분하면 원뿔의 부피가 아래와 같아.

$$V = \int_0^H \pi \frac{y^2}{a^2} dy = \frac{1}{3} \frac{\pi}{a^2} y^3 \Big|_0^H$$

$$= \frac{1}{3} \pi \frac{H^3}{a^2}$$

> 내가 아는 공식이 또 나왔네….

원뿔의 밑면의 반지름은 H/a이니까, 면적은 $\pi(H/a)^2$이야. 그래서 부피는 밑면적과 높이의 곱의 $\frac{1}{3}$이야.

포물체: 이것은 포물선 $y = ax^2$을 축 주위로 회전시킨 거야. 높이가 H인 포물체의 부피는 무엇일까?

얼른 풀어보자.
점 y를 지나는 단면의 반지름은
$\sqrt{(y/a)}$이고 면적은 $(\pi y/a)$야.
그래서 두께가 Δy인 얇은 조각의 부피는
$(\pi y \Delta y/a)$이고, 포물체의 부피는,

$$V = \int_0^H \frac{\pi y}{a} dy = \frac{1}{2} \frac{\pi y^2}{a} \Big|_0^H$$
$$= \frac{1}{2} \frac{\pi H^2}{a}$$

이다. 이게 밑면적과 높이의 곱의
1/2이라는 거 알겠어?
밑면의 반지름은 얼마야?

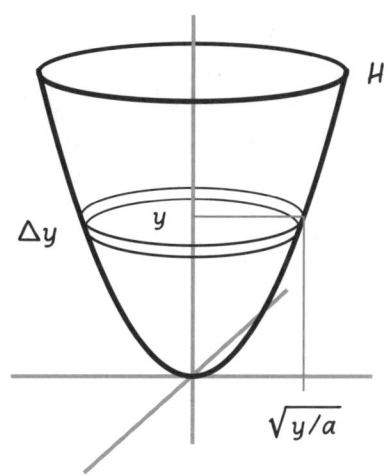

이러한 대칭적인 회전체의 부피를 구할 때, 평판 대신에 얇은 실린더를 적분하는 것이 더 편리할 때가 있어. 예를 들어 앞의 예제에서, 그런데 잠깐… 이게 뭐야?

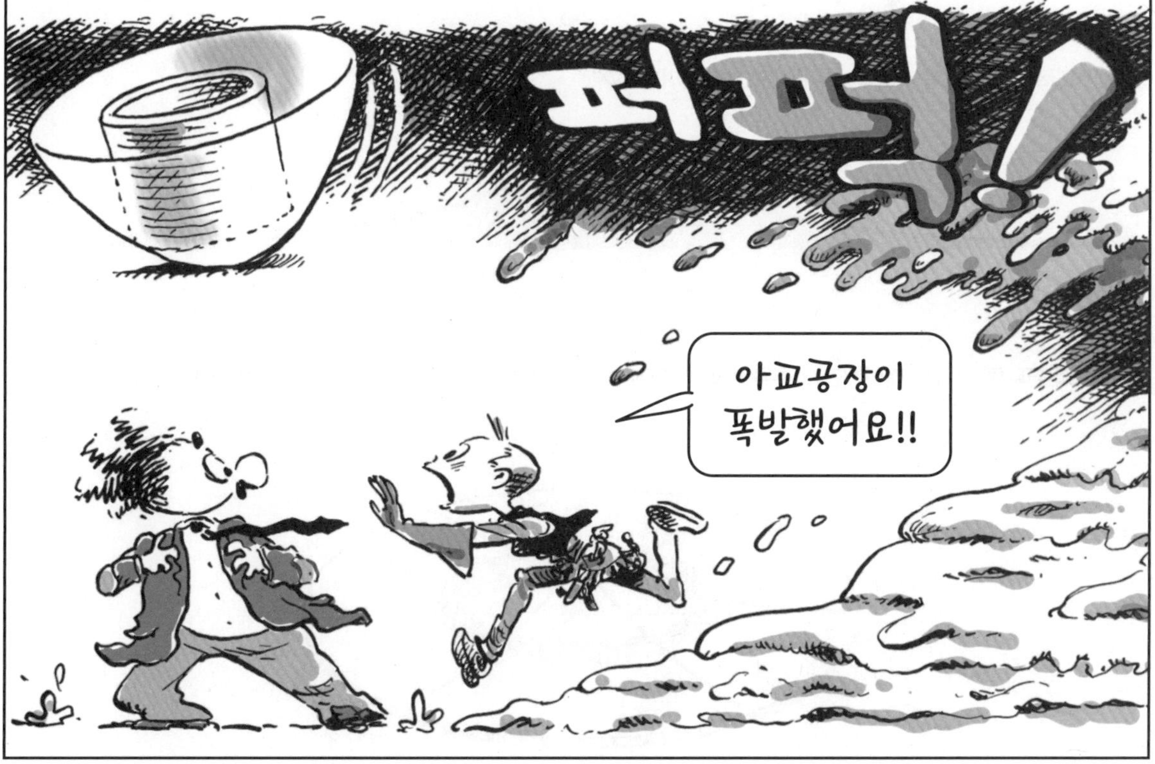

퍼펑!!

아교공장이 폭발했어요!!

예제

아교공장의 폭발로 주변이 끈적이는 노란 아교더미로 덮였어. 이 더미는 원형이고 대칭적인 형태야. 측정해보니 아교더미의 깊이는 중심에서 멀어질수록 줄어들며, 중심에서 r킬로미터 떨어진 곳에서의 깊이는 $D(r)$미터이고, 다음의 식에 따르는 것으로 밝혀졌어.

$$D(r) = 2e^{-3r^2} \text{ 미터}$$

반경 5킬로미터 이내의 아교의 부피는 몇 세제곱미터일까?

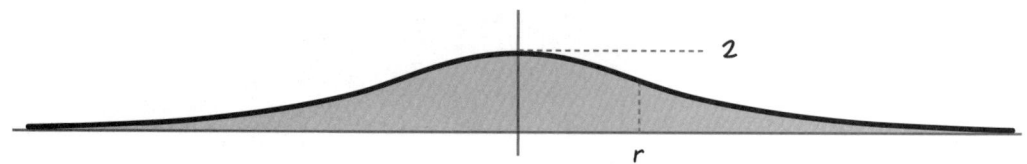

회전체의 부피를 구하는 것이지만, y축을 따라 아래에서 위로 적분하는 대신, 중심에서 **바깥으로** r에 관해 적분하자.

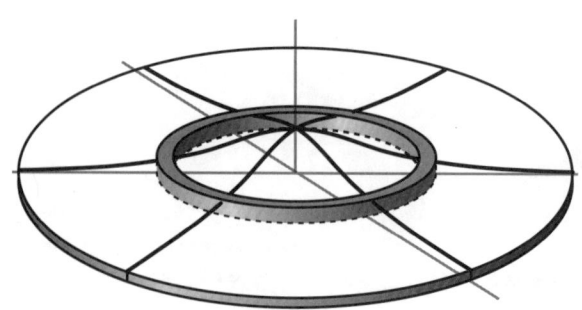

거리 r과 $r+dr$ 사이에서, 고리의 깊이는 $2e^{-3r^2}$으로 거의 일정해. 그래서 이 거리 사이에 있는 얇은 링의 부피는 근사적으로

$$dV \approx 2\pi r \cdot (2e^{-3r^2}) \cdot 10^6 \, dr \, m^3 *$$

앞서와 같이, 이걸 끊어서 파스타 가닥처럼 펼 수 있다고 생각해.

5킬로미터까지의 부피는 다음 적분이야.

$$V(5) = 10^6 \int_0^5 4\pi r e^{-3r^2} \, dr$$

$$= (4\pi) 10^6 \int_0^5 r e^{-3r^2} \, dr$$

치환하기 위해 다음처럼 두면,

$$u = -3r^2, \quad du = -6r \, dr$$
$$u(0) = 0, \quad u(5) = -75$$

그래서,

$$4\pi 10^6 \int_0^5 r e^{-3r^2} \, dr = 4\pi 10^6 \int_0^{-75} -(1/6) e^u \, du$$

$$= -(2/3) 10^6 \pi e^u \Big|_0^{-75}$$

$$= (2/3) 10^6 \pi (e^0 - e^{-75})$$

$$\approx 1,400,000 \, m^3$$

내 신발은 '엑스캘리버(아서 왕의 명검)'야…!

* 10^6은 r과 Δr의 단위가 km라서, 깊이와 같은 단위인 m로 바꾸기 위해 곱한 거야($1km = 10^3 m$).

이상적분

방금 우린 반경 5킬로미터 이내의 땅에 쏟아진 아교의 양을 계산했어.
그런데 땅에 쏟아진 아교의 총 부피는 어떻게 계산할까?

총 부피는 **무한대**까지의 적분으로 쓸 수 있어.

$$10^6 \int_0^\infty 4\pi r e^{-3r^2}\, dr$$

(이 특별한 아교공장이 지구표면의 곡면이 아니라, 무한히 넓은 평판 위에 있다고 상상하자.)

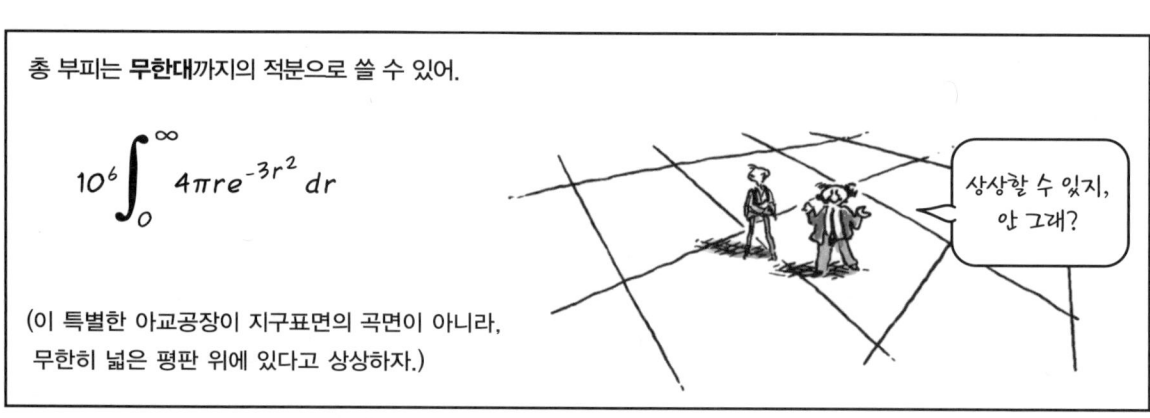

무한대가 포함된 적분을 **이상**적분이라고 해.
사실 다른 적분에 비해 나쁘지 않은데, 불행히도 이름이 그렇게 붙었어.

공장 폭발 이후, 반경 R 이내의 아교의 부피(단위 m^3)는

$$V(R) = 10^6 \int_0^R 4\pi r e^{-3r^2} dr$$

$$= -(2/3)\pi 10^6 e^{-3r^2} \Big|_0^R$$

$$= (2/3)\pi 10^6 (1 - e^{-3R^2})$$

$R \to \infty$일 때, 둘째 항은 0으로 가니까

$$\lim_{R \to \infty} V(R) = (2/3)\pi 10^6$$

다음 극한이 존재하면, 우린 이상적분이 **수렴**한다고 해.

$$\lim_{x \to \infty} \int_a^x f(t) dt$$

이 경우 이상적분을 아래와 같이 **정의**해.

$$\int_a^\infty f(t) dt = \lim_{x \to \infty} \int_a^x f(t) dt$$

방금 계산했듯이, 아교공장의 경우 이상적분이 수렴해.

$$10^6 \int_0^\infty 4\pi r e^{-3r^2} dr = \left(\frac{2}{3}\pi\right) 10^6 \ m^3$$

예제: $\int_1^\infty \frac{dt}{t^2}$ 정의에 따라, 이 적분은 극한이 있어.

$$\lim_{x \to \infty} \int_1^x \frac{dt}{t^2} = \lim_{x \to \infty} \left(-\frac{1}{t} \Big|_1^x \right) =$$

$$\lim_{x \to \infty} \left(-\frac{1}{x} + 1 \right) = 1$$

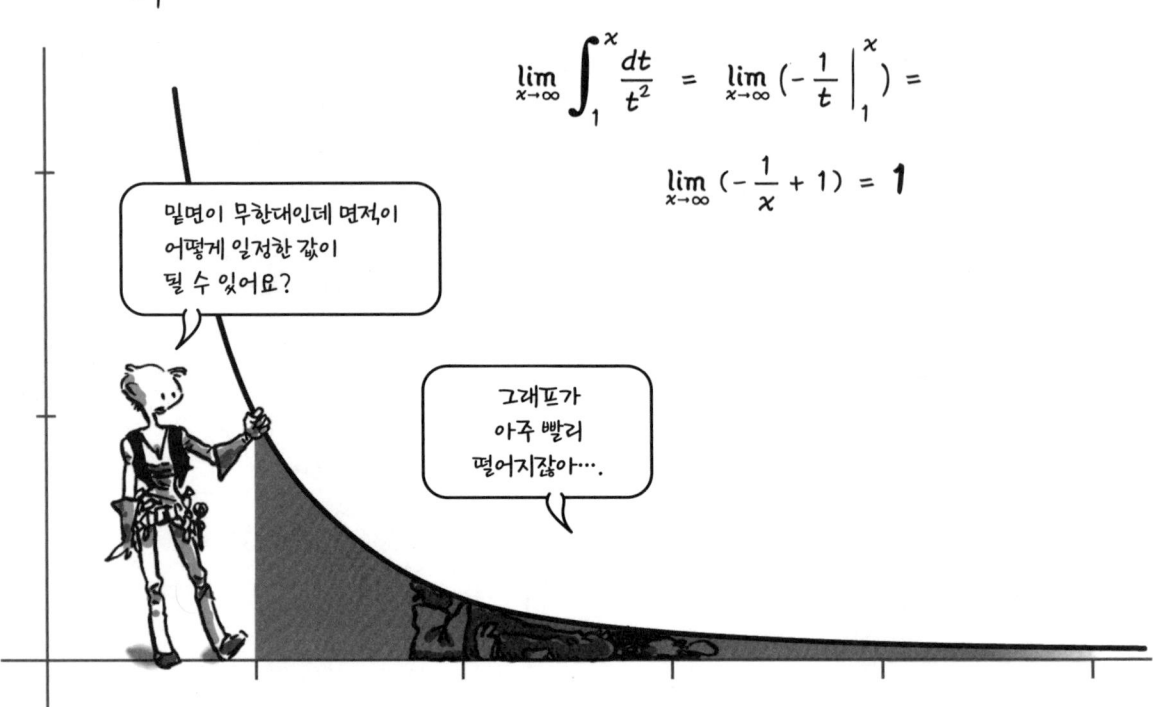

한편, $\int_1^\infty \frac{dt}{t} = \lim_{x \to \infty} (\ln x - \ln 1) = \lim_{x \to \infty} (\ln x) = \infty$

이 적분은 수렴하지 않아. 그래프의 꼬리 아래의 총 면적이 무한대야.
이런 그래프를 **팻 테일(fat tail)**을 가졌다고 말하지.

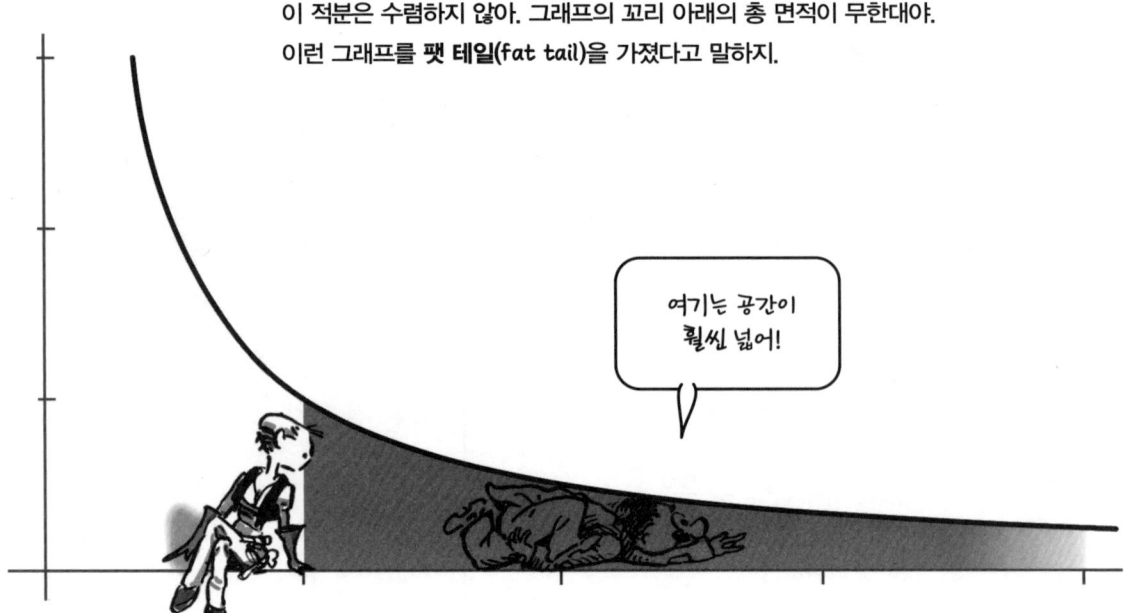

앞의 예제에서 적분의 극한이 무한대였어. 또한 이상적분의 피적분함수가 특정 구간에서 무한대로 '급격히 증가'하는 경우도 있어.

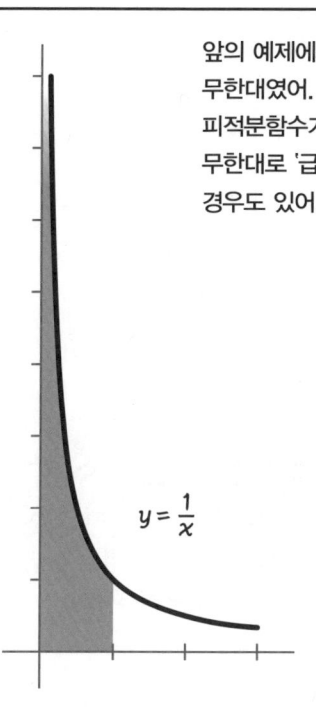

$y = \dfrac{1}{x}$

아래 적분을 예로 들 수 있어.

$$\int_0^1 \dfrac{dt}{t^2}$$

피적분함수가 적분의 한 끝점에서 정의되지 않아. 하지만 극한은 존재할 수도 있어.

$$\lim_{x \to 0} \int_x^1 \dfrac{dt}{t^2}$$

계산해보자.

$$\lim_{x \to 0} \int_x^1 \dfrac{dt}{t^2} = \lim_{x \to 0} \left(-\dfrac{1}{t} \bigg|_x^1 \right) =$$

$$\lim_{x \to 0} \left(-1 + \dfrac{1}{x} \right) = \infty$$

이 적분은 수렴하지 않아.

그러나

$$\int_0^1 \dfrac{dt}{\sqrt{t}} = 2\sqrt{t} \bigg|_0^1 = 2$$

이 적분은 수렴해. 함수가 급증하지만, 직선 $x = 0$과 $x = 1$ 사이의 면적은 유한해!

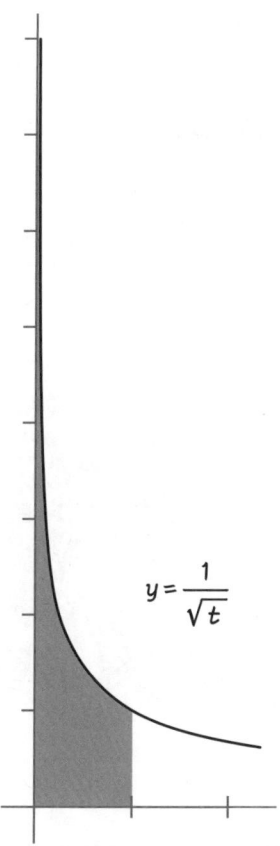

$y = \dfrac{1}{\sqrt{t}}$

이것이 앞쪽 첫 번째 예제의 그래프를 옆으로 돌린 형태인 거 알겠어?

밀도

알다시피, 깃털이 채워진 베개는 크기가 커도 가벼워.

한편, 납은 1m³의 무게가 11,340kg이야. 10톤이 넘어(!).

납과 깃털은 **밀도**가 달라. 납은 같은 부피의 깃털(또는 물, 또는 구리. 하지만 금은 아냐! 금은 납보다 밀도가 훨씬 커)보다 무거워.

미적분을 배우기 전에, 우린 밀도를, 물체의 질량을 부피로 나눈 것으로 정의했었어.

$$밀도 = \frac{질량}{부피}$$

하지만 이제 우린 그보다는 세련됐지! **밀도가 변하는** 물질을 생각할 수 있게 됐거든. 물질의 어느 곳을 측정하느냐에 따라 밀도가 달라져….

예를 들어 **대기는**… 고도가 높을수록 공기가 희박해져…. 해수면에서의 밀도는 5,000미터 상공보다 훨씬 커….

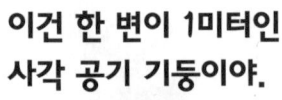

이건 한 변이 1미터인 사각 공기 기둥이야.

$M(x)$를 땅에서 x까지의 공기의 총 질량이라고 하자. 그러면 두께가 dx인 조각의 질량은 dM, 부피는 $(1) \cdot (1) \cdot dx = dx \ m^3$야.

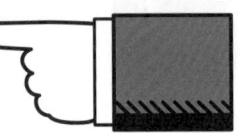

조각이 얇으면, 그 속의 공기는 밀도가 일정하고,

$$D(x) = \frac{dM}{dx}$$

그래서

$$M = \int D(x) \, dx$$

총 질량은 **밀도**의 **적분**이야. 이건 '피자 박스'들에 들어 있는 공기의 질량을 모두 합한 거야.

공기 샘플을 측정해보니 높이 x미터에서의 대기밀도 $D(x)$는 다음과 같았어.

$$D(x) = 1.28 \, e^{-0.000124x} \ kg/m^3$$

그래서 높이가 10,000미터이고 한 변이 1미터인 사각 공기 기둥의 총 질량은,

$$M = \int_0^{10,000} 1.28 \, e^{-0.000124x} \, dx =$$

$$(1.28)\left(\frac{-1}{0.000124}\right) e^{-0.000124x} \Big|_0^{10,000}$$

$$\approx -2980 + 10,320$$

$$= \mathbf{7,340} \ kg$$

피자가 어디 갔지?

밀도의 사례들

똑같은 방법이 **인구밀도**에도 적용돼.
인구밀도도 장소에 따라 달라져.

도시의 한쪽 끝에서 다른 쪽 끝까지 관통하는 **중앙로**가 있다고 하자. 각 블록에 거주하는 주민의 수를 **블록당 인구수**라는 인구밀도로 측정할 수 있어. 도심의 고층빌딩들과 도시외곽의 빈민가 때문에, 인구밀도는 장소에 따라 달라.
(문제를 단순화하기 위해, 밀도가 0이 되는 교차로는 없다고 하자.)

우린 도로를 따라 짧은 구간을 만들어 밀도를 측정할 수 있어. 그리고 그 구간을 더 짧게… 더 짧게… 인구밀도가 도로를 따라 **연속적**으로 변한다고 생각할 수 있을 때까지 짧게 만들 수 있어.

인구밀도 함수는 질량밀도와 다를 게 없어.
$P(x)$가 $-\infty$와 x 사이(즉 x의 서쪽 전 지역)에
거주하는 인구수라면,
점 x에서 넓이 dx인 구간에 있는
인구는 dP이고,

$$D(x) = \frac{dP}{dx}$$

그래서,

$$P = \int D(x)\, dx$$

a와 b가 거리주소일 때, $\int_a^b D(x)\, dx = P(b) - P(a)$는 a와 b 사이에 살고 있는 인구수이지.

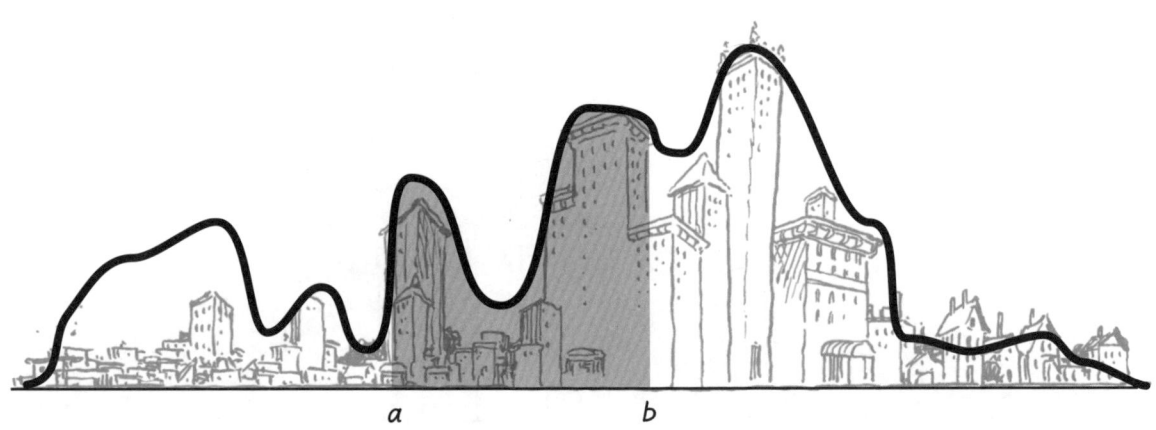

특히 도로의 한쪽 끝에서 다른 쪽 끝까지의 적분은,

$$\int_{-\infty}^{\infty} D(x)\, dx = 총 인구수$$

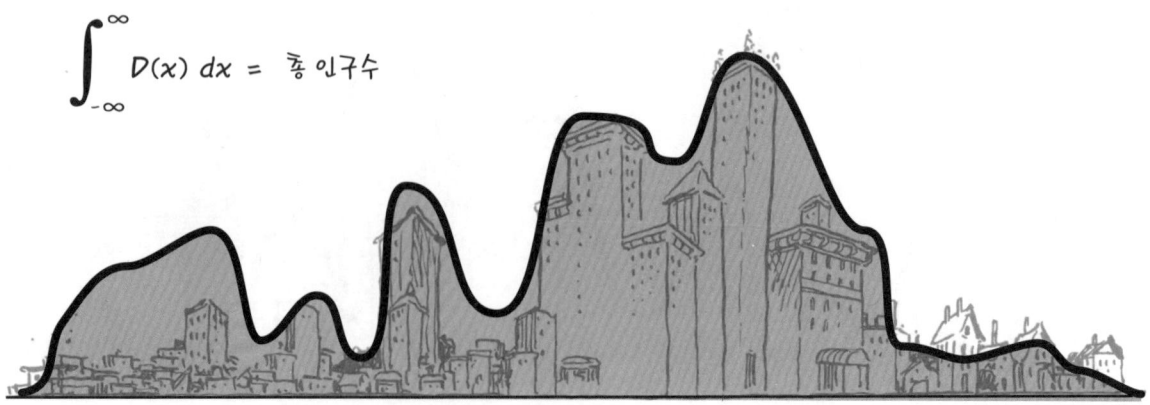

도로의 어느 부분에 n 사람이 살고 있다면,
n/N은 총 인구수 N의 부분인 **비율**이야.
이건 함수 p(x) = D(x)/N가
오른쪽과 같은 성질을 갖고 있다는 의미야.

$$\int_{-\infty}^{\infty} p(x)\, dx = 1$$

$$\int_{a}^{b} p(x)\, dx = \left\{ \begin{array}{l} a\text{와 } b \text{ 사이의} \\ \text{인구 비율} \end{array} \right.$$

이 수는 임의로 선택된 사람이 a와 b 사이에 살고 있을 확률로 해석될 수도 있어.

아래와 같은 음이 아닌 함수 p를 **확률밀도**(또는 **확률분포**)라고 해.

$$\int_{-\infty}^{\infty} p(x)\, dx = 1$$

모든 '확률변수'(눈을 감고 사람을 선택해서
주소를 묻는 것과 같은 무작위시스템을 의미)는
확률밀도 p를 가져.
통계학 전 분야의 토대가 바로
이 확률밀도야.

적분이 이용되는 추가 사례

물리학에서,
어떤 물체를 일정한 힘 F로
d만큼 이동시킨 경우,
한 일은 둘의 곱이야.

일 = 힘 × 이동거리

그런데 힘이 위치에 따라 변한다면 어떻게 될까?

점 x에서의 힘이 $F(x)$라면, $\int_a^b F(x)dx$는 a와 b 사이에서 한 일이야.

아주 짧은 구간 Δx에서는,
힘이 거의 일정해.
그래서 이 구간에서
한 일은 $F(x)dx$,
등등….

물의 경우, 어떤 깊이에서 그 위에 있는 물의 무게가 모든 방향으로 힘을 가한다. 깊이 들어갈수록 위에 있는 물의 무게가 증가하기 때문에 힘이 더욱 강해져.

수압은 단위면적당 가해지는 힘이고, 킬로파스칼(kPa)이라는 단위로 측정해 ($1kPa = 1000N/m^2$).

깊이 x에서의 압력은,

$$P(x) = 9.8x \ kPa$$

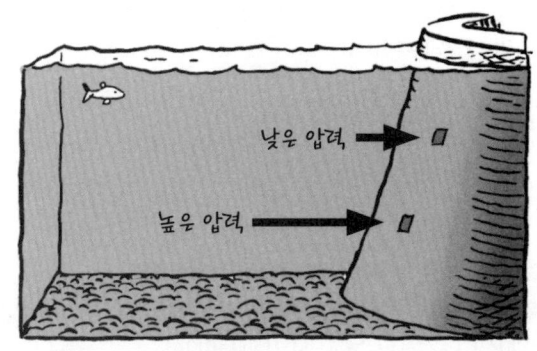

이야. 물을 가두고 있는 댐을 생각해보자.
깊이 x에서, 두께 dx인 얇은 조각 내의 압력은 일정해. 이 조각에 가해지는 힘은 압력과 조각의 면적의 곱이야. 그 깊이에서 댐 표면의 길이가 $W(x)$이면, 면적은 $W(x)dx$야. $F(x)$가 0에서 x까지의 힘이라면,

$$dF = 9.8x\,W(x)\,dx$$

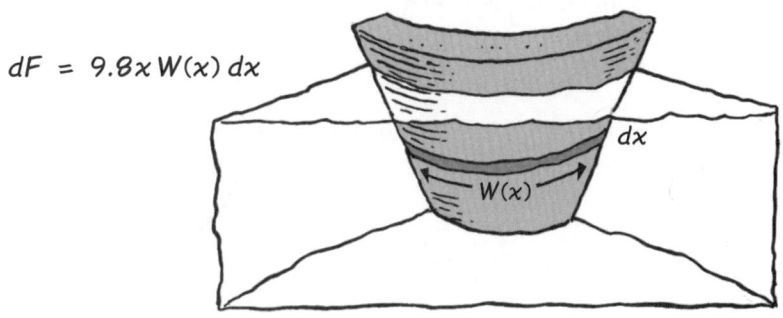

댐 안의 물의 깊이가 D미터이면 댐에 가해지는 힘의 총합은,

$$\int_0^D 9.8x\,W(x)\,dx \ \ kN$$

엔지니어는 적분을 이용해서 댐, 다리와 같은 구조물들에 가해지는 압력을 평가할 수 있어.

연습문제

1. 132쪽의 문제에, 반구형 사발에 담긴 물의 부피에 대한 공식이 있는데, 이 식을 유도해봐. 음… 먼저, 수면이 D일 때, 수면 위의 사발의 부피가,

$$\int_0^D \pi(R^2 - y^2)\, dy$$

임을 보이고, 이걸 반구의 부피인 $\frac{2}{3}\pi R^3$에서 빼서, 물의 부피를 구해봐. (답은 앞 문제의 식과 다를 거야. 여기서의 D가 132쪽에서는 $R-h$이기 때문이야.)

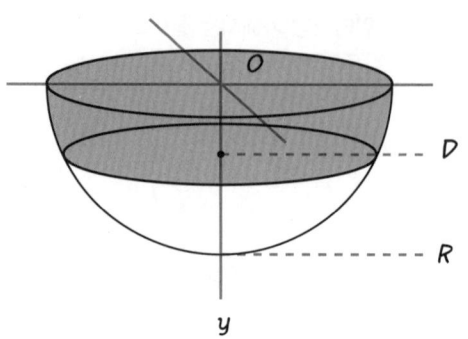

2. $\int_0^1 \ln x\, dx$를 계산해봐.

힌트: $\lim_{x \to 0} x \ln x$를 구하려면, $y = 1/x$로 두고 로피탈 정리를 이용해서

$\lim_{y \to \infty} \dfrac{\ln(1/y)}{y}$ 을 구해.

3. 평판 대신에 원주를 이용해서 221쪽 포물체의 부피를 계산해봐.

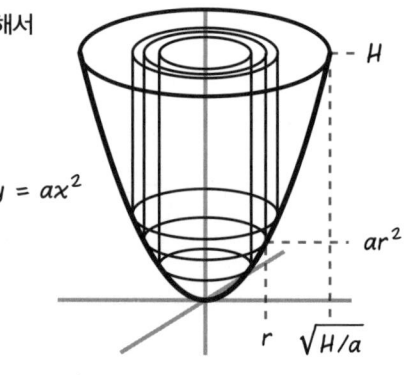

4. 곡선 $y = 1/x$을 x축 주위로 회전시켜 일종의 '무한대 트럼펫'을 만들었을 때, $x = 1$ 오른쪽의 부피는?

5. 어떤 멍청한 엔지니어가 평평하고, 수직인, 사다리꼴의 댐을 만들었어(곡면이 훨씬 튼튼해!). 댐은 윗변의 길이가 300m, 밑변이 200m, 높이가 200m야. 댐이 가두고 있는 물의 깊이가 175m일 때, 댐에 가해지는 물의 압력은?

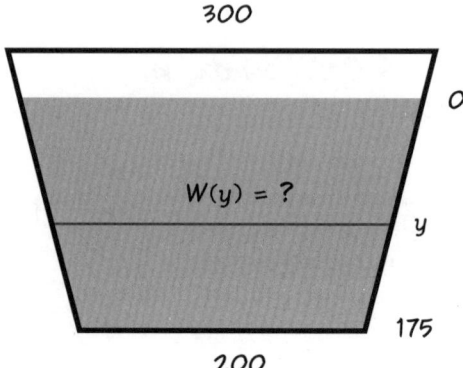

Chapter 14
다음은?

독자 여러분,
이 책은 개론서일 뿐이야….
미적분으로 할 수 있는 일은
무지하게 많아.
미적분은 사회과학, 생물학, 물리학과,
엔지니어링, 경제학, 통계학에서 이용되는 강력한 도구이고,
뉴턴과 라이프니츠 이후 수 세대에 걸쳐
수많은 수학자들에 의해 그 개념이
확장되어왔어.

앞으로 공부하는 과정에서 만나게 될
상급개념들을 몇 가지 소개할게.

미분방정식

뉴턴은 미적분법의 발견 이외에도, 힘과 속도에 관한 유명한 물리법칙도 밝혀냈어.

$$F = \frac{d}{dt}(mv)$$

이 식처럼 도함수가 포함되어 있는 식을 **미분방정식**이라고 한다.

미분방정식의 또 다른 예로 후크의 법칙, 즉 스프링방정식을 들 수 있어. 스프링에 매달린 질량 m을 x만큼 잡아당긴 다음 놓으면, 어느 시간의 그 질량의 가속도는 그때 늘어난 길이에 비례한다.

$$x''(t) = \frac{k}{m} x(t) \quad \text{또는, 뉴턴의 제1법칙} \quad F = kx$$

(k는 스프링의 강도에 따라 달라지는 상수야.)

우주도 미분방정식으로 기술되는데, 이걸 푸는 것이 과학계의 최우선 과제야.

다수 변수

이건 x축 대신, 공간 영역에서 변하는 함수를 말해. 우리가 사는 공간은 최소한 3차원이기 때문에, 이건 분명 중요한 주제야!

수열과 급수

휴대용 계산기가 sin과 cos을 어떻게 계산하는지 알아? 다음과 같이 계산한다는 걸 알면 놀랄 거야.

$$\sin x \approx x - \frac{x^3}{6} + \frac{x^5}{120} - \frac{x^7}{5040} + \ldots$$

경로와 표면적분

이건 곡선이나 표면을 따라 적분하는 거야. 지겨운 직선이 아니고.

복소수 변수

부당한 이름인 '허'수 $i = \sqrt{-1}$ 을 미적분에 들여오는 건데, 놀라운 일이 일어나!

복소수 변수는 전기학, 양자역학과 같은 물리학의 부류를 기술하는 '적합한' 방법일 뿐만 아니라, 옆의 놀라운 방정식과 같은 심오한 수학적 관계를 밝혀내기도 해.

하지만 상급 미적분법에 있어서 가장 인상적인 것은, 300년도 넘는 예전에 두 사람이 발견한 도함수와 적분이라는 두 가지의 기본개념이, 여전히 그 토대가 되고 있다는 점이야.
나야! 하고 나서는 그분들에게 찬사를!

이 책의 머리 부분에서 설명하고 있듯이, 지금으로부터 2,300여 년 전 그리스의 철학자 제논은 운동이 불가능하다는 논증을 제시했다. 운동하고 있는 물체를 어느 한 순간에 관찰하면 정지되어 있고, 정지되어 있는 매 순간을 합하면 여전히 정지상태이기 때문에 운동은 불가능하다는 것이 그의 논지였다. 이것은 '제논의 역설'로 유명해졌으며, 그 후 17세기까지 오랫동안 인류가 풀어야 할 숙제로 남아 있었다.

'날으는 화살은 과녁을 맞힐 수 없다'는 역설을 해결한 새로운 개념이 뉴턴과 라이프니츠가 발견한 미분이다. 미분을 통해 우리는 운동하는 물체가 갖고 있는 순간속도라는 개념을 수학적으로 찾아냄으로써, 물체의 위치 이동을 설명할 수 있게 되었다. 운동 중인 물체는 매 순간 정지해 있지만 순간속도를 갖고 있고, 순간속도는 어느 한 순간의 단위시간당 위치변화(미분)이기 때문에 매 순간의 순간속도를 합한 것(적분)이 그 시간 동안의 위치변화가 된다.

미분은 물체의 운동뿐만 아니라 모든 변화의 순간변화율을 구하는 수학적 기법으로 아주 유용한 개념이 되었다. 실제로 우리는 일상생활에서 유량, 물가상승률, 경사도와 같은 미분의 개념을 무의식적으로 사용하고 있으며, 지금은 문과·이과의 여러 분야에서 미분의 개념이 널리 이용되고 있다. 미분이 변화를 기술하는 개념이고, 변화는 도처에서 볼 수 있는 현상이기 때문이다. 이처럼 일상적으로 사용되는 미분의 개념이 어렵게 생각되는 이유 중 하나는, 미적분이라는 개념이 어떤 필요에 의해 발견되었는지, 또 어떤 분야에 활용되는지를 모르고 무작정 대입 시험과목으로만 공부하는 탓이 크다.

이 책은 만화라는 장점을 십분 발휘하여 미분개념의 발생단계에서부터 일상적인 응용 사례까지를 쉽고 재미있게 풀어내고 있다. 특히 본격적으로 미분을 소개하기에 앞서 여러 미분 공식의 토대가 되는 함수의 개념을 쉽고도 자세히 설명하고 있어서, 기초지식이 다소 부족하더라도 미적분을 바로 공부할 수 있도록 구성되었다. 교과서를 비롯하여 통상적인 미적분 참고서가 함수의 극한, 함수의 연속성, 변화율과 도함수, 곡선의 접선과 미분, 최대·최소와 미분…… 등 판에 박힌 순서로 짧은 개념 설명과 문제 위주로 편재되어 있는 반면에, 이 책은 어려운 개념을 쉽게 설명하는 데 많은 분량을 할애하여 복잡한 미분 공식들을 자연스럽게 이해하도록 유도하고 있다.

고교 교과과정 개편으로 지난해부터 대입 수능시험의 수리영역 나형에도 미적분이 포함되었다. 미적분은 이과 지망생들도 어렵게 생각하는 터라 새로이 공부해야 하는 문과 지망생들에게는 큰 부담이 아닐 수 없다. 하지만, 미적분이 어렵게 생각되는 학생들에게는 이 책이 아주 큰 선물이 될 것이다. 비단 고등학생들뿐 아니라 미적분 공부에 어려움을 느끼는 분들에게도 마찬가지로 유익한 참고도서가 될 것이라고 확신한다. 옮긴이 역시 고3 아들을 두고 있어서 이 책을 번역할 기회를 갖게 된 것을 행운으로 생각하며

번역에 정성을 쏟았다. 대학 입시를 앞둔 아들에게 이 책을 선물할 수 있게 되어 너무나 기쁘며, 아들과 같은 처지의 학생들에게 이 책이 미적분과 친숙해지는 소중한 기회가 되기를 바란다.

2012년 3월
전영택

찾아보기

|ㄱ|

가속도 144, 145, 215
가속도계 145
가우스(Gauss, Carl Friedrich) 187
가필드(Garfield, James) 131
감소함수 51~53
거듭제곱함수 31, 150
경로적분 239
계수 32
고도 21, 95, 229
곱규칙 102, 106, 209
국소 최대 135, 139, 142, 143, 150
국소 최소 135, 139, 142, 143, 150
극값 정리 165
극점 135, 151
극좌표 217, 218
극한의 성질 68, 74
근사 156, 161
기름띠 예제 128
기압 경사도 95

|ㄴ|

내부함수 46
뉴턴(Newton, Isaac) 11, 12, 15, 16, 62, 93, 94, 137, 138, 145, 161, 169, 171, 193, 204, 237, 238

|ㄷ|

다항함수 32
대기 21, 229, 230
도로 경사도 예제 95

|ㄹ|

라디안 43, 44, 76, 77

라이프니츠(Leibniz, Gottfried Wilhelm) 11, 12, 15~17, 62, 94, 96, 97, 103, 161, 169, 171, 193, 199, 202, 204, 237
로그 52, 53, 55, 107, 114, 115
로켓 예제 89, 90
로피탈 정리 158~161
롤의 정리 165, 166
리만(Riemann, G. F. Bernhard) 187
리만 합 187~190, 192

|ㅁ|

몫규칙 105, 106
물가상승률 95
물 부피 예제 129
미분방정식 238
미분법의 기본방정식 121, 153, 154

|ㅂ|

방사성 붕괴 42
변곡점 146
보조정리 72, 73, 75
복리이자 38~40, 42, 100, 101
복소수 변수 239
부분적분 209~211
비례계수 118, 122, 123
비행기 예제 125, 126, 130

|ㅅ|

삼각함수 43~45
  삼각함수의 도함수 114, 115
  삼각함수의 역함수 57, 58
상대적 비율 125~132, 161
샌드위치 정리 75~77
생활비 예제 96
속도 9~18, 62, 136, 138, 195, 215, 216

속도계 12, 14, 15, 172, 173
속력 9~18
속력계 11, 12, 15
송유관 예제 148, 149
수압 235
스프링방정식 238

| ㅇ |

아교공장 예제 221~225
양(羊) 우리 예제 147
역함수 48~50, 52, 107
연속함수 164, 165, 188
연쇄법칙 109~126, 182, 204
올리브유 예제 140, 141
외부함수 46
운동 10, 11
원뿔 220
원시함수 175, 177~184, 193, 195
유량 예제 95
유리함수 34~36
유율법 16, 94
음함수 미분법 127, 131, 148
이계도함수 판정법 143, 146, 149~151
이상적분 224~227
인구밀도 231~233
일(work) 234
일대일함수 50~52, 56

| ㅈ |

자동차 예제 12~15, 63, 85, 86, 90, 136, 145, 172~175,
            215, 216
적분기호 171, 178, 181
적분의 기본정리 193, 195~202, 204
절대값 30, 157
정의역 23, 24
  정의역의 제한 56
제논(Zenon ho Elea) 10, 11, 18, 94

증가함수 51~53, 167
지수함수 37~42, 52, 53, 55
직교좌표 217
질량 145, 228, 230

| ㅊ |

차수 32, 80
초등함수 29~59, 117, 144
추측과 검증방법 181, 205

| ㅌ |

테일러 다항식 162
트램펄린 예제 93, 137~139

| ㅍ |

평균값 정리 163, 166, 167, 178
포물선 214, 221
포물체 221
표면적분 239
피적분함수 178, 181, 182, 227
피타고라스(Pythagoras) 44, 131
피타고라스의 정리 131

| ㅎ |

함수 비교 158~161
합성함수 46, 47, 107, 110
확률밀도 233
확률변수 233
후크의 법칙 238
힘 145, 234, 235, 238

래리 고닉(Larry Gonick)

1946년 미국에서 태어났다. 하버드대학 수학과를 최우등으로 졸업하여 학업성적이 우수한 사람만이 들어갈 수 있는 파이베타카파 회원이 되었으나, 하버드대학원에서 수학 석사학위를 받고 박사과정을 밟다가 홀연 그만두고 전업 논픽션 만화가의 길에 들어섰다. 그의 만화에서는 과학도다운 우주적이고 수평적인 역사관과 더불어 박학다식한 내공을 바탕으로 한 독창적인 해석을 느낄 수 있다. 그의 책들은 하버드대학, 버클리대학, 예일대학에서 부교재로 활용될 정도로 지적 완성도를 인정받고 있다.

1999년 탁월한 만화가에게 주는 잉크포트상을, 2003년에는 만화의 오스카상이랄 수 있는 하비상을 받았고, '세상에서 가장 재미있는 세계사' 시리즈는 권위 있는 만화전문지 《더 코믹 저널》이 뽑은 20세기 100대 만화에 뽑히기도 했다.

유전학, 통계학, 물리학, 화학 등의 전문가들과 공동 작업으로 딱딱한 과학을 쉽게 풀어낸 '세상에서 가장 재미있는 자연과학 만화' 시리즈를 펴냈으며, 《디스커버》에 '사이언스 클래식'을 연재하는 등 현재 다방면에서 정력적인 활동을 펼치고 있다.

www.larrygonick.com

▶ 본문의 연습문제 풀이 해답은 다음 링크에서 찾아볼 수 있습니다.

연습문제 풀이집 다운로드

세상에서 가장 재미있는 미적분

1판 1쇄 펴냄 2012년 3월 26일
2판 1쇄 펴냄 2020년 11월 20일
2판 5쇄 펴냄 2025년 9월 25일

글·그림 래리 고닉
옮긴이 전영택

편집 김현숙 | **디자인** 이현정
마케팅 백국현(제작), 문윤기 | **관리** 오유나

펴낸곳 궁리출판 | **펴낸이** 이갑수

등록 1999년 3월 29일 제300-2004-162호
주소 10881 경기도 파주시 회동길 325-12
전화 031-955-9818 | **팩스** 031-955-9848
홈페이지 www.kungree.com | **전자우편** kungree@kungree.com
페이스북 /kungreepress | **트위터** @kungreepress
인스타그램 /kungree_press

ⓒ 궁리출판, 2012.

ISBN 978-89-5820-692-7 07410
ISBN 978-89-5820-690-3 (세트)

책값은 뒤표지에 있습니다.
파본은 구입하신 서점에서 바꾸어 드립니다.